ZHENKONG LENGDONG GANZAO

真空冷冻干燥

刘军　彭润玲　编著

化学工业出版社

·北京·

内 容 简 介

本书首先分析了真空冷冻干燥技术的特点及发展方向,详细介绍了真空冷冻干燥中的传热传质理论、设备及相关部件,还介绍了真空冷冻干燥所涉及的特定参数及测量与分析;本书还特别总结了真空冷冻干燥技术的应用领域,呈现了部分代表性物料的冻干工艺。

本书分为8章。第1、2章为真空冷冻干燥概述及传热传质原理,第3、4章为真空冷冻干燥设备及特性参数测量与分析,第5~8章为部分代表性物料的真空冷冻干燥工艺。

本书理论知识与实践技术相结合,具有较强的实用性。

本书可供从事真空冷冻干燥技术研究开发、生产应用的技术人员阅读,也可作为相关专业师生的参考资料。

图书在版编目(CIP)数据

真空冷冻干燥/刘军,彭润玲编著. —北京:化学工业出版社,2021.9(2023.9重印)
ISBN 978-7-122-39302-9

Ⅰ.①真… Ⅱ.①刘… ②彭… Ⅲ.①真空干燥-冰冻干燥 Ⅳ.①TB45

中国版本图书馆 CIP 数据核字(2021)第 109329 号

责任编辑:戴燕红 卢萌萌   装帧设计:韩 飞
责任校对:边 涛

出版发行:化学工业出版社(北京市东城区青年湖南街 13 号 邮政编码 100011)
印 装:天津盛通数码科技有限公司
787mm×1092mm 1/16 印张 14½ 字数 355 千字 2023 年 9 月北京第 1 版第 4 次印刷

购书咨询:010-64518888   售后服务:010-64518899
网 址:http://www.cip.com.cn
凡购买本书,如有缺损质量问题,本社销售中心负责调换。

定 价:98.00 元

前　言

真空冷冻干燥（又称为冷冻真空干燥、冷冻干燥，简称冻干），是一种古老而又现代的先进干燥技术。目前已经在食品、医药、生物制品、多孔材料和纳米粉体材料制备、标本制作、文物保护等领域实现了广泛的应用。近年来，真空冷冻干燥技术应用范围不断扩大，使其成为了一项热门的真空工程应用技术。

我们在做硕士、博士期间一直跟随导师从事真空冷冻干燥的实验和理论研究工作。本书介绍了近年来先进的、具有代表性的冻干理论和实用技术成果，其中也包括了我们的研究成果。我们希望本书能为从事冻干研究或者在研究中需要利用冻干技术的科技工作者提供一些参考，为推动冻干理论研究的发展、完善和推广冻干技术的应用作出应有的贡献。

本书是在《冷冻真空干燥》（化学工业出版社，2015 年）一书的基础上修改的。本书首先分析了真空冷冻干燥的特点及发展方向，其次详细介绍了冻干过程中的传热传质理论和冻干设备及其相关部件，又介绍了冻干过程中涉及的特定参数及其测量与意义，在本书的第5～8 章，总结了冻干技术的应用领域，给读者呈现了部分代表性物料的冻干工艺。为了更好地聚焦与冻干技术密切相关的理论与实践主题，本书中未阐述基础的物理化学理论和常识性知识，而是突出与真空冷冻干燥密切相关的传热传质理论和先进的实用技术。

本书分为 8 章，依次为真空冷冻干燥技术概述、真空冷冻干燥传热传质原理、真空冷冻干燥设备、真空冷冻干燥特性参数测量与分析、生物制品和生物组织冻干技术、药用材料及原料的冻干技术、食材冻干技术、溶液冻干技术制备无机纳米粉体材料。其中第1、第4～8章由沈阳大学刘军教授撰写，第2、第3章由西安工业大学彭润玲博士撰写。本书由冷冻干燥领域专家、东北大学博士生导师张世伟教授审稿。同我们一起为本书编写作出贡献的还有谢元华、邹惠芬、郑文利、王德喜博士等，李春青、王琼先、余风强、高雅杰、赵雨霞、张茜、陈海峰硕士等。

在本书的撰写和审稿过程中得到了很多人的关心、支持和帮助，尤其是得到了东北大学徐成海教授、张世伟教授的指导，在此深致谢意！同时也感谢化学工业出版社的有力支持与密切合作。书中引用了其他研究者的成果，在此一并表示感谢！

由于我们水平有限，本书涉及的知识面又很广，书中不妥之处，恳请各界读者指正。

编著者
2021 年 5 月 1 日

目 录

1

真空冷冻干燥技术概述

真空冷冻干燥（简称冻干）是先将湿物料冻结到共晶点温度以下，使水分变成固态的冰，然后通过抽真空将物料中的水分由固态直接升华为气态而排出物料之外的一种干燥方法。

真空冷冻干燥是一门古老的现代技术[1]。说它古老是因为它的出现比较早，发展历史坎坷；说它现代是因为它在 20 世纪 90 年代开始，其应用进入了高科技领域；说它是现代技术是因为它从 20 世纪 90 年代开始，已加入现代高新技术领域的例列。人体各器官的保存和再植是现代医学研究的课题之一。营养保健食品是现代人们生活的追求。航天飞机用的超轻隔热陶瓷，是现代科学的热门话题之一。低温超导材料等纳米级超细微粉的制备等，都需要真空冷冻干燥技术与设备。

1.1 冻干技术在国际上的发展概况

真空冷冻干燥技术大约出现在 1811 年，当时用于生物体的脱水。1813 年美国人 W. H. 沃拉斯顿（Wollaston）发现水的饱和蒸气压与水的温度有关：在真空条件下，水容易汽化，水在汽化时将导致温度的降低。根据这一发现，沙克尔（Shackell）于 1909 年试验用冷冻干燥的方法保存菌种、病毒和血清，取得较好的效果，使真空冷冻干燥技术得到了实际的应用。

最早使用冻干法制作生物标本的人是阿特曼（Altmann）。他于 1890 年采用冻干法干燥生物体的器官和组织，制成既能保持原来生物的组织结构，又能长期贮藏的生物标本，供人们在显微镜下观察，以便于学习和研究。1900 年 Shackell 开始用冻干法干燥血清和细菌，经 9 年的努力，于 1909 年获得成功，并且在 American Journal Physiology 上发表了他的冻干实验报告。这是冻干技术应用发表最早的论文。1911 年，D. L. Harris 和 L. F. Shackell 把狂犬病脑组织冻干；1912 年，Carrel 最先提出采用冻干技术保存器官组织，供外科移植用的设想；1921 年，H. F. Swift 提出了保存菌株用的标准冻干方法。

第一台商业用冻干机的问世在 1935 年，W. J. Elser 等在冻干机上最先采用了低温冷阱，从而改变了用真空泵直接抽水蒸气的方法；首次在冻干机上采用主动加热的办法，使升华过程得到强化，干燥时间得到缩短，因而可用于生产。这时冻干产品扩展到药品，主要有培养基、荷尔蒙和维生素等。1940 年冻干人血浆开始进入市场。1942 年第二次世界大战期间，由于输血的需要，必须发展血液制品。同时，抗生素的需要量也急剧增加，促使冻干技术在医药工业中得到了迅速的发展。最早把冻干血浆、血清提供给临床使用的是美国宾州大学医学系的 E. W. Flosdorf 和 S. Mudd。在 1941 年 12 月珍珠港事件爆发、美国参战之后的 6 个月，在纽约召开了 American Human Seium Association 年会。基于因德军侵占使法国血库遭到破坏的事实，会上做出了冻干血浆紧急军用筹集的决议，促使美国红十字会实施这一计划，于 1942 年真空冷冻干燥技术应用在医药工业。1943 年在英国和丹麦制成并开始使用大型食品冻干机。冷阱设在冻干箱内，是现在这种冻干设备的原型。1944 年 Wyckoff 和 Logcdin 采用双管干冰阱，使捕水器温度降低，捕水效果更好，从而又开发出在外侧直接与多歧管连接的装置，成为现在歧管式冻干机最早的原型。用这种设备生产出冻干的盘尼西林和血浆。在日本，陆军军医中校内藤良一主持了所谓防疫研究。实际上是在冻干细菌，为细菌战做准备。在 1939～1943 年间进行了免疫补体、血清、血浆、细菌、病毒等冻干研究，并于 1943 年将多歧管冻干机成功地改制成箱式冻干机。

冻干法加工和贮藏食品很早就被人类所利用。古代斯堪的纳维亚人（Vikings）利用北冰洋干爽寒冷的空气生产一种脆鱼（Klip-fish），南美的古印第安人利用自然条件冻干生产一种称为 Chuno 的马铃薯淀粉。对食品进行冻干研究始于 1930 年，Flosdorf 在实验室里进行了食品的冻干实验。1934 年，英国人 Kidd 利用热泵原理冻干食品，并且申报了专利。世界上最原始的食品冻干设备于 1943 年出现在丹麦。对食品冻干的系统研究始于 20 世纪 50 年代。其中规模最大的是英国食品部于 1950～1960 年提出在苏格兰 Aberdeen 试验工厂进行的研究，研究成果中最为著名的是加速冻干法（AFD）。20 世纪 60～70 年代，国外对食品冻干的研究非常活跃，仅 1966 年，美国就公布了 36 项食品冻干专利。1985 年日本有 25 家公司生产冻干食品，其销售额达 1700 亿日元。1992 年日本冻干食品的年生产量为 7000t。

冻干技术在材料科学中的应用是最近几十年的事情。从查到的资料看，最早发表文章的是 Y. S. Kim 和 F. R. Monforte，于 1971 年写出了用冻干法生产透光性氧化铝的文章。20 世纪 90 年代，随着纳米科技（NST）的迅速崛起，制备纳米级超细微粉的各种方法应运而生，冻干法也占得一席之地。

随着冻干技术应用的推广，对冻干理论和工艺的研究也逐渐兴旺起来。1944 年，弗洛斯道夫（Flosdorf）出版了世界上第一部有关冷冻干燥技术和理论的专著。1951 年和 1958 年先后在伦敦召开了第一届和第二届以真空冷冻干燥为主题的专题讨论会。1963 年，美国最先制定了 GMP（Good Manu-factoring Practice）冻干药品的生产标准。1969 年，世界各国纷纷制定 GMP 计划，国际贸易组织共同决定 GMP 标准[2]。

有关描述真空冷冻干燥数学模型的研究方面，许多人提出了各种各样的理论。提出最早和应用最广的模型是桑德尔（Sandll）和金（King）的冰界面均匀向后移动模型（The Uniformly Retreating Ice Front Model），简称 URIF 模型，属于稳态模型。其主要思想是热量通过干燥层和冷冻层传导到升华界面，冰升华得以进行，产生的水蒸气通过多孔的干燥层，在真空室内扩散，最后被真空泵抽到捕水器内被捕集。随着升华的进行，冰界面向冻结层均匀地退却，在其后产生多孔的干燥层。这种模型描述液态和固态物料的冻干过程是有效的。但是，实际的干燥过程是非稳态的。为更接近于实际情况，1968 年，D. Z. Dyre 和 J. E. Sunderland 又提出了准稳态模型。第三种模型是利奇菲尔德（Litchfield）和利亚皮斯（Liapis）于 1979 年提出来的，称为解吸-升华模型。在该模型中，认为冷冻层的冰升华和干燥层的吸附水解吸是同时进行的。前两种模型对于占物料含水量中 75%～90% 的自由水的升华是比较准确的。还有一部分结合水，它们以物理吸附和化学吸附的方式存在着。虽然它们的比例较小，但把它们从物料中移出需要很长的时间。在冻干过程中，冻干物料的温度不断升高，在冰升华的同时，干燥层所吸附的水也会同时解吸。

1.2 冻干技术在国内的发展概况

新中国成立前，我国的冻干技术与设备都是进口的，既没有从事冻干技术研究的大专院校和科研院所，也没有冻干设计人员和制造工厂。1951 年在上海由葛学煊工程师最先设计成功冻干机，并于 1953 年由上海合众、五昌机器厂和上海医疗器械厂分工制造，20 世纪 50 年代共生产 10 套。当时由于质量差，能耗大，没有发展起来。直到 1972 年以后，由上海医用分析仪器厂、天津实验仪器厂、南京药机厂等，仿制了国外一批手动的中、小型冻干机。1975 年，华中工学院林秀诚、赵鹤皋和湖北省生物药品厂共同研制成功冻干面积为 37.4m^2 的大型冻干机，这是我国自主研制的第一台能在冻干机内加塞的冻干机。据不完全统计，到 1985 年，我国虽然已生产大约 350 台冻干机，但其性能和功能仍不能满足市场要求。

我国冻干食品的发展起步较晚，20 世纪 60 年代后期才开始在北京、上海等地建起了一些试验性的冻干设备。1967 年，旅大冷冻食品厂制成一台日产 500kg 的冻干装置。20 世纪 70 年代中期上海梅林食品厂建立了年产 300t 的冻干食品生产车间，但当时由于没有实行对外开放政策，冻干产品没有打入国际市场，最终因效益不佳而停产。进入 20 世纪 80 年代以后，冻干食品的生产在我国有了较大发展，青岛第二食品厂率先引进日本的冻干设备，成立大洋公司，生产冻干葱、姜片等产品，主要销往日本。紧接着，宁夏寒利冰食品有限公司引进丹麦 Atlas 公司生产的冻干设备，相继生产出冻干蔬菜、水果、肉类及调味品等产品，产品主要用于出口创汇，取得了良好的经济效益。

20 世纪 30 年代，国内生物学家开始用盐水冷冻，吸水剂的办法，在蒸发皿内抽真空，冻干菌种保存待用。20 世纪 50 年代初期，哈尔滨、郑州和南昌等地的兽药厂开始生产畜用冻干疫苗，武汉、兰州等地生产人用冻干疫苗。此时对保存菌、毒种和疫苗生产用的保护剂进行了大量的实验研究工作。对细菌、病毒的特性，生长条件和培养年龄，细菌浓度、病毒滴度等进行了研究。到 20 世纪 60 年代之后，研究工作已经深入到真空度、冻干速度、干燥温度、残余水分、保存条件等对产品质量的影响。到 20 世纪 80 年代，我国的六大生物制品研究所和很多药厂都能大批量地生产多种病毒和疫苗，为我国人民的健康与畜牧业的发展做出了贡献。

20 世纪 80 年代初期，中国科技大学和天津石油化工公司利用冻干技术开发出新型高比表面积钙钛矿型催化剂。我国是利用冻干技术制备纳米材料较早的国家之一。早在 1988 年陈祖耀就在低温物理学报和硅酸盐通报上发表文章，讨论用冻干技术制备超细氧化物铁粉的方法。

在高等教育方面，华中科技大学于 1983 年由导师陈志远开始招收攻读冷冻干燥研究方向的硕士研究生，1985 年由博士生导师程尚模开始招收冻干方向的博士研究生，1988 年发表了冻干过程传热传质研究的博士论文。随后，上海理工大学华泽钊、华南理工大学陈焕欣、东北农业大学王成芝、东北大学徐成海、浙江大学、西安交大、中国医科大学等几十所高校相继培养出硕士、博士研究生。1990 年由华中理工大学出版社出版了赵鹤皋、林秀诚编著的高等学校适用教材《冷冻干燥技术》一书，在高校中率先为本科生开设了冻干课程。

目前在中国知网上能查到的题名中含有"冷冻干燥"或"冻干"词语的硕博论文有 460 多篇，关键词中有"冷冻干燥"或"冻干"词语的硕博论文有 730 多篇。从 20 世纪末开始，每年都有一定数量的硕士、博士研究生开展冻干方面的研究或应用冻干技术，这些研究生为我们冻干领域输入了新鲜血液。他们攻读学位期间所积累的知识，对于冻干行业的普及宣传、应用推广、知识传承、技术发展都有重要意义和作用。

除了硕博论文以外，在中国知网上，以"冷冻干燥"为主题，进行跨库检索可以看出，文献数量从20世纪末期的每年几百篇发展到现在的每年四五千篇，文献数量越来越多。国内冻干技术研究队伍的构成非常庞杂，涉及不同地域、行业或专业领域、人员等，冻干技术应用的领域和范围仍继续扩大。国家对冷冻干燥方面的学术研究给予了大力支持，从1997年至2020年，国家自然科学基金项目中，题目含有"冷冻干燥"词语的有38项，含有"冻干"词语的有62项。冻干领域的书籍，在赵鹤皋编著出版的《冷冻干燥技术》之后，又陆续出版了几部，主要有：无锡轻工大学高福成主编的"现代食品丛书"中的分册《冻干食品》；华中科技大学赵鹤皋等人主编、2005年出版的《冷冻干燥技术与设备》；上海理工大学华泽钊撰写的、2006年出版的《冷冻干燥新技术》；上海交通大学孙企达编著、2006年出版的《冷冻干燥超细粉体技术及应用》；东北大学徐成海组织翻译的、2005出版的《冷冻干燥》；刘军、彭润玲等编著、2015年出版的《冷冻真空干燥》。此外，在一些干燥相关的书籍中，也有关于真空冷冻干燥的章节，例如徐成海组织编写的《真空干燥》《真空干燥技术》《真空低温技术与设备》，以及由中国化工学会化学工程专业委员会组织编写的《现代干燥技术》中，也有专门的章节介绍冻干技术。

国内专利的统计数据采用ainpat专利检索工具，统计的数据时间为从1999～2020年，与冷冻干燥相关的发明专利共有1000多件。从数量上看，近些年中国"冻干"方面的专利申报比较火热，呈逐年上升的趋势，其中2018年单年新增与冻干相关的发明专利数量超过300项。

1.3 真空冷冻干燥的基本工艺过程

真空冷冻干燥过程主要分为冷冻、升华干燥和解析干燥三个阶段。

真空冷冻干燥过程的第一步就是预冻结。预冻结是将物料中的自由水固化，使干燥后产品与干燥前有相同的形态，防止抽真空干燥时起泡、浓缩、收缩和溶质移动等不可逆变化产生，减少因温度下降引起的物质可溶性降低和生命特性的变化。冻结过程关键的技术参数是冻结速率、冻结温度和冻结时间，这些参数不仅影响干燥过程所需时间、能耗，还影响到产品的质量。

升华干燥也称第一阶段干燥。是将冻结后的产品，通过抽真空使其冰晶直接升华成水蒸气逸出物料，从而使产品脱水干燥，升华干燥过程中还要不断加热，补充水蒸气所需的升华热。干燥是从物料外表面开始逐步向内推移的，冰晶升华后残留下的孔隙便成为升华水蒸气的逸出通道。已干燥层和冻结部分的分界面称为升华界面。当全部冰晶除去时，第一阶段干燥就完成了。

解析干燥也称第二阶段干燥。在第一阶段干燥结束后，在干燥物质的毛细管壁和极性基团上还吸附有一部分水分，这些水分是未被冻结的。当它们达到一定含量，就为微生物的生长繁殖和某些化学反应提供了条件。实验证明：即使是单分子层吸附下的低含水量，也可成为某些化合物的溶液，产生与水溶液相同的移动性和反应性。为了改善产品的贮存稳定性，延长其保存期，需要除去这些水分。这就是解析干燥的目的。由于吸附水的吸附能量高，如果不给它们提供足够高的能量，它们就不可能从吸附中解析出来。因此这个阶段产品的温度应足够高，只要控制在崩解温度以下即可。同时，为了使解析出来的水蒸气有足够高的推动力逸出产品，必须使产品内外形成较大的蒸汽压差，因此该阶段箱内必须是高真空。第二阶段干燥后，产品内残余水分的含量视产品种类和要求而定。目前终点判断方法有压力升高法、温度趋近法、称重法等[3]。

1.4　真空冷冻干燥技术的特点

这里说的冷冻干燥技术的特点，是和普通干燥、真空干燥相比较而言的。冻干的特点可以用"高、低、贵、慢"四个字来概括。这里"高"是指干燥产品的品质高，质量好，"低"是指工艺温度低，"贵"是指工艺运行费用高，"慢"是指工艺运行时间长，处理量小，效率低。

首先分析一下冻干技术的优点，就是品质高、温度低这两点。其实品质高就是源自干燥温度低。通常说，冻干作业直接带来的优点有：

① 物料中的蛋白质等热敏性物质不变性，生物物质不会失去生物活性。因此在生物组织、菌种保存、医药生产等领域得到广泛的应用。

② 挥发性成分损失很小。适合一些化学品，药品和食品的干燥。

③ 没有变色变质、表面硬化干裂、溶质损失等现象，干燥产品质量佳、品相好。

冻干作业温度低，将物料冻结成固体带来的优点有：

① 干燥产品能保持物料原有形状，疏松多孔，呈海绵状，具有良好的复水性能，适用于食品加工、湿文物修护、多孔材料制备和人工骨架以及生物标本的制作等。

② 干燥产品能保持物料原有成分的均匀分布，粉体产品颗粒细小，比表面积大，化学活性强，适于制备粉体材料、电极材料等。

以上我们说的是冻干技术的优点，下面分析冻干技术的缺点，就是"贵"和"慢"的问题。真空冷冻干燥的成本高是和其他干燥方式相比较而言，不仅比普通热风干燥、太阳能干燥等使用低成本热源的干燥形式"贵"，就是和常规的真空干燥相比也是更"贵"。以处理单位脱水量来计算，冻干法是所有干燥技术中最"贵"最"慢"的。同时冷冻干燥的设备制造或采购的成本也高。"慢"是指工艺运行时间长，处理量小，效率低。冻干技术成本高、速度慢有这样几方面原因：

首先是升华干燥阶段的能耗高，普通干燥（包括真空干燥）只需提供湿相成分的液-汽相变潜热，比如由水变为水蒸气的汽化潜热（约 2500kJ/kg），而冻干过程却需要提供湿相成分的固-汽相变潜热，就是由冰变成水蒸气的升华热（高于 2800kJ/kg），这实际上包括了由冰变水的融化热和由水变水蒸气的汽化热。这一过程还包括物料固相成分的升温显热，其量值取决于固相成分的热特性和冻结温度。

同时，在真空条件下，把那么多的热量输送到物料的升华界面成本也是很高的。真空环境本身有绝热作用，在真空中的传热形式就非常受限。而更为困难的是要在小温差下传递热量，因为我们必须保证物料的冻结层部分不融化，已干层部分不过热，所以我们需要谨慎地控制供热过程，这样，"慢"就成了最明显的特征。

我们这么说，还是在"传热控制"条件下的结论，也就是我们认为整个升华过程中物料水分排出非常及时，不受水分在已干层中的传质过程约束。反之，如果物料的冻干是"传质过程"控制，就是升华出来的水蒸气在物料已干层中的输运很困难，那么我们还不敢尽力地供热，要防止物料中升华出来的水蒸气因为积存而重新凝结成液态水，导致已干层物料发生崩塌。所以冻干的升华过程普遍很慢。

与升华过程相对应的另一方面是冻结过程的能耗，这包括两个环节，首先是把常温物料冻结至湿相成分的共晶点温度以下，其次是把从物料中抽出的水蒸气凝结在冷凝器盘管上。前者的有用能耗包括湿相成分的降温显热、凝结相变潜热和固相成分的降温显热；后者的有用能耗则具有水蒸气的凝华潜热。这两个过程也需要较多的能耗。需要强调的是，制冷机组供应同样量值的冷量要比供热效率更低，尤其是冷凝器盘管，是整个系统的最低温度点，温度越低，制冷系数越小，能耗越高。冻干方法的这些缺点，决定了它早期主要用于不得不用、附加值高和有独特效果的物料干燥上。一般而言，如果采用其他干燥方法能够满足产品的性能要求，就不必采用冻干工艺了。冷冻干燥技术要想持续发展，需要尽力解决"慢"和"贵"的问题。

1.5　真空冷冻干燥技术的发展趋势

冻干加工成本虽然高，但产品的附加值也高。与其他高新技术一样，随着冻干技术的发展进步成本会有所降低，同时随着社会生活水平的提高，人们对高品质干燥产品需求越来越强烈，冻干产品在市场上的潜力巨大，冷冻干燥技术应用会越来越广泛。

1.5.1　冻干机的发展趋势

冻干机是实现真空冷冻干燥过程的主要设备，设计、制造冻干机涉及机械设计、机械制造、制冷、真空、液压、流体、电气、传热传质等诸多学科的知识。目前国内外冻干机的发展较快，设备功能已经比较完备，其发展趋势应该体现在三个方面。

（1）发展连续式的冻干设备　连续式冻干设备可以实现大规模生产，在短时间内能生产出大量产品，对于药品、血液制品的生产来说非常重要，特别适合有疫情发生或备战情况下，满足市场需求。连续式冻干设备可以节省冻干过程的辅助时间，节省人力，节省电能，实现节能、降耗、降低产品的生产成本和销售价格。

（2）进一步实现冻干设备的现代化　冻干设备的现代化，主要表现在程序化、自动化、可视化；安全性、可靠性、可以实现远程控制、故障诊断、设备维修。科研和实验用冻干机要求测试功能齐全，测试结果准确可信；生产用冻干机要求性能稳定，保证冻干产品质量。

（3）完善冻干设备的优化设计　冻干设备优化的目的一是节省冻干机的制造成本，包括节省材料、加工工时、装配工时、维修方便；二是提高设备性能，包括冻干箱内制冷、加热搁板的温度均匀性，冻干箱和捕水器（冷阱）内空间真空度的均匀性，捕水器内冷凝管外表面结霜的均匀性；三是冻干机整体结构紧凑、占地面积合理、外表美观大方。

1.5.2　冻干工艺的发展趋势

冻干工艺是很复杂的技术，不同物料的冻干工艺有很大区别，生物产品冻干主要要求保持产品的活性；药品冻干主要要求保证化学成分稳定和保持纯洁性；食品冻干主要要求营养成分基本不变，并获得良好的口感和品相；纳米材料冻干除了保持材料的原有特性之外，还要求纳米颗粒的均匀性。到目前为止，对于同一种物料，不同生产厂家采用的冻干工艺也不完全相同，生产成本也有区别，采用的冻干保护剂、添加剂、赋形剂等也不一样，生产的产品质量也有区别。最近冻干工艺的研究还呈现出以下几方面趋势。

(1) 冻干技术与其他技术联合 冻干技术与其他技术组合使用，是为了提高干燥效率，降低加工成本。例如以高菜为试材，进行单一冷冻干燥和热风-真空冷冻联合干燥对比[4]，研究对产品品质和能耗的影响，结果表明，在产品无明显品质差异的前提下，先进行 20h 冷冻干燥再进行 1h 热风干燥的联合干燥工艺，比单一冷冻干燥工艺能耗降低约 30%。在保证产品品质满足需求的前提下，热风、微波、超声、红外等技术与冷冻干燥技术联合使用，是缩短加工工期、降低加工成本的一个发展方向。

(2) 物料预处理技术不断创新 冷冻干燥技术工期长、能耗高，其很大一部分原因是冻结物料中的冰升华过程耗时长、能耗高，升华干燥阶段消耗的能量往往占总能耗的 45% 或者更多。所以在进行冻干前，对物料预处理，降低物料含水量、增大蒸发表面积、减小蒸发阻力的技术都成为人们热衷的手段，预处理技术也不断创新。包括：将物料改型（粉碎、切片、穿孔等），从而增大蒸发面积并缩小干燥阶段水分子在已干层的迁移路程；高压脉冲电场预处理物料[5]，将果蔬细胞可逆击穿，从而增加细胞膜通透性，减小传质阻力，在物料组织结构不会被破坏的前提下，提高水分子升华速度；将生物组织物料浸入高浓度溶液中，利用细胞膜的半透性进行渗透脱水预处理，以减少冻干时物料中的水分含量，缩短干燥时间。实践中可以根据不同的物料和对干燥产品品质的需求，选择合适的预处理方法。

(3) 冻结和加热方式多样化 真空冷冻干燥技术主要由冻结物料和真空干燥（包括升华干燥和解析干燥）两部分构成，前者需要通过制冷将物料冻结成固体，后者需要加热。冻干技术发展到今天，冻结方式早已不限于冻干箱内搁板制冷冻结和冷冻装置内制冷介质制冷冻结。根据物料的性质和冻干工艺对冻干速度的需求，还可以选择一些快速的冻结方式，如：喷雾冻结、液氮冻结、真空蒸发冻结等。同时加热方式也不限于冻干箱内下搁板传导加热的方式，上搁板辐射加热、微波和红外辐射加热等方式也常常被引入冻干技术中，更有循环压力法中的气体热交换加热方式。在实践中宜根据物料的性质、冻干工艺的要求以及冻干设备的性能，综合考虑选择合适的冻结方法和加热方式。

1.5.3 冻干理论研究的发展趋势[6]

冷冻干燥过程包括冷冻、升华干燥和解吸干燥三个阶段，这三个阶段中每个阶段都包含着复杂的传热传质过程。冻干理论研究实际上就是研究每个阶段的传热传质特性和控制、强化传热传质速率的方法。理论研究不仅可以指导工艺试验，优化冻干工艺，减少新产品的开发时间，而且还有助于提高产品质量，降低生产成本，改进冻干设备结构和性能。冻干过程的传热传质理论研究发展趋势可以分为以下几个方面。

(1) 由稳态向非稳态方向发展 冻干过程中，干燥箱中升华界面处的固气相变和冷凝器冷管上的气固相变都是非稳态温度场和流场，冻干机内气体和水蒸气的流动也是非稳态流动。假定它们是稳态过程建立的模型与实际情况可能会有很大的差别，要想建立精确的冻干模型，就必须考虑这些非稳态因素的影响。从国外研究进展可以看出，冻干模型已经由一维稳态向多维非稳态形式转化，较传统的稳态模型精确。但是这些模型还是假设物料内部是处于热平衡状态的。所以这些模型对于描述液态产品和均质的、尺寸单一的固态产品是比较精确的，对于细胞结构复杂，形状尺寸复杂的生物材料来说，还是不适用的。目前研究生物材料冻干过程保存细胞活性传热传质理论的人不多，邹惠芬等建立的角膜在冻干过程的传热传质模型是二维非稳态模型，也是假定角膜内部是均质的，有均一的热导率、密度和比热容，表面和界面温度保持不变，没有考虑角膜尺寸的变化。因此，以后的研究应该尽可能向多维非稳态方向发展，应该考虑到温度场和流场的非稳态特性和相变问题，应使模型更精确，更符合实际情况。

为解决这些问题，可将一些研究非稳态传热传质的先进理论引用到冻干过程的传热传质理论研究中来。比如：2003 年 Lin 提出非平衡相变统一理论证明，传递到相变界面处的热量一部分作为相变潜热引起相变，一部分转变为水蒸气和干燥混合气体的动量和能量，在有些情况下，不用于相变的这部分热量显得非常重要。冻干过程中，升华界面和冷凝管上都有相变。要想建立准确的冻干模型，这些因素也应该考虑进去。另外，Bird 等在 20 世纪 60 年代提出的直接模拟蒙特卡罗 DSMC（direct simulation monte carlo）方法也是研究非稳态热质传递的一种方法，1998 年 Nance 等证明，该方法对于研究稀薄气体的流动传热问题是一种强有力的工具。2004 年贺群武等用 DSMC 方法在给定进出口压力边界条件下，计算研究了壁面温度与流体入口温度不同时，二维 Poiseume 微通道内气体压力、温度和分子数密度分布规律。当壁面温度高于流体入口温度时，气体与壁面在通道进出口处均存在温差，但其发生机理不同；气体进入通道后压力迅速上升到达峰值，然后再沿程降低，沿程压力偏离线性分布最大值位于入口的 $x/L = 0.05$ 处；气体可压缩性与稀薄性均得到增强，但压力沿程分布非线性程度增加。冻干过程正是稀薄气体在各种通道内的流动传热问题，因此，可把 DSMC 法引用到冻干过程的研究中来，建立比较精确地描述冻干过程非稳态热质传递的模型。

（2）由宏观向介观方向发展　在宏观领域与微观领域之间，存在着一个近年来才引起人们较大兴趣的介观领域。在这个领域里出现了许多奇异的崭新的物理性能。介观领域的传热无法用宏观领域的热力学定律描述，也不能用微观领域的统计热力学描述。微尺度效应很快深入到科学技术的各个领域，冻干领域当然也不例外，再加上冻干物料种类的不断增加，如人体组织器官需要保存保持活性，有必要研究细胞间的热质传递，冻干法制备金属化合物纳米粉、药用粉针制剂、粉雾吸入剂等，有必要研究冻干过程中微尺度热质传递。

然而，目前已经建立的冻干模型大都是研究宏观参数及生物材料冻干过程中保持细胞活性传热传质模型的，还没有考虑生物材料细胞之间热质传递的复杂性以及生物细胞膜本身是半透膜这一特性，这很可能是保持细胞活性最关键的一个因素。不仅宏观参数会影响冻干过程的热质传递，产品的微观结构及微尺度下的超常传热传质也都有可能是影响冻干速率及冻干产品质量的重要因素。例如冻干生物材料（特别是要求保持生物细胞的活性时）冻结和干燥过程，生物体内已冻结层和未冻结层，已干层和未干层中的微尺度热质传递过程常常会涉及一系列复杂因素，如细胞液组分、溶液饱和度及 DNA 链长、蛋白质性能、细胞周期、细胞热耐受性、分子马达的热驱动、细胞膜的通透性等一系列化学和物理因素，这些因素都有可能影响细胞的活性。其中，最重要、也最易受到温度影响（损害）的部位是细胞膜，其典型厚度为 10nm。细胞膜的功能是将细胞内、外环境分开，并调节细胞内外环境之间的物质运输。细胞的脂双层膜主要是一个半透膜，它含有离子通道及其他用以辅助细胞内外溶液输送的蛋白质。长期以来人们采用各种各样的途径，如低温扫描电镜、X 射线衍射以及数学模拟等方法，对发生在细胞内外的传热传质进行了研究，但迄今对此机制的认识仍严重匮乏。目前重要的是，需要发展一定的工程方法来评价和检测细胞内物质和信息的传输过程，了解其传输机理，这样才有可能真正揭示冻干过程的传热传质机理，建立冻干过程微尺度生物传热传质模型，各种生物组织和器官的冻干就会比较容易。冻干产品在质量和数量上都将会有非常大的飞跃。

要研究冻干过程微尺度生物传热传质应该试图从以下几方面着手：

① 将先进的探索微观世界的透射电镜、扫描电镜和原子力显微镜应用到冻干过程监控中来；

② 从细胞和分子水平上揭示热损伤和冻伤的物理机制；

③ 建立各类微尺度生物热参数的测量方法并实现其仪器化；

④ 建立微尺度生物传热传质模型；

⑤ 将上述微尺度传热传质模型与冻干过程的宏观热质传输模型结合，建立冻干过程（即低温低压条件下）微尺度传热传质模型。

（3）由常规向超常规方向发展　刘登瀛等已用试验验证了在一定加热条件下多孔材料内存在非 Fourier 导热效应[7]、非 Fick 扩散效应的存在，提出了对多数干燥过程均应考虑非 Fourier 效应，在冻干过程的升华干燥阶段，已干层中的热质传递正是多孔介质内的热质传递过程，但就目前建立的冻干模型而言还没有考虑产品内部结构的影响，更没有考虑产品内部超常热质传递。对于结构比较复杂的生物材料来说，其内部细胞与细胞之间的热质传递本身是微尺度热质传递过程，再加上又是在低温低压下，很可能存在一些奇异的非 Fourier 效应、非 Fick 效应等。若用常规的热质传递规律建立这些物料冻干过程的传热传质模型，很可能会与实际情况相差太远。因此，有必要研究冻干过程超常传热传质，建立冻干过程的超常传热传质模型，这样冻干生物材料保持细胞活性的研究才有一定的理论基础。

（4）由分立向协同方向发展　冻干过程实际上是低温低压条件下传热传质耦合过程，是多种因素协同作用的结果。可是当前的研究者大都在研究某一因素，例如温度或压力对干燥过程的影响，或者研究它们的共同影响，却没有把各种因素协同起来研究，寻求最优的冻干工艺。过增元院士提出的传递过程强化和控制的新理论——场协同理论[8]指出：在任何传递过程中至少有一种物理场（强度量或强度量梯度）存在，另一方面，任何传递过程都不可能是孤立进行的，不论在体系内部还是在体系和外界之间，必同时伴有其他变化的发生。也就是说一种场可能引起多种传递过程，反之多种场也可能引起同一种传递过程。例如，对流换热过程受温度场和质流场相互作用的影响，而在萃取分离过程中至少存在有化学势场、温度场、重力场和质流场之间的相互作用。因此，对于任何一个传递过程，无论在体系内还是体系外，都可以人为地安排若干种"场"来影响它。通过不同场之间的恰当配合和相互作用使目的过程得到强化，称为"场协同"。冻干过程中至少存在有温度场、压力场、质流场之间的相互作用。1974 年，Mellor 讨论了冻干过程中压力对热质传递的影响，认为压力的影响是双重的，循环压力法可提高升华速率，这其实就是在用比较简单的方法寻求压力场、温度场和质流场之间的协同，但没有建立描述这种过程的模型，无定量描述。利用场协同理论可寻找压力场、温度场和质流场之间的更恰当的配合和相互作用，强化冻干过程中的热质传递，提高升华速率。

参 考 文 献

[1]　徐成海，张世伟，关奎之. 真空干燥 [M]. 北京：化学工业出版社，2004，1.

[2] 赵鹤皋，何国庚，郑贤德，等. 真空冷冻干燥的发展历史与未来的研究 [C]//第八届全国冷冻干燥学术交流会论文集，2005.

[3] 徐成海. 真空干燥技术 [M]. 北京：化学工业出版社，2012.

[4] 黄娇丽，黄丽，韦保耀，等. 高菜冷冻与热风联合干燥工艺研究 [J]. 食品工业科技，2013，34 (11)：227-231.

[5] Wu Y, Zhang D. Study of the Effect of High Pulsed Electric Field Treatment on Vacuum Freeze-Drying of Apples [J]. Drying Technology，2011，29 (14)：1714-1720.

[6] 徐成海，张世伟，彭润玲，等. 真空冷冻干燥的现状与展望（二）[J]. 真空，2008，45 (2)：1-11.

[7] 蒋方明，刘登瀛. 非傅里叶导热现象的双元相滞后模型剖析 [J]. 上海理工大学学报，2001，23 (3)：197-200.

[8] 刘伟，刘志春，过增元. 对流换热层流流场的物理量协同与传热强化分析 [J]. 科学通报，2009，54 (12)：1779-1785.

真空冷冻干燥传热传质原理

真空冷冻干燥的基本原理是在低温低压条件下的传热传质。由于被冻干物料性质、冻干方法和对冻干产品质量要求的不同，描述冻干过程的模型及其解法也不相同。随着研究的深入，有些问题宏观传热传质公式不能解决，从而发展了微纳尺度的传热传质；有些问题常规传热传质定律已经不能描述，于是出现了超常传热传质。通常情况冷冻真空干燥过程的三大阶段冷冻阶段，升华干燥阶段，解析干燥阶段需要分别描述。

2.1 冷冻过程的传热传质

对任何物料进行冷冻干燥，都要先将其冻结到共晶点温度以下。冷冻是冻干过程的必经之路。物料的冻结方法有冻干机内搁板冻结、抽真空自冻结和冷库冻结等，另外还有旋转冻结器冻结、流化床冻结和一些特殊的冻结技术，如分层冻结、反复冻结、粒状冻结和喷雾冻结等[1]。

冻干液态原料的生产用医药冻干机多采用干燥箱内搁板冻结，而冻干固态食品的冻干机多采用冻干机外冻结（冷库和冻结器）。搁板冻结和冰箱冷库冻结，是给物料提供冷量，通过降低传热物料温度，达到冻结目的，从宏观角度分析，没有传质，只有传热，从微观角度分析，生物材料内部会有因温度改变而引起的溶质的扩散。

抽真空自冻结是对含水的物料直接抽真空，随着压力的降低而蒸发量加大，由于外界不提供蒸发所需的热量，故吸收物料本身的热量自然降温而实现冻结。抽真空自冻结有静止抽真空自冻结和旋转抽真空自冻结两种方式。静止抽真空自冻结主要用于冻结固态物料，旋转抽真空自冻结主要用于液态物料的冻结，旋转离心的主要作用是不使液体产生沸腾而起泡。搁板冻结和冷库冻结这两种冻结方式都需要制冷系统，因此，增加了设备投资和运转费用；而抽真空自冻结搁板内不需要制冷管道，克服了上述缺点，同时在抽真空自冻结过程中还蒸发了一些水分[2]，从而可缩短后期的干燥时间[3,4]。

对于要求生物活性的材料，为了保存生物材料的活性，在冷冻时还需加入一定量的保护剂，使物料的冷冻过程热质传递过程更复杂。

2.1.1 冻干箱内的冻结过程

2.1.1.1 冻干箱内搁板上物料预冷的传热模型

冻干箱内搁板上物料预冷阶段以热传导为主，传热的物理模型可简化成如图 2-1 所示。为简化计算做如下假定：

图 2-1　冻结过程示意图

① 冷冻过程中冻结相变界面 S 均匀向物料内移动，传热是一维的，只沿 X 方向进行。

② 冷冻过程中相变界面 S 处温度不变，为共晶点温度。

③ 物料冻结前后各物性参数为常数，未冻结部分内有温差。

热传导方程、冻结相变界面平衡方程式如下：

$$\varepsilon \frac{\partial \theta_S}{\partial \tau} = \frac{\partial^2 \theta_S}{\partial X^2} \qquad [0 < X < S(\tau)] \quad (2\text{-}1)$$

$$\frac{\partial \theta_S}{\partial X} - \frac{\partial \theta_L}{\partial X} = \frac{dS(\tau)}{d\tau} \qquad [X = S(\tau)] \quad (2\text{-}2)$$

边界条件、初始条件：

$$\theta_S = f(\tau) \qquad\qquad (X = 0) \qquad (2\text{-}3)$$

$$\frac{\partial \theta_S}{\partial X} = q(\tau) \qquad\qquad (X = 0) \qquad (2\text{-}4)$$

$$S(\tau) = 0 \qquad\qquad (\tau = 0) \qquad (2\text{-}5)$$

$$\theta_S = 0 \qquad\qquad [X = S(\tau)] \qquad (2\text{-}6)$$

式中，θ 为无量纲温度，$\theta = \dfrac{T - T_f}{T_r - T_f}$；$X$ 为无量纲坐标，$X = \dfrac{x}{L}$；ε 为斯蒂芬（Stefan）常数，$\varepsilon = \dfrac{c(T_r - T_f)}{\gamma}$；$\tau$ 为无量纲时间，$\tau = \dfrac{\alpha t \varepsilon}{L^2}$；$S$ 为无量纲相变界面坐标，$S = \dfrac{s}{L}$；L 为平板物料厚度；T_f 为共晶点温度；T_r 为参考温度；γ 为潜热；x 为坐标；α 为导温系数，$\alpha = \dfrac{\lambda}{\rho c}$；$\rho$ 为物料密度；c 为物料比热容；λ 为物料热导率；S 为相界面坐标；$f(\tau)$ 为无量纲边界温度；$q(\tau)$ 为无量纲边界热流。

根据上面的模型，可求解冻结过程物料内部的温度分布和冷冻时间。

也可用式（2-7）近似计算冷冻时间[5]。

$$t_e = \Delta J / \Delta T \rho_g (d^2/2\lambda_g + d/K_{su}) \qquad (2\text{-}7)$$

$$t_e = \Delta J / \Delta T \rho_g (w + u) \qquad (2\text{-}7a)$$

式中，t_e 为冷冻时间；ΔJ 为初始冷冻点和最终温度之间的焓差；ΔT 为冷冻点和冷却介质之间的温度差；d 为平行于有效热传递方向上产品的厚度；ρ_g 为冷冻产品的密度；λ_g 为冷冻产品的热导率；K_{su} 为冷却介质和冻结区之间的表面传热系数。

焓值不太好查找，表 2-1 给出了一些数值。冰和已冻干产品的传热系数相对来说比较容易获得，但是，在不同时期，冷冻过程的表面传热系数 K_{su} 和冻干过程总的传热系数 K_{tot}

表 2-1　肉、鱼和蛋类产品的焓

产品	含水量（质量分数）/%	在不同温度下的焓/(kJ/kg)					
		−30℃	−20℃	−10℃	0℃	+5℃	+20℃
牛肉，含 8%脂肪	74.0	19.2	41.5	72.4	298.5	314.8	368.4
鳕鱼	80.3	20.1	41.9	74.1	322.8	341.2	381.0
蛋清	86.5	18.4	38.5	64.5	351.3	370.5	427.1
整蛋	74.0	18.4	38.9	66.2	308.1	328.2	386.9

变化相当大。表 2-2 给出了一些由调查所得的相关数据。

表 2-2　表面传热系数，总传热系数和热导率

K_{su}	气体到固体表面[kJ/(m²·h·℃)]：	
	自然对流	17～21
	层流　2m/s	50
	层流　5m/s	100
K_{su}	冷冻时冻干设备搁板与装在小瓶或盘子里的产品之间[kJ/(m²·h·℃)]	200～400
K_{su}	液体和固体表面之间[kJ/(m²·h·℃)]	
	管道内的油，层流	160～250
	LN₂ 滴到产品上[①]	900
	类似于水的液体	1600
	温差<7℃，1bar 的水	3600
K_{tot}	真空条件下，冻干设备搁板和产品升华前沿之间，产品装在小瓶或盘子里[kJ/(m²·h·℃)]	60～130
λ	热导率[kJ/(m²·h·℃)]	
	λ_g　冷冻产品（冰）	5.9～6.3
	λ_{tr}　已干产品	0.059～0.29

① Reinsert, A. P.：在快速冷冻和融化期间影响红细胞的因素（Ann. N. Y. Acade. Sci. 85，576～594，1960.）。

2.1.1.2　抽真空自冻结过程传热传质模型

在一个标准大气压下，水的沸点是 100℃，蒸发热是 2256.69J/g，而当压力降低到 613Pa 时，水的沸点是 0℃，蒸发热为 2499.52J/g。相关数据见图 2-2[6]。

图 2-2　水的沸点与饱和蒸气压及蒸发热之间的关系曲线

通过图 2-2 分析可得，随着压力的降低，水的沸点温度降低，蒸发单位质量的水所消耗的热量反而增加。抽真空自冻结就是随着压力的降低，相应水的饱和蒸气压也降低，水从冻结物料表面迅速蒸发出来，由于外界不提供蒸发所需的热量，故吸收物料本身的热量自然降温而实现冻结。

大量实验研究与分析表明不同物料的抽真空自冻结，传热都是首先由传质（水分的汽化）引起的，传质越快，传热越快，传热是在物料内部进行，传质在物料表面进行，水分汽化吸收能量来自物料本身，导致物料温度降低，直至冻结。抽真空自冻结过程是复杂的相变传热传质过程，该过程涉及扩散、传热、传质、沸腾和相变等机理[7]。

张世伟等[8]利用从质量与能量守恒原理、热力学原理和气体动力学原理出发，建立了冻干机内液体真空蒸发冻结过程传热传质的耦合迁移过程。物理模型如图 2-3。

图 2-3 系统物理模型图
1—蒸发室；2—冷凝室；3—真空泵

(1) 液体温度与质量关系的热力学模型　从溶液的温度变化角度考虑，真空蒸发冻结过程包括液体降温、液体冻结和固体降温三个阶段。对于液体降温阶段，随着液体的蒸发，液体质量不断减少，剩余液体的温度也不断降低，直至达到其冻结温度。由于液体降温所放出的热量是依赖液体蒸发时吸收的相变潜热所消耗，所以液体的降温速率完全取决于液体的蒸发速率。本模拟以集总参数法假设液体温度随时各处均匀，并且与容器保持一致，液体降温阶段温度与质量的关系式为

$$-(m_L c_L + m_C c_C)\frac{dT}{d\tau} = Q_s - \lambda_2 \frac{dm}{d\tau} \tag{2-8}$$

当溶液的温度降低到对应浓度下的冰点温度时，进入真空蒸发冻结过程的第二阶段-冻结阶段。此时溶液继续蒸发不导致溶液温度进一步下降，而是使剩余溶液中的一部分凝结成固体。液体冻结段温度与质量的关系式为

$$-\frac{dm}{dt}\lambda_2 = \frac{dm_i}{dt}\lambda_1 \tag{2-9}$$

当液体完全冻结成固体之后，已冻结的冰继续升华，带走升华潜热使剩余部分的冰和容器继续降温。继续降温阶段温度与质量的关系是为

$$-\lambda_i \frac{dm}{dt} = (m_i c_i + m_C c_C)\frac{dT}{dt} \tag{2-10}$$

式中，λ_2 为水溶液的汽化潜热，g/J；c_L 为水溶液的比热容，J/(g·K)；c_C 为容器的比热容，J/(g·K)；T 为冻结前，任意时刻水或冰的温度，K；m 为任意时刻水的质量，g；m_C 为容器的折算质量，g；Q_s 为水和容器的吸热速率，J/s；λ_1 为水冻结时放出的溶解潜热，J/(g·K)；m_i 为任意时刻冰的质量，g；λ_i 为冰升华时吸收的升华潜热，J/(g·K)；c_i 为冰的比热容，J/(g·K)。

(2) 真空室内的动力学模型　液体的质量变化依赖于液体质量的蒸发，而液体蒸发的速率则取决于真空室内气体的压力平衡情况和向冷凝室的流动速率。真空室内的气体由永久气体和液体蒸发组成，二者的压力控制方程为

$$V_1 \frac{dp_{1a}}{dt} = -q_{1a} + q_{L1} \tag{2-11}$$

$$V_1 \frac{dp_{1w}}{dt} = -q_{1w} + q_w \tag{2-12}$$

从而可得出混合气体的总压力控制方程为

$$V_1 \frac{dp_1}{dt} = -q_1 + q_w + q_{L1} \tag{2-13}$$

液体表面的蒸发速率为

$$q_W = \sqrt{\frac{kT_W}{2\pi m_0}} \alpha_1 A_W (p_W - p_{1W}) \tag{2-14}$$

真空室内混合气体向冷凝室内流动的总质量迁移速率为

$$q_1 = u_1(p_1 - p_2) \tag{2-15}$$

其中液体蒸气和永久气体各自的质量迁移速率分别为

$$q_{1W} = q_1 \frac{p_{1W}}{p_1} \tag{2-16}$$

$$q_{1a} = q_1 - q_{1W} \tag{2-17}$$

另外水蒸气的流量与水蒸气的质量蒸发速率之间的关系为

$$\frac{dm}{dt} = \frac{m_0 q_W}{kT_W} \tag{2-18}$$

式中，p_{1a}、p_{1W} 和 p_1 分别为真空室的永久气体压力、水蒸气压力和总压力，Pa；p_W 为水蒸气的饱和蒸气压，Pa；q_{L1} 为真空室的漏气量；Pa·m³/s；q_{1a} 为真空室流向冷凝室的空气流量，Pa·m³/s；q_{1W} 为真空室流向冷凝室的水蒸气流量，Pa·m³/s；q_1 为真空室流向冷凝室的总流量，Pa·m³/s；q_W 为水的蒸发率，Pa·m³/s；k 为水分子蒸发潜热，$k=1.381\times10^{-23}$J/kg；V_1 为真空室的有效体积，m³；m_0 为水分子质量，$m_0=2.99\times10^{-26}$kg；T_W 为水溶液的温度，K；u_1 为真空室与冷凝室之间流导，m³/s；A_W 为水溶液的蒸发表面积，m²；α_1 为水的表面蒸发系数。

(3) 冷凝室的动力学模型　由真空室流入冷凝室内的气体，其中永久气体和少量的蒸气被真空泵抽走，其余绝大部分液体蒸气则被冷阱盘管所凝附。冷凝室内永久气体和液体蒸汽的压力控制方程

$$V_2 \frac{dp_{2a}}{dt} = q_{1a} - q_{2a} + q_{L2} \tag{2-19}$$

$$V_2 \frac{dp_{2W}}{dt} = q_{1W} - q_{2W} - q_i \tag{2-20}$$

由上面两式可得出混合气体的总压力控制方程为

$$V_2 \frac{dp_2}{dt} = q_1 + q_{L2} - q_i - q_2 \tag{2-21}$$

液体蒸气在冷凝盘管上的凝结速率为

$$q_i = \sqrt{\frac{kT_V}{2\pi m_0}} \alpha_2 A_i p_{2W} - \sqrt{\frac{kT_i}{2\pi m_0}} \alpha_2 A_i p_i \tag{2-22}$$

冷凝室内混合气体向真空泵流动的总质量迁移速率为

$$q_2 = S_e p_2 \tag{2-23}$$

其中液体蒸气和永久气体的质量迁移速率分别为

$$q_{2W} = S_e p_{2W} \tag{2-24}$$

$$q_{2a} = S_e p_{2a} \tag{2-25}$$

其中真空泵在冷凝室抽气口处的有效抽速为

$$S_e = \frac{S_p u_2}{S_p + u_2} \tag{2-26}$$

式中，p_{2a}、p_{2w} 和 p_2 分别为冷凝室内的永久气体压力、水蒸气压力和总压力，Pa；p_i 为冰的饱和蒸气压，Pa；q_{L2} 为冷凝室的漏气量，Pa·m³/s；q_2 为真空室流向冷凝室的总流量，Pa·m³/s；q_i 为冷凝管的水蒸气凝结速率，Pa·m³/s；q_{2w} 为冷凝室与真空泵之间的水蒸气流量，Pa·m³/s；q_{2a} 为冷凝室与真空泵之间的空气流量，Pa·m³/s；V_2 为冷凝室的有效体积，m³；A_i 为冷凝管的凝结表面积，m²；T_i 为凝结盘管的温度，K；u_2 为冷阱与真空泵之间流导，m³/s；S_p 为真空泵的抽速，m³/s；α_2 为水在冷凝盘管上的凝结系数。

该模型采用的是平衡态理论，尚不能体现过冷、暴沸等非平衡过程的特性。还有待今后继续深入研究。

2.1.2 冷库内的冻结过程

冻干食品时，冷冻阶段通常在冷库内进行。运用 CFD 数值模拟理论，建立合理的冷库模型，模拟冷库在瞬态启动机组预冷、停机除霜及冷库大门处开关门这三种情况对库内气流布置及流场参数（如温度、湿度、空气组成等）对冷冻过程的冷量分布、传热效率、产品的品质有着极为重要的作用，并可为冷库的优化设计提供理论基础。

典型的冷库的物理模型如图 2-4 所示[9]。

图 2-4 典型的冷库物理模型

数学模型一般采用工程上广泛使用的标准 κ-ε 模型求解流动及换热问题，此模型共包含的 5 个控制方程，分别是连续性方程、动量守恒方程、能量守恒方程、湍动能 κ 方程及湍动耗散率 ε 方程。对于近壁处由于空气流动缓慢，呈贴壁状态，其流动有可能出现层流现象，所以对这一区域的气流采用壁面函数法处理[10]。

（1）标准 κ-ε 模型 标准 κ-ε 模型在推演过程中，采用了以下几项基本处理：

① 用湍动能 κ 反映特征速度；κ 是单位质量流体紊流脉动动能（m²/s²），定义为：

$$\kappa = \frac{1}{2}(\overline{u_1^2 + u_2^2 + u_3^2}) = \frac{1}{2}\overline{u_1^2} \quad (2\text{-}27)$$

② 用湍动能耗散率 ε 反映特征长度尺度；按照湍流脉动理论，湍流在传动过程中存在着耗散作用，湍流中单位质量流体脉动动能的耗散率 ε（m²/s³），就是各向同性的小尺度涡的机械能转化为热能的速率，定义为：

$$\varepsilon = \frac{\mu}{\rho}\overline{\left(\frac{\partial u_i'}{\partial x_1}\right)\left(\frac{\partial u_i'}{\partial x_1}\right)} \quad (2\text{-}28)$$

式中，μ 为流体动力黏度，Pa·s；ρ 为流体的密度，kg/m³；u_i' 为时均速度 m/s。

③ 引进 μ_t，μ_t 表示湍动黏度，kg/(m·s)⁻¹，并用一个关系来表示 κ、ε 和 μ_t 的关系：

$$\mu_t = C_\mu \rho \kappa^2 / \varepsilon \quad (2\text{-}29)$$

式中，C_μ 为经验常数，通常取 0.09。

④ 利用 Boussinesq 假定进行简化。

（2）耗散率 ε 在由三维非稳态 Navier-Stakes 方程出发推导 ε 方程的过程中，需要对推导过程中出现的复杂的项做出简化处理，引入下面关于 ε 方程的模拟定义式：

$$\varepsilon = c_D \frac{\kappa^{\frac{3}{2}}}{l} \qquad (2\text{-}30)$$

式中，c_D 为经验常数。这一模拟定义式的得出可以如下理解：由较大的涡向较小的涡传递能量的速率对单位体积的流体正比于 $\rho\kappa$，而反比于传递时间。传递时间与湍流长度标尺 l 成正比，而与脉动速度成反比。于是可有：

$$\rho\varepsilon \propto \rho\kappa\left(\frac{1}{\sqrt{\kappa}}\right) \propto \rho\kappa^{3/2}l \qquad (2\text{-}31)$$

（3）壁面函数法　大量的试验证明，对于有固面的充分发展的湍流流动，沿壁面法线的不同距离上，可将流动划分为壁面区或核心区。壁面区又分为 3 个子层黏性底层、过渡层和对数律层。黏性底层的流动属于层流流动，在工程计算中将过渡层归入为对数律层，对数律层的流动处于充分发展的湍流状态。

在近壁区的流动与换热计算，可采用低 Re 数 $\kappa\text{-}\varepsilon$ 模型或壁面函数法，采用低 Re 数 $\kappa\text{-}\varepsilon$ 模型时，由于在黏性底层内的速度梯度与温度梯度都很大，因而要布置相当多的节点，有时多达 20～30 个（如图 2-5 所示），因而无论在计算时间与所需内存方面都比较多。为了在壁面附近不设置那么多的节点以节省内存，但又能得出具有一点准确度的数值结果，需对壁面附近的计算做特殊的处理，壁面函数法因此而产生。

图 2-5　壁面附近区域的处理方法

用壁面函数法时，需与高 Re 数 $K\text{-}\varepsilon$ 模型配合使用，针对各输运方程，联系壁值与内节点值的公式如下：

① 假设在所计算问题的壁面附近的对数律层，无量纲速度 u^+ 与距离 y^+ 的分布服从对数分布律。对数分布律为：

$$u^+ = \frac{u}{u_\tau} = \frac{1}{k}\ln y^+ + B = \frac{1}{k}\ln(Ey^+) \qquad (2\text{-}32)$$

式中，u 为流体的时均速度；u_τ 为壁面摩擦速度，$u_\tau = \sqrt{\tau_w/\rho}$；$k$ 为 von Karman 常数；B、E 是与表面粗糙度有关的常数。对于光滑壁面有 $k=0.4$，$B=5.5$，$E=9.8$，壁面粗糙度的增加将使 B 值减少。

在这一定义中只有时均值 u 而无湍流参数，为了反映湍流脉动的影响需要把 u^+，y^+ 的定义做出扩展：

$$y^+ = \frac{\Delta y(C_\mu^{1/4}\kappa^{1/2})}{\mu} \qquad (2\text{-}33)$$

式中，Δy 是到壁面的距离，C_μ 为经验常数，其值为 0.09。

同时引入无量纲的温度：

$$T^+ = \frac{(T-T_w)(C_\mu^{1/4}\kappa^{1/2})}{(q_w/\rho c_p)} \qquad (2\text{-}34)$$

式中，T 为与壁面相邻的控制体积节点处的温度；T_w 为壁面上的温度；ρ 为流体的密度；c_p 为流体的比热容；q_w 为壁面上的热流密度。在这些定义式中，既引入了湍流参数 k，同时保留壁面切应力 τ_w 以及热流密度 q_w。

② 划分网格时，把第一个内节点 P 布置到对数分布律成立范围内，即配置到旺盛湍流区域。

③ 第一个内节点 P 与壁面之间区域的当量黏性系数 η_t 及当量热导率按下式确定：

$$r_w = \eta_t \frac{u - u_w}{y} \tag{2-35}$$

$$q_w = \lambda_t \frac{T - T_w}{y} \tag{2-36}$$

其中，q_w 由对数分布律所规定，u_w，T_w 为壁面上的速度与温度。

④ 对第一个内节点 P 上的 k 及 ε 的确定方法做出选择。k 值仍可按 k 方程计算，其边界条件取为 $\left(\dfrac{\partial k}{\partial y}\right) = 0$（$y$ 为垂直于壁面的坐标）。如果第一个内节点设置在黏性支层内且离壁面足够近，自然可以取 $k_w = 0$ 作为边界条件。但是在壁面函数中，P 点置于黏性支层外，在这一个控制容积中，k 的产生与耗散都较壁面的扩散要大得多，因而取 $\left(\dfrac{\partial k}{\partial y}\right) \approx 0$。至于壁面上的 ε 值，取值为：

$$\varepsilon = \frac{C_\mu^{3/4} k^{3/2}}{k \Delta y} \tag{2-37}$$

(4) 边界条件及初始化条件　初始条件与边界条件是控制方程有确定解的前提，控制方程与相应的初始条件、边界条件的组合构成对一个物理过程完整的数学描述。初始条件是所研究对象在过程开始时刻各个求解变量的空间分布情况。对于瞬态问题，必须给定初始条件。边界条件是在求解区域的边界上所求解的变量或其导数随地点和时间的变化规律。对于任何问题，都需要给定边界条件。

本文中，边界条件及初始条件主要是研究保鲜库内壁面及风机出口和回风口处的空气流动参数的情况，包括能量方程和动量方程。

① 冷风机出风口边界。具体边界条件如下：

a. 这里的 k 值无实测值可依据，按照保鲜库的实际情况，取来流的平均动能的 $0.5\% \sim 1.5\%$。

b. 入口截面上的 ε 可按：

$$\varepsilon = C_\mu \rho K^2 / \mu_t \tag{2-38}$$

其中常数 $C_\mu = 0.09$。μ_t 按下式计算。

$$\rho u L / \mu_t = 100 \sim 1000 \tag{2-39}$$

其中，L 为特征长度，在这里取为送风口的宽度为 32cm；u 为入口平均流速。

c. 速度值按试验测量结果赋值。

② 冷风机回口边界。回风口边界调节设为压力出口条件，假设回风口满足充分发展段湍流出口模型，则边界条件有：

a. 速度按试验结果赋值；

b. 紊流脉动动能 $\dfrac{\partial K}{\partial n} = 0$；

c. 脉动动能耗散 $\dfrac{\partial \varepsilon}{\partial n} = 0$；

d. 将 k、ε 做局部单向化处理；

e. 温度 $\dfrac{\partial T}{\partial n}=0$;

③ 固壁面。

a. 面平行的流速 u, 在壁面上 $u=0$, 但其黏性系数按计算。在计算过程中, 若 P 点落在黏性支层范围内, 则仍取分子黏性之值。

$$\mu_{\mathrm{t}}=\frac{y_{\mathrm{P}}^{+}\mu}{u_{\mathrm{P}}^{+}} \tag{2-40}$$

$$y^{+}=\frac{y(C_{\mu}^{1/4}K^{1/2})}{v} \tag{2-41}$$

$$u^{+}=\frac{1}{k}\ln(Ey^{+}) \tag{2-42}$$

其中, μ 为分子黏性系数, von Karman (冯·卡门) 常数 $k=0.4\sim0.42$, $\ln(E)/k=B$, $B=5.0\sim5.5$, $\dfrac{\partial T}{\partial n}=0$。

b. 与壁面垂直的速度 $v_{\mathrm{w}}=0$, 由于在壁面附近 $\dfrac{\partial u}{\partial x}\approx0$, 根据连续方程, 有 $\dfrac{\partial v}{\partial y}\approx0$, 这样就可以把固壁看做"绝热型"的, 即令壁面上与 v 相应的扩散系数为零。

c. 脉动动能: 取 $\left(\dfrac{\partial K}{\partial y}\right)_{\mathrm{w}}\approx0$, 因而取壁面上 K 的扩散系数为零。

d. 脉动动能耗散: 采取指定第一个内节点上之值的做法, 即 ε_{P} 不是通过求解 ε 方程计算出来的, 而是按以下公式计算。

$$\varepsilon_{\mathrm{P}}=\frac{C_{\mu}^{3/4}K_{\mathrm{P}}^{3/2}}{ky_{\mathrm{P}}} \tag{2-43}$$

e. 温度: 边界上温度条件的处理与导热问题中一样, 但壁面上的当量扩散系数则取:

$$k_{\mathrm{i}}=\frac{y_{\mathrm{P}}^{+}\mu c_{\mathrm{P}}}{\dfrac{\sigma_{\mathrm{r}}}{k}\ln(Ey^{+})+P\sigma_{\mathrm{r}}}=\frac{y_{\mathrm{P}}^{+}\mu c_{\mathrm{P}}}{\sigma_{\mathrm{r}}\left[\ln(Ey^{+})/k+P\right]}$$

其中:

$$P=9\left(\frac{\sigma_{\mathrm{L}}}{\sigma_{\mathrm{r}}}-1\right)\left(\frac{\sigma_{\mathrm{L}}}{\sigma_{\mathrm{r}}}\right)^{-1/4}$$

这里的 σ_{L}、σ_{r} 分别是分子 Prandtl 数 (即 Pr) 及湍流数 Prandtl, 取 $\sigma_{\mathrm{L}}=0.7$、$\sigma_{\mathrm{r}}=0.9$。

2.1.3 微尺度冻结过程的传热传质

通常情况研究物料的冷冻过程 (非抽真空自冻结), 仅考虑热的传递, 不考虑质的扩散。但实际上, 对于生物材料来说, 冰界面逼近细胞时, 随着细胞外溶液中水分的凝固, 细胞外溶液中溶质 (例如盐溶液中的 NaCl) 的浓度增加, 使得细胞内外溶液通过细胞膜的渗透不平衡, 从而引起细胞内外质的扩散, 所以生物材料的冷冻过程, 实际上是冰界面和细胞之间的耦合传热传质过程。

低温贮藏是当前有效的保存生物活性的方法, 研究冷冻过程热质传递机理的人较多, 已深入到微尺度领域。这些人关心的是冷冻过程对生物的活性造成的影响, 冷冻对细胞和生命体的破坏作用机理是非常复杂的, 目前尚无统一的理论, 但一般认为主要是由机械效应和溶质效应引起的。

① 机械损伤效应。机械损伤效应是细胞内外冰晶生长而产生的机械力量引起的。一般冰晶越大，细胞膜越易破裂，从而造成细胞死亡；冰晶小对细胞膜的损伤也小。冰晶是纯水物质，故生物细胞冷冻过程中，细胞内外的冰晶形成首先是从纯水开始，冰晶的生长逐步造成电解质的浓缩。期间经历了纯水结冰、细胞质中盐浓度不断增高、胞内 pH 值和离子强度改变、潜在的不利化学反应发生率提高的变化过程。在冷冻过程中，不希望形成大的冰晶，对细胞膜系统造成的机械损伤是直接损伤膜结构，从而影响细胞的生理、代谢功能的正常发挥。

② 溶质损伤效应。溶质损伤效应是由于水的冻结使细胞间隙内的液体逐渐浓缩，从而使电解质的浓度显著增加。细胞内的蛋白质对电解质极为敏感，尤其是在高浓度的电解质存在时，会引起蛋白质变性，丧失其功能，增加了细胞死亡的可能性。此外，细胞内电解质浓度增加还会导致细胞脱水死亡。间隙液体浓度越高，引起细胞的破坏就越严重。溶质损伤效应在冷冻的某一温度范围内最为明显。这个温度范围在水的冰点和该溶液的全部固化温度之间，若能以较高的速度越过这一温度范围，溶质损伤效应所产生的不良后果就能大大减弱。

另外，冷冻时，细胞内外形成冰晶的大小程度还会影响干燥的速率和干燥后产品的溶解速率。大的冰晶有利于干燥升华，小的冰晶则不然。但大的冰晶溶解慢，小的冰晶溶解快。冰晶越小，干燥后越能反映产品的原来结构。也就是说，避免体积过大的冰晶形成，是防止细胞损伤的关键所在。

综上所述，冷冻对生物细胞的致死损伤，无论是机械性的，还是溶质性的损伤效应，最为常见的是导致膜系统直接损伤。从机理讲，膜系统的损伤取决于膜融合和从液晶相向凝胶相转变的严重程度。通常膜融合的结果导致异形混合物的出现，膜的相变直接造成膜的透性增加。无论哪种损伤形式均使细胞内的物质和细胞外水溶性物质无控制地进行双向交换，这是细胞营养代谢中最忌讳的物质交换方式。但这种形式又是生物细胞冷冻时最易发生的。

动力学上，冰晶首先在细胞外形成，冰界面逼近细胞时，溶质（例如盐溶液中的 NaCl）残留在未冻结的细胞外溶液中。细胞外溶液中盐分的增加使得通过细胞膜的渗透不平衡。细胞通常情况通过以下两种方式之一克服其不平衡：①细胞内水分被运输到细胞外溶液中；②形成胞内冰，从而调节细胞内的渗透压。主要机理取决于冷却速度。在慢速冷却时，水有充足的时间溢出细胞，造成细胞严重脱水，阻止了冰晶的形成。另外，慢速冷冻过程引起的过渡收缩在快速复温或复水过程中会引起细胞结构的损伤[11,12]。在快速冷却时，水分没有充足的时间逃离细胞，从而水分被捕集在细胞内。减小细胞膜的通透性和降低温度使水分子的迁移率降低可使捕集加重[13]。在温度降低时，细胞内液过冷，捕集的水分冻结，从而形成胞内冰（IIF）[14]。胞内冰对细胞器官和细胞膜产生不可逆物理化学破坏。因此存在一个可使细胞存活的最优冷却速度，确定最优速率对于低温贮藏和冻干保存非常关键。

下面是 2003 年 Mao 等人考虑细胞和冰界面之间的耦合传热传质、膜的传输特性和凝固界面的移动过程的情况下，建立的红细胞冷冻过程冰界面与细胞之间相互作用的数学模型[15]。物理模型如图 2-6 所示。

细胞内外的组分和温度场的扩散方程为：

(a) 冰晶和细胞之间的计算模型   (b) 细胞膜的计算模型

图2-6　模拟冰晶和单个细胞之间的传热传质的微尺度效应模型的示意图

$$\frac{\partial c(\mathrm{NaCl})}{\partial t}=D_{\mathrm{l/s}}\nabla^2 c(\mathrm{NaCl}) \tag{2-44}$$

$$\frac{\partial T}{\partial t}=\alpha_{\mathrm{l/s}}\nabla^2 T \tag{2-45}$$

式中，$c(\mathrm{NaCl})$ 为盐溶液的浓度；T 为温度；t 为时间；α 和 D 分别为热扩散系数和质扩散系数；下标 l 和 s 分别代表液相和固相。

温度和浓度场的耦合在冰-溶液界面处通过边界条件确定。在此处由相图将边界处的温度和成分联系起来。相图是由经验公式确定的[16]，考虑毛细管的影响后界面温度为：

$$T_{\mathrm{Li}}=b_0+b_1 c_{\mathrm{Li}}+b_2 c_{\mathrm{Li}}^2+b_3 c_{\mathrm{Li}}^3+b_4 c_{\mathrm{Li}}^4-\frac{\gamma_{\mathrm{sl}}(\theta)}{L}T_{\mathrm{m}}\kappa \tag{2-46}$$

式中，c 为盐的浓度，下标 Li 表示固体侧的；T_{m} 为冰的熔点；κ 为界面的曲率；L 为熔化潜热；θ 为界面与水平方向之间的角度。所采用的模拟晶体生长的模型考虑了表面张力的各向异性，例如 $\gamma_{\mathrm{sl}}(\theta)=\gamma_0[1-15\varepsilon\cos(m\theta)]$，其中 ε 为各向异性度；m 为对称度；γ_0 为冰水界面的表面张力。公式（2-46）中包含的常数 b_i（$i=1\sim4$）来自组分的浓度和温度之间的液相关系曲线。此研究中采用一阶浓度依赖关系，即式（2-46）中右边液相曲线是线性的。在冰-溶液界面处传热传质平衡方程为

$$(1-p)c_{\mathrm{Li}}V_N=D_{\mathrm{s}}\left(\frac{\partial c(\mathrm{NaCl})}{\partial n}\right)_{\mathrm{s}}-D_{\mathrm{l}}\left(\frac{\partial c(\mathrm{NaCl})}{\partial n}\right)_{\mathrm{l}} \tag{2-47}$$

$$LV_{\mathrm{N}}=k_{\mathrm{s}}\left(\frac{\partial T}{\partial n}\right)_{\mathrm{s}}-k_{\mathrm{l}}\left(\frac{\partial T}{\partial n}\right)_{\mathrm{l}} \tag{2-48}$$

式中，p 为分配系数；V_N 为冰界面沿法线方向的移动速度；n 为法线方向；k_{l} 为液体热导率；k_{s} 固体热导率。液相的热导率 k_{l} 与水溶液中盐的浓度有关，且随着盐溶解的增加而减小。液相热导率随浓度场的变化可认为在浓度 $c(\mathrm{NaCl})=0$ 和初始浓度 $c(\mathrm{NaCl})=c_0$ 之间呈线性变化而求得。

细胞膜是区分细胞内外的边界，细胞内外两侧组分的平衡方程为：

$$D(\mathrm{NaCl})_{\mathrm{e}}\cdot\left(\frac{\partial c(\mathrm{NaCl})}{\partial n}\right)_{\mathrm{e}}=c(\mathrm{NaCl})_{\mathrm{e}}J_{\mathrm{w}} \tag{2-49}$$

$$D(\mathrm{NaCl})_{\mathrm{i}}\cdot\left(\frac{\partial c(\mathrm{NaCl})}{\partial n}\right)_{\mathrm{i}}=c(\mathrm{NaCl})_{\mathrm{i}}J_{\mathrm{w}} \tag{2-50}$$

式中，下标 e 和 i 分别为细胞外介质和内介质。

来自细胞的水流量根据渗透性由 Darcy 定律给出：

$$J_w = RTL_p \left[c(NaCl)_e - c(NaCl)_i \right] \qquad (2-51)$$

式中，L_p 为细胞膜对水的半透性，由压力确定。细胞膜允许水通过，但不允许盐通过。细胞膜对水的半透性 L_p 随温度的降低而减小，温度依赖关系符合阿伦尼乌斯（Arrhenius）形式：

$$L_p = L_{pg} \exp \left[-E_a (1/T - 1/T_g) R \right]$$

式中，T_g 为参考温度；L_{pg} 为温度为 T_g 时细胞膜对水的半透性；E_a 为活化能；R 为普适气体常数。

式（2-44）、式（2-45）给出了红细胞冷冻过程中组分和热传输的微尺度模型。溶液中固相和液相区的溶质和温度场利用相变界面处组分和热平衡确定，即式（2-47）和式（2-48）。相图由式（2-46）确定，用来联系界面温度和组分浓度。计算中界面的厚度忽略不计，认为是无限薄的，物料特性的跃变，如质扩散系数、热扩散系数、溶质的分割系数都被准确地结合在一体。这种计算水溶液凝固方法耦合了单个细胞周围的传热传质。红细胞的物理模型是由半透膜包围的盐溶液组成。刚开始，整个细胞静止在等压盐溶液中，由公式（2-51）可知，水通过细胞膜的流量由膜的通透性和浓度差控制。通过膜的渗透量由文献 [17] 中 sharp-interface 方法获得。细胞内外的热质传递主要取决于固液边界和细胞膜处的边界条件。

用式（2-51）可确定水通过细胞膜的传输速率，假定细胞内外溶液的组分混合均匀，细胞外液与冰界面平衡，则细胞外盐浓度的计算可用液体模型［基于式（2-46）］：$c(NaCl)_e = (T - b_0)/b_1$，细胞内的浓度由公式 $c(NaCl)_i = c_0 V_0 / V$ 给出，其中 c_0 和 V_0 分别为等压条件下盐的浓度和细胞的体积。每一瞬时细胞的体积可通过求解微分方程（2-52）确定：

$$\frac{dV}{dt} = -SJ_w \qquad (2-52)$$

利用上述模型可确定以不同速率和温度冷冻红细胞过程细胞内外的温度场合浓度场，以及细胞的体积与冰界面之间的相互作用关系。

2.2　真空干燥过程的传热传质

冻干过程的传热传质应包括干燥过程中物料内水分的固-气相变及物料内的传热传质；被冻干物料外、冻干机内非稳态温度场和稀薄气体流动的理论；捕水器内水蒸气的气-固相变理论等。目前，就第一部分内容国内外研究的较多，下面主要针对第一部分做一详细阐述。

2.2.1　传统的冻干理论

传统的冻干理论都是基于 1967 年桑德尔（Sandall）和金（King）等提出的冷冻干燥冰界面均匀后移稳态模型（The Uniformly Retreating Ice Model 简称 URIF 模型）[18] 建立的一维稳态模型。该模型将被冻干物料分成已干层和冻结层，假设已干层和冻结层内都是均质的，其特点是：简单，所需参数少，求解容易，能较好地模拟形状单一、组织结构均匀的物料的升华干燥过程，应用也比较广泛，但不够精确，主要应用在对于质量要求不是很高的食品的冻干。

2.2.1.1 直角坐标系下的模型

（1）平板状物料　产品形状若可简化为一块无限宽、厚度为 d 的平板，主干燥阶段热质传递的物理模型可简化，如图 2-7 所示[19]。

传热能量平衡方程：

$$\frac{\partial T_{\mathrm{II}}}{\partial t} = \alpha_{\mathrm{II\,e}} \frac{\partial^2 T_{\mathrm{II}}}{\partial x^2} \qquad [t \geqslant 0, H(t) \leqslant x \leqslant L]$$

(2-53)

图 2-7　平板状物料的冻干过程传热传质示意图

传质连续方程：

$$\frac{\partial c_{\mathrm{I}}}{\partial t} = D_{\mathrm{I\,e}} \frac{\partial^2 c_{\mathrm{I}}}{\partial x^2} \qquad [t \geqslant 0, 0 \leqslant x \leqslant H(t)]$$

(2-54)

该模型适用于冻结成平板状的液状物料[20]和片状固体物料[21]。

式中，T_{II} 为冻结层的温度，K；$\alpha_{\mathrm{II\,e}}$ 为冻结层的热扩散系数，$\mathrm{m^2/s}$；$D_{\mathrm{I\,e}}$ 为已干层的有效扩散系数 $\mathrm{m^2/s}$；c_{I} 为已干层内水蒸气的质量浓度，$\mathrm{kg/m^3}$。

图 2-8　散装颗粒状物料的冻干过程传热传质示意图

（2）散状颗粒状物料　产品若是散状颗粒状物料，主干燥阶段热质传递的物理模型可简化，如图 2-8 所示[22]。

传热能量平衡方程：

$$\frac{\partial T_{\mathrm{I}}}{\partial t} = \alpha_{\mathrm{I\,e}} \frac{\partial^2 T_{\mathrm{I}}}{\partial x^2} \qquad [t \geqslant 0, 0 \leqslant x \leqslant H(t)]$$

(2-55)

传质连续方程：

$$\frac{\partial c_{\mathrm{I}}}{\partial t} = D_{\mathrm{I\,e}} \frac{\partial^2 c_{\mathrm{I}}}{\partial x^2} \qquad [t \geqslant 0, 0 \leqslant x \leqslant H(t)]$$

(2-56)

式中，T_{I} 为已干层的温度，K；$\alpha_{\mathrm{I\,e}}$ 为已干层有效热扩散系数，$\mathrm{m^2/s}$；其余同上。

该模型适用于散状颗粒状物料，例如冻结粒状咖啡萃取物的求解比较准确[23]。

2.2.1.2 圆柱坐标系下的模型

（1）圆柱体物料　产品形状可以简化成圆柱体的物料，主干燥阶段热质传递的物理模型可简化成如图 2-9 所示[19]。传热能量平衡方程：

$$\frac{\partial T_{\mathrm{I}}}{\partial t} = \alpha_{\mathrm{I\,e}} \left(\frac{\partial^2 T_{\mathrm{I}}}{\partial r^2} + \frac{1}{r} \frac{\partial T_{\mathrm{I}}}{\partial r} \right) \qquad [t \geqslant 0, H(t) \leqslant r \leqslant R]$$

(2-57)

图 2-9　圆柱坐标系下的生物材料冻干过程传热传质示意图

传质连续方程

$$\frac{\partial c_{\mathrm{I}}}{\partial t} = D_{\mathrm{I\,e}} \frac{\partial^2 c_{\mathrm{I}}}{\partial r^2} \qquad [t \geqslant 0, H(t) \leqslant r \leqslant R]$$

(2-58)

该模型适合于可以简化成圆柱形状的物料的冻干，例如人参[24]、骨骼、蒜薹[25]等。

（2）长颈瓶装液态物料　长颈瓶装液态物料在冷冻时高速旋转，使液态产品冻结在瓶壁上，主干燥阶段热质传递的物理模型可简化，如图 2-10 所示[26]。

图 2-10　圆柱坐标系下的长颈瓶装
物料冻干过程传热传质示意图

传热能量平衡方程：

$$\frac{\partial T_{II}}{\partial t} = \alpha_{II e}\left(\frac{\partial^2 T_{II}}{\partial r^2} + \frac{1}{r}\frac{\partial T_{II}}{\partial r}\right) \qquad [t \geqslant 0, H(t) \leqslant r \leqslant R]$$

(2-59)

传质连续方程：

$$\frac{\partial c_I}{\partial t} = D_{I e}\frac{\partial^2 c_I}{\partial r^2} \qquad [t \geqslant 0, r_1 \leqslant r \leqslant H(t)]$$

(2-60)

2.2.1.3　球坐标系下的模型

（1）球状物料　产品形状可简化成球体的物料，主干燥阶段热质传递的物理模型可简化，如图 2-9 所示，图中 r 和 R 表示球半径。

传热能量平衡方程：

$$\frac{\partial T_I}{\partial t} = \alpha_{I e}\left(\frac{\partial^2 T_I}{\partial r^2} + \frac{2}{r}\frac{\partial T_I}{\partial r}\right) \qquad [t \geqslant 0, H(t) \leqslant r \leqslant R]$$

(2-61)

传质连续方程：

$$\frac{\partial c_I}{\partial t} = D_{I e}\frac{\partial^2 c_I}{\partial r^2} + \frac{2}{r}\frac{\partial c_I}{\partial r} \qquad [t \geqslant 0, H(t) \leqslant r \leqslant R]$$

(2-62)

该模型适合于可简化成球状的物料，例如草莓、动物标本等。

（2）球形长颈瓶装物料　球形长颈瓶装液态物料在冷冻时高速旋转，使液态产品冻结在瓶壁上，主干燥阶段热质传递的物理模型可简化，如图 2-11 所示[27]。

传热能量平衡方程：

$$\frac{\partial T_{II}}{\partial t} = \alpha_{II e}\left(\frac{\partial^2 T_{II}}{\partial r^2} + \frac{2}{r}\frac{\partial T_{II}}{\partial r}\right)$$

$$[t \geqslant 0, H(t) \leqslant r \leqslant R] \qquad (2-63)$$

传质连续方程：

$$\frac{\partial c_I}{\partial t} = D_{I e}\frac{\partial^2 c_I}{\partial r^2} + \frac{2}{r}\frac{\partial c_I}{\partial r} \qquad [t \geqslant 0, r_1 \leqslant r \leqslant H(t)]$$

(2-64)

图 2-11　球坐标系下的长颈瓶装物料
冻干过程传热传质示意图

2.2.2　多孔介质的冻干理论

1979 年利亚皮斯（Liapis）和利奇菲尔德（Litchfield）等提出了冷冻干燥过程的升华-解析模型[28]。该模型的思想是把已干层当做多孔介质，利用多孔介质内热质传递理论建立已干层内的热质传递模型。该模型的特点是：简化条件相对来说比较少，能较好地模拟冻干过程，与实际情况比较接近，但求解较困难，所需物性参数较多。近年来有不少学者在此基础又做了进一步改进，多数是为了提高药品的质量和干燥速率而建的模型。

2.2.2.1　一维升华-解析模型

一维升华-解析模型（1979 年 Liapis 和 Litchfield 提出的）[28]，在主干燥过程传热传质的物理模型如图 2-12 所示。已干区（Ⅰ）和冻结区（Ⅱ）非稳态能量传热平衡方程为：

$$\rho_{Ie}\frac{\partial T_I}{\partial t}=\alpha_{Ie}\frac{\partial^2 T_I}{\partial x^2}-\frac{N_t c_{pg}}{\rho_{Ie}c_{pIe}}\frac{\partial T_I}{\partial x}-\frac{Tc_{pg}}{\rho_{Ie}c_{pIe}}\frac{\partial N_t}{\partial x}+\frac{\Delta H_v \rho_I}{\rho_{Ie}c_{pIe}}\frac{\partial c_{sw}}{\partial t}\quad [t\geqslant 0,0\leqslant x\leqslant H(t)]$$

$$(2\text{-}65)$$

$$\frac{\partial T_{\mathrm{II}}}{\partial t}=\alpha_{\mathrm{II}}\frac{\partial^2 T_{\mathrm{II}}}{\partial x^2}\qquad [t\geqslant 0,H(t)\leqslant x\leqslant L]\qquad (2\text{-}66)$$

传质连续方程为：

$$\frac{\varepsilon M_W}{R_g}\frac{\partial}{\partial t}\left(\frac{p_w}{T_I}\right)=-\frac{\partial N_w}{\partial x}-\rho_I\frac{\partial c_{sw}}{\partial t}\qquad [t\geqslant 0,0\leqslant x\leqslant H(t)]\qquad (2\text{-}67)$$

$$\frac{\varepsilon M_{in}}{R_g}\left(\frac{p_{in}}{T_I}\right)=-\frac{\partial N_{in}}{\partial x}\qquad [t\geqslant 0,0\leqslant x\leqslant H(t)]\qquad (2\text{-}68)$$

$$\frac{\partial c_{sw}}{\partial t}=-k_g c_{sw}\qquad [t\geqslant 0,0\leqslant x\leqslant H(t)]\qquad (2\text{-}69)$$

式中，N_t 为总的质量流，kg/(m²·s)；c_{pg} 为气体的比热容，J/(kg·K)；ρ_{Ie} 为已干层的有效密度，kg/m³；c_{pIe} 为已干层有效比热容，J/(kg·K)；c_{sw} 为结合水浓度，kg水/kg 固体；ρ_I 为已干层密度，kg/m³；ε 为已干层的孔隙率（无量纲）；M_W 为水蒸气分子量，kg/mol；R_g 为理想气体常数，J/(mol·K)；p_w 为水蒸气分压，Pa；N_w 为水蒸气质量流，kg/(m²·s)；M_{in} 为惰性气体分子量，kg/mol；N_{in} 为惰性气体质量流，kg/(m²·s)；p_{in} 为惰性气体分压，Pa；k_g 为解析过程的内部传质系数，s⁻¹；$H(t)$ 为 t 时刻移动冰界面的尺寸，m；ΔH_v 为结合水解吸潜热，J/kg。

该模型适合于可简化成平板状的物料，例如牛奶的冻干。

图 2-12　冻干过程传热传质示意图

2.2.2.2　二维轴对称升华-解析模型

二维轴对称解析升华模型（1997 年 Mascarenhas 等人提出的）[29]，在主干燥过程传热传质的物理模型如图 2-12 所示。已干区（Ⅰ）和冻结区（Ⅱ）非稳态传热能量平衡方程为：

$$\frac{\partial T_I}{\partial t}=\frac{k_{Ie}}{\rho_{Ie}c_{pIe}}\left[\frac{\partial}{\partial x}\frac{\partial T_I}{\partial x}+\frac{1}{r}\frac{\partial}{\partial y}\left(r\frac{\partial T_I}{\partial y}\right)\right]-\frac{c_{pg}}{\rho_{Ie}c_{pIe}}\left[\frac{\partial (N_{tx}T_I)}{\partial x}+\frac{1}{r}\frac{\partial (rN_{ty}T_I)}{\partial y}\right]+$$

$$\frac{\Delta H\rho_I}{\rho_{Ie}c_{pIe}}\frac{\partial c_{sw}}{\partial t}\qquad [t\geqslant 0,0\leqslant x\leqslant H(t)]\qquad (2\text{-}70)$$

$$\frac{\partial T_{\text{II}}}{\partial t}=\frac{k_{\text{II}}}{\rho_{\text{II}} c_{p\text{II}}}\left[\frac{\partial}{\partial x}\frac{\partial T_{\text{II}}}{\partial x}-\frac{1}{r}\frac{\partial}{\partial y}\left(r\frac{\partial T_{\text{II}}}{\partial y}\right)\right] \qquad [t\geqslant 0,H(t)\leqslant x\leqslant L] \qquad (2\text{-}71)$$

传质连续方程为：

$$\varepsilon\frac{\partial c_{p\text{w}}}{\partial t}+\rho_{\text{I}}\frac{\partial c_{\text{sw}}}{\partial t}+\nabla\cdot N_{\text{w}}=0 \qquad [t\geqslant 0,0\leqslant x\leqslant H(t)] \qquad (2\text{-}72)$$

$$\varepsilon\frac{\partial c_{p\text{in}}}{\partial t}+\nabla\cdot N_{\cdot}=0 \qquad [t\geqslant 0,0\leqslant x\leqslant H(t)] \qquad (2\text{-}73)$$

$$\frac{\partial c_{\text{sw}}}{\partial t}=k_R(c_{\text{sw}}^{*}-c_{\text{sw}}) \qquad [t\geqslant 0,0\leqslant x\leqslant H(t)] \qquad (2\text{-}74)$$

图 2-13　二维升华解析模型传热传质示意图

式中，$k_{\text{I e}}$ 为已干层有效热导率，W/(K·m)；k_{II} 为冻结层热导率，W/(K·m)；$c_{p\text{w}}$ 为水蒸气的质量浓度，kg/m³；$c_{p\text{in}}$ 为惰性气体的质量浓度，kg/m³；c_{sw}^{*} 为结合水平衡浓度，kg 水/kg 固体；N_{tx} 为 x 方向总的质量流，kg/(m²·s)；N_{ty} 为 y 方向总的质量流，kg/(m²·s)；其余符号同前。

图中 2-13 中 q_{I}、q_{II} 和 q_{III} 为来自不同方向的热流，W/m²。

2.2.2.3　多维动态模型

实际为二维轴对称模型（1998 年 Sheehan 和 Liapis 提出的）[30]，干燥过程传热传质物理模型可简化成如图 2-14 所示。主干燥阶段在已干层和冻结层中传热能量平衡方程为：

$$\frac{\partial T_{\text{I}}}{\partial t}=\alpha_{\text{I e}}\left(\frac{\partial^2 T_{\text{I}}}{\partial r^2}+\frac{1}{r}\frac{\partial T_{\text{I}}}{\partial r}+\frac{\partial^2 T_{\text{I}}}{\partial z^2}\right)-\frac{c_{p\text{g}}}{\rho_{\text{I e}}c_{p\text{I e}}}\left(\frac{\partial(N_{\text{t},z}T_{\text{I}})}{\partial z}\right)$$

$$-\frac{c_{p\text{g}}}{\rho_{\text{I e}}c_{p\text{I e}}}\left(\frac{1}{r}\frac{\partial(rN_{\text{t},z}T_{\text{I}})}{\partial r}\right)+\frac{\Delta H_{\text{v}}\rho_{\text{I}}}{\rho_{\text{I e}}c_{p\text{I e}}}\left(\frac{\partial c_{\text{sw}}}{\partial t}\right)$$

$$[t\geqslant 0,0\leqslant z\leqslant Z=H(t,r),0\leqslant r\leqslant R] \qquad (2\text{-}75)$$

$$\frac{\partial T_{\text{II}}}{\partial t}=\alpha_{\text{II}}\left(\frac{\partial^2 T_{\text{II}}}{\partial r^2}+\frac{1}{r}\frac{\partial T_{\text{II}}}{\partial r}+\frac{\partial^2 T_{\text{II}}}{\partial z^2}\right) \qquad [t\geqslant 0,Z=H(t,r)\leqslant z\leqslant L,0\leqslant r\leqslant R]$$

$$(2\text{-}76)$$

传质连续方程为：

$$\frac{\varepsilon M_{\text{w}}}{R_{\text{g}} T_{\text{I}}}\frac{\partial p_{\text{w}}}{\partial t}=-\frac{1}{r}\frac{\partial(rN_{\text{w},r})}{\partial r}-\frac{\partial N_{\text{w},z}}{\partial z}-\rho_{\text{I}}\frac{\partial c_{\text{sw}}}{\partial t} \qquad [t\geqslant 0,0\leqslant z\leqslant Z=H(t,r),0\leqslant r\leqslant R]$$

$$(2\text{-}77)$$

$$\frac{\varepsilon M_{\text{in}}}{R_{\text{g}} T_{\text{I}}}\frac{\partial p_{\text{in}}}{\partial t}=-\frac{1}{r}\frac{\partial(rN_{\text{in},r})}{\partial r}-\frac{\partial N_{\text{in},z}}{\partial z} \qquad [t\geqslant 0,0\leqslant z\leqslant Z=H(t,r),0\leqslant r\leqslant R]$$

$$(2\text{-}78)$$

$$\frac{\partial c_{sw}}{\partial t} = -k_d c_{sw} \qquad [t \geqslant 0, 0 \leqslant z \leqslant Z = H(t,r), 0 \leqslant r \leqslant R] \qquad (2-79)$$

二次干燥阶段传热传质平衡方程为：

$$\frac{\partial T_I}{\partial t} = \alpha_{Ie} \left(\frac{\partial^2 T_I}{\partial r^2} + \frac{1}{r} \frac{\partial T_I}{\partial r} + \frac{\partial^2 T_I}{\partial z^2} \right) - \frac{c_{pg}}{\rho_{Ie} c_{pIe}} \left(\frac{\partial (N_{t,z} T_I)}{\partial z} \right) -$$

$$\frac{c_{pg}}{\rho_{Ie} c_{pIe}} \left(\frac{1}{r} \frac{\partial (r N_{t,z} T_I)}{\partial r} \right) + \frac{\Delta H_v \rho_I}{\rho_{Ie} c_{pIe}} \left(\frac{\partial c_{sw}}{\partial t} \right)$$

$$[t \geqslant t_{Z=H(t,r)=L}, 0 \leqslant z \leqslant L, 0 \leqslant r \leqslant R] \qquad (2-80)$$

$$\frac{\varepsilon M_W}{R_g T_I} \frac{\partial p_w}{\partial t} = -\frac{1}{r} \frac{\partial (r N_{w,r})}{\partial r} - \frac{\partial N_{w,z}}{\partial z} - \rho_I \frac{\partial c_{sw}}{\partial t}$$

$$[t \geqslant t_{Z=H(t,r)=L}, 0 \leqslant z \leqslant L, 0 \leqslant r \leqslant R] \qquad (2-81)$$

$$\frac{\varepsilon M_{in}}{R_g T_I} \frac{\partial p_{in}}{\partial t} = -\frac{1}{r} \frac{\partial (r N_{in,r})}{\partial r} - \frac{\partial N_{in,z}}{\partial z}$$

$$[t \geqslant t_{Z=H(t,r)=L}, 0 \leqslant z \leqslant L, 0 \leqslant r \leqslant R] \qquad (2-82)$$

式中，$H(t,r)$ 为半径为 r 时的 $H(t)$；Z 为移动冰界面到达 z 处的值；$N_{t,z}$ 为 z 方向总的质量流，$kg/(m^2 \cdot s)$；$N_{w,r}$ 和 $N_{w,z}$ 分别为 r 和 z 方向水蒸气的质量流，$kg/(m^2 \cdot s)$；$N_{in,r}$ 和 $N_{in,z}$ 分为 r 和 z 方向惰性气体的质量流，$kg/(m^2 \cdot s)$；其余符号同前。

(a) 小瓶中冻干物料的示意图　　　　(b) 冻干过程升华界面的移动情况

(c) 冻结层呈放射状分布

图 2-14　多维动态模型传热传质示意图

上述模型只是对于单个小瓶来说，如果对排列在搁板上的多个小瓶来说，可以认为对小瓶的供热是排列位置的函数，同样可以使用。该模型的优点是能提供小瓶中已干层中结合水的浓度和温度的动力学行为的定量分布。

2.2.2.4 考虑瓶塞和室壁温度影响的二维轴对称非稳态模型

考虑瓶塞和室壁温度影响的二维轴对称非稳态模型[31]的物理模型如图 2-15 所示。数学模型与 1998 年 Sheehan 和 Liapis 提出的多维动态模型相同,即与式(2-75)~式(2-82)相同,只是确定边界条件 $q_{\rm I}$、$q_{\rm II}$、$q_{\rm III}$ 时考虑了瓶塞和干燥室壁温度的影响。

(a) 带瓶塞的小瓶的模型

(b) 被冻干的产品在小瓶中的模型

(c) 观察到的升华界面的移动情况

(d) 冻结层呈放射状分布

图 2-15 考虑瓶塞和室壁温度影响的二维轴对称非稳态模型的传热传质示意图

2.2.2.5 考虑平底弯曲影响的二维轴对称非稳态模型

2005 年 Suling Zhai 等提出的考虑平底弯曲影响的二维轴对称非稳态模型的物理模型如图 2-16 所示[32]。主干燥阶段传热能量平衡方程为

$$\frac{\partial}{\partial t}(\rho_{\rm g} c_{p{\rm g}} T_{\rm g}) = \nabla(k_{\rm g} \nabla T_{\rm g}) \tag{2-83}$$

$$\frac{\partial}{\partial t}(\rho_{\rm ice} c_{p{\rm ice}} T_{\rm ice}) = \nabla(k_{\rm ice} \nabla T_{\rm ice}) \tag{2-84}$$

传质连续方程为

$$N_{\rm wt} = -\frac{M_{\rm w}}{R_{\rm g}T}(k_1\nabla p_{\rm s}+k_2 p_{\rm s}\nabla p) = \frac{1}{T}[h_1(p_{\rm s}-p_{\rm c})+h_2 p_{\rm s}(p_{\rm s}-p)] \tag{2-85}$$

式中,$\rho_{\rm g}$ 为玻璃瓶的密度,kg/m³;$c_{p{\rm g}}$ 为玻璃瓶的比热容,J/(kg·K);$T_{\rm g}$ 为玻璃瓶的温度,K;$k_{\rm g}$ 为玻璃瓶的热导率,W/(K·m);$\rho_{\rm ice}$ 为冰的密度,kg/m³;$c_{p{\rm ice}}$ 为冰的比热容,J/(kg·K);$T_{\rm ice}$ 为冰的温度,K;$k_{\rm ice}$ 为冰的热导率,W/(K·m);$M_{\rm w}$ 为水蒸气分子量,kg/mol;$R_{\rm g}$ 为理想气体常数,J/(mol·K);$p_{\rm s}$ 和 $p_{\rm c}$ 分别表示升华界面和冷凝器表面标准水蒸气压力,Pa;p 为干燥室的内总压力,Pa;$N_{\rm wt}$ 为水蒸气总的质量流,kg/(m²·s);k_1 和 k_2 分别为体扩散和自扩散常数;h_1 和 h_2 分别为扩散和对流传质系数,m/s。

图 2-16 中，C_{gap} 为玻璃瓶底的弯曲孔隙的高度，mm。

图 2-16　表示圆柱形小瓶内冰升华过程的横截面示意图

Z_0 为冰最初的高度，L 和 R 分别为玻璃瓶的高度和半径

2.2.2.6　微波冻干一维圆柱坐标下的双升华面模型

图 2-17 为简化的具有电介质核圆柱多孔介质微波冷冻干燥的双升华界面模型的一维圆柱坐标物理模型[33,34]。对具有电介质核的多孔介质微波冷冻干燥过程，物料将被内外同时加热，因而可能产生 2 个升华界面。一方面，物料外层的冰吸收微波能而升华，形成第一升华界面；另一方面，由于电介质核较冰的损耗系数大，微波能主要被其吸收并传导至物料层使冰升华，从而形成第二升华界面。因此，多孔介质内部将出现 2 个干区、冰区和电介质核 4 个区域（见图 2-17）。

图 2-17　具有电介质核圆柱多孔介质微波冷冻干燥过程的传热传质示意图

已干区传热能量平衡方程：

$$\frac{\partial \rho c_p T_{I}}{\partial t} = \nabla \cdot (\lambda \nabla T) + q \tag{2-86}$$

传质连续方程：

$$\frac{\partial \varepsilon \rho_w}{\partial t} = \nabla \cdot N_{IIw} \tag{2-87}$$

冻结区传热能量平衡方程：

$$\frac{\partial \rho c_p T_{II}}{\partial t} = \nabla \cdot (\lambda \nabla T_{II}) - I \cdot \Delta H_s + q - \frac{\partial (c_{pw} T_{II} N_{IIw})}{\partial r} \tag{2-88}$$

传质连续方程：

$$\frac{\partial}{\partial t}[(1-S)\varepsilon \rho_w] = -\nabla N_{IIw} + I \tag{2-89}$$

式中，λ 为热导率，W/(m·K)；I 升华源强度，(kg·m^3)/s；ΔH_s 为升华潜热，

J/kg；q 为微波能吸收强度，J/(s·m³)，S 为饱和度；其余符号同前。

2.2.3 微纳尺度冻干过程的传热传质

以往的研究大都是研究宏观参数，如压力、温度和物料的宏观尺寸等对冻干过程热质传递的影响，物料微观结构的影响忽略不计或被简化，因此，只是对于均质的液态物料和结构单一固态物料比较适用。对于一般生物材料，冻干过程已干层多孔介质实际上不是均匀的，而是具有分形的特点[35]。然而分形多孔介质中的扩散已不再满足欧式空间的 Fick 定律，扩散速率较欧式空间减慢了[36]，扩散系数不是常数，与扩散距离还有关。已干层分形特征如何确定，以及怎么影响冻干过程热质传递，都是有待研究的问题。

从考虑生物材料的微观结构出发，根据已干层的显微照片分析生物材料已干层多孔介质的分形特性，确定已干层多孔介质的分形维数和谱维数，推导分形多孔介质中气体扩散方程，然后在 1998 年 Sheehan 和 Liapis 提出的非稳态轴对称模型的基础上建立了考虑了已干层的分形特点的生物材料冻干过程热质传递的模型，即惰性气体和水蒸气在已干层中的连续方程采用的是分形多孔介质中的扩散方程[37]，扩散系数随已干层厚度的增加呈指数下降。为了验证模型的正确性，以螺旋藻为研究对象，用 Jacquin 等[38,39]的方法根据螺旋藻已干层的显微照片确定螺旋藻已干层分形维数，用张东晖等人[40]的方法求分形多孔介质的谱维数。模型的求解借助 Matlab 和 Fluent 软件，模拟了螺旋藻的冻干过程。

2.2.3.1 分形多孔介质中气体扩散方程的推导

通常流体的扩散满足 Fick 定律，固相中的扩散也常常沿袭流体扩散过程的处理方法。如果气体的分子直径自由程远大于微孔直径，则分子对孔壁的碰撞要比分子之间的相互碰撞频繁得多。其微孔内的扩散阻力主要来自分子对孔壁的碰撞，这就是克努森扩散，传统的冻干模型已干层中水蒸气和惰性气体的扩散都是按传统的欧氏空间的克努森扩散处理的，但对于生物材料已干层中的孔隙一般都具有分形的特征，使气体在其中的扩散也具有分形的特点，下面从确定已干层分形特征入手，来推导已干层分形多孔介质中的气体扩散方程。

2.2.3.2 已干层多孔介质结构特性

生物材料冻干过程已干层多孔介质的结构特性是影响冻干过程传热传质的很重要的一个因素。当孔隙具有分形特点时，多孔介质中的热质传递不仅与为孔隙率有关，还与孔隙的大小和排列有关，与孔隙的分形维数和谱维数有关。

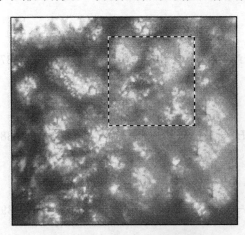

图 2-18 螺旋藻已干层显微照片

（1）孔隙率的确定 与计算机所产生的图像不同，实验图噪声比较大，不便于直接利用软件对图像进行数字处理。在分析图像之前，需要恰当地处理图像，目的就是减少噪声，使图像主要信息表达更加清楚。利用 Matlab 图像处理[41]把彩色图像转换为黑白图像（二值图）时，要给出黑与白的分界值，即像素的颜色阈值，低于阈值的像素定义为白色，代表孔隙，否则为黑色，代表固体物料。转化工具为 Matlab 的 im2bw 命令。

图 2-18 为螺旋藻已干层显微照片，当颜色阈值取 0.35 时，图 2-18 对应的二值图如图 2-

19 所示，考虑到在显微镜下观测螺旋藻已干层结构时有一定的厚度，固体物料有重叠，为了使处理后的图像更接近实际结构，这里阈值取偏小值 0.35。在 Matlab 中二值图是用 1 和 0 的逻辑矩阵存储的，0 为黑，1 为白，且很容易对矩阵进行各种运算。通过统计矩阵中 0 和 1 的数可得螺旋藻已干层孔隙率为 0.83。

图 2-19　图 2-18 经 Matlab 图像处理后的二值图

图 2-20　图 2-18 中选中小图 Matlab
图像处理后的二值图

　　(2) 分形维数的确定　多孔介质孔隙分形维数的计算采用常规的盒子法[42]，即用等分的正方形网格覆盖所读入的图像，网格单元的尺度为 r。然后检测每个网格单元中 0 和 1 的值，统计标记为 1 的单元数 $N(r)$。$N(r)$ 和 $1/r$ 分别取成对数后，在以 $\ln N(r)$ 为 Y 轴坐标，以 $\ln(1/r)$ 为 X 轴的坐标上产生一个点，r 从两个像素开始，以一个像素为步长逐步增加，对应每一个 r 值，重复上述过程，得到一系列这样的点，再根据这些点拟合成一直线，其斜率即为分形维数。为了减小计算量，取图 2-18 一小部分进行计算，选中的小图对应的二值图 2-19 所示。按这种方法计算的图 2-20 的所示多孔介质的分形维数的结果见图 2-21，图中离散点用上述方法得到，计算中，覆盖网格分别取 5×5～14×14。回归直线方程为

$$y = 6.93 + 1.722x \tag{2-90}$$

　　相关系数为 0.99628，其斜率即孔隙分形维数 $d_f = 1.722$。

　　(3) 谱维数的确定　Anderson[43] 等通过分形网格的模拟，得到时间 t 内，物质粒子所访问过的不同格子数 $Din(t)$ 与谱维数 d 存在下述关系：

$$Din(t) \propto t^{d/2} \tag{2-91}$$

　　根据此式，就可以计算得到分形结构的谱维数 d。具体过程为从分形结构中某一孔隙格子处发出一个物质粒子，物质粒子在分形结构中的孔隙中各自随机行走，计算时采用近似的蚂蚁行走模型。如果行走到的格子以前没有访问过，那么就在独立访问过的格子数总和中加 1 $[Din(t) = Din(t) + 1]$；如果行走到的格子以前访问过，那么就在访问过的格子数总和中加 1 $(Null = Null + 1)$；如果行走碰到分形结构的边界，那么行走终止，再在上面初始处发出一个物质粒子，由于是随机行走，此粒子的行走轨迹与刚才是不同的，最后对某时刻

$Din(t)$ 求平均值，得到一组 $[Din(t)，t]$ 对应值，取对数坐标，可以看到两者是直线关系，由式（2-91）可知，直线的斜率就是 $d/2$。谱维数与孔隙分形维数有很大关联，孔隙分形维数越小，意味着分形结构中孔隙的比例少，相同时间内，粒子行走越狭窄，重复过的弯路越多，其所经过的不同格子数越少，那么谱维数也就相应小一些。对于孔隙分形维数相同的分形结构，如果孔隙分布排列不一样，两者之间的谱维数值一定也会有差别。

从图 2-20 分形多孔介质中孔隙部分任取一点，依次发出 1000 个物质粒子，覆盖网格取 40×40，由上面的测定方法统计计算的结果见图 2-22 中的离散点，回归直线方程为：

$$y = 0.28947 + 0.67405x \tag{2-92}$$

直线斜率为 0.67405，从而可得孔隙的谱维数 $d = 1.348$。

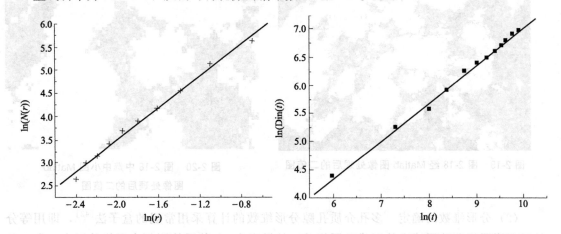

图 2-21　图 2-20 所示多孔介质分形维数的计算结果　　图 2-22　图 2-20 中孔隙的谱维数的计算结果

2.2.3.3　分形多孔介质中的扩散系数

扩散系数的实质是单位时间粒子所传输的空间，在普通扩散过程中，随机行走的平均平方距离与时间成正比的关系[36]：

$$<r^2(t)> \propto t \tag{2-93}$$

式中，$<r^2(t)>$ 为随机行走的平均平方距离。在分形多孔介质中，由张东晖[40]等人的研究可知，平均平方距离和时间存在指数关系，

$$<r^2(t)> \propto t^\alpha \tag{2-94}$$

α 被称为与分形布朗运动相关联的行走维数，Orbach[44]等发现

$$\alpha = \frac{d}{2d_f} \tag{2-95}$$

由此也可看到：谱维数是分形介质静态结构和动态特性的一个中间桥梁。

在处理具有分形特征介质的扩散系数时，一般都是在普通的扩散系数上加上分形特征的修正，由张东晖[36]等人的模拟结果可知，分形多孔介质中的扩散系数已不是常数，而是随径向距离的增大而呈指数下降：

$$D_{df}(r) = D_0 r^{-\theta} \tag{2-96}$$

式中，D_0 为欧氏空间的扩散系数；D_{df} 为分形结构中的扩散系数；r 为扩散的距离；θ 为分形指数，与多孔介质分形维数 d_f 和谱维数 d 有关，由张东晖等人的推导可知 $\theta = 2(d_f - d)/d$。这实际表明：在分形结构中随着扩散径向距离的增大，扩散变得越来越困难，这是由于分形结构孔隙分布的不均匀性造成的。

2.2.3.4 分形多孔介质中气体扩散方程

通常流体的扩散满足 Fick 定律，固相中的扩散也常常沿袭出流体扩散过程的处理方法。但分形多孔介质中非均匀孔隙的复杂性，若仍沿用传统方法描述，将与实际情况相差太大。

根据文献可知，若用 $\rho(r, t)$ 表示扩散概率密度，在 d 维欧氏空间的一般扩散方程具有如下形式：

$$\frac{\partial \rho(r,t)}{\partial t} = \frac{D_0}{r^{d_f-1}} \times \frac{\partial}{\partial r}\left[r^{d_f-1}\frac{\partial \rho(r,t)}{\partial r}\right] \tag{2-97}$$

若用 $M(r, t)$ 表示时刻 t，在 $r+dr$ 之间的球壳中的扩散概率，用 $N(r, t)$ 表示总的径向概率，也表示单位时间流过的物质流量，即通量。则概率守恒的连续方程可写为：

$$\frac{\partial M(r,t)}{\partial t} = \frac{\partial N(r,t)}{\partial r} \tag{2-98}$$

在分形介质中：

$$M(r,t) \propto r^{d_f-1}\rho(r,t) \tag{2-99}$$

根据 Fick 扩散定律，在 d 维欧氏空间中，物质流与概率流之间满足如下关系：

$$N(r,t) = -D_0 r^{d_f-1}\frac{\partial \rho(r,t)}{\partial r} \tag{2-100}$$

把式（2-100）中扩散系数 D_0 用分形介质中的扩散系数代替 $D_{d_f}(r)$，空间维数 d 用分形维数代替，从而给出了分形介质中质量流量与概率密度之间类似的关系式：

$$N(r,t) = -D_{d_f}(r) r^{d_f-1}\frac{\partial \rho(r,t)}{\partial r} \tag{2-100a}$$

把式（2-98）和式（2-100a）代入式（2-97）中，可得分形介质中的扩散方程：

$$\frac{\partial \rho(r,t)}{\partial t} = \frac{1}{r^{d_f-1}} \times \frac{\partial}{\partial r}\left[D_{d_f}(r) r^{d_f-1}\frac{\partial \rho(r,t)}{\partial r}\right] \tag{2-101}$$

比较式（2-97）和式（2-101），可以看出，分形介质中扩散方程和欧式空间扩散方程的区别在于，空间维数 d 用分形维数代替，扩散系数用分形多孔介质中的扩散系数，由于分形介质中的扩散系数不是常数，与扩散距离有关，扩散系数不能提到偏微分号外边。

把式（2-96）代入式（2-101），可得分形多孔介质中的扩散方程为：

$$\frac{\partial \rho(r,t)}{\partial t} = \frac{D_0}{r^{d_f-1}} \times \frac{\partial}{\partial r}\left[r^{d_f-1}r^{-\theta}\frac{\partial \rho(r,t)}{\partial r}\right] \tag{2-102}$$

2.2.3.5 冻干模型的建立

模拟螺旋藻在如图 2-23 所示的小盘中的冻干过程，在建立热质耦合平衡方程时做了如下假设：

① 升华界面厚度被认为是无穷小；

② 假设只有水蒸气和惰性气体两种混合物流过已干层；

③ 在升华界面处，水蒸气的分压和冰相平衡；

④ 在已干层中气相和固相处于热平衡状态，且分形对传热的影响忽略不计；

图 2-23 玻璃皿中螺旋藻冻干过程示意图

⑤ 冻结区被认为是均质的，热导率、密度、比热容均为常数，溶解气体忽略不计；

⑥ 物料尺寸的变化忽略不计。

下面所建的数学模型是在 1998 年 Sheehan 建立的二维轴对称模型基础上建立的[30]，只是水蒸气和惰性气体的质量流量根据分形多孔介质中的扩散方程进行了修改，在修改的过程中将扩散系数改为分形多孔介质中的扩散系数，考虑到若将欧式空间的维数改为分形维数，方程的求解太困难，因为螺旋藻已干层分形维数为 $d_f = 1.722$，比较接近 2，所以仍沿用欧式空间的维数？，没做修改。

(1) 主干燥阶段数学模型

① 传质方程。已干层分形多孔介质中的传质连续方程如下：

$$\frac{M_W}{R_{Ig}T_I}\frac{\partial p_w}{\partial t} = -\frac{1}{r}\frac{\partial[r(R-r)^{-\theta}N_{w,r}]}{\partial r} - \frac{\partial(z^{-\theta}N_{w,z})}{\partial z} - \rho_I\frac{\partial c_{sw}}{\partial t}$$
$$[t \geqslant 0, 0 \leqslant z \leqslant Z = H(t,r), 0 \leqslant r \leqslant R] \tag{2-103}$$

$$\frac{M_{in}}{R_{Ig}T_I}\frac{\partial p_{in}}{\partial t} = -\frac{1}{r}\frac{\partial[r(R-r)^{-\theta}N_{in,r}]}{\partial r} - \frac{\partial z^{-\theta}N_{in,z}}{\partial z}$$
$$[t \geqslant 0, 0 \leqslant z \leqslant Z = H(t,r), 0 \leqslant r \leqslant R] \tag{2-104}$$

其中

$$\frac{\partial c_{sw}}{\partial t} = k_d(c_{sw}^* - c_{sw}) \quad [t \geqslant 0, 0 \leqslant z \leqslant Z = H(t,r), 0 \leqslant r \leqslant R] \tag{2-105}$$

$$N_w = -\frac{M_W}{R_gT_I}(k_1\nabla p_w - k_2\nabla p_t) \tag{2-106}$$

$$N_{in} = -\frac{M_{in}}{R_gT_I}(k_3\nabla p_{in} - k_4\nabla p_{in}) \tag{2-107}$$

② 传热方程。主干燥阶段已干层中热质耦合的能量平衡方程，其中传质相与分形指数有关：

$$\frac{\partial T_I}{\partial t} = \frac{k_{Ie}}{\rho_{Ie}c_{pIe}}\left(\frac{\partial^2 T_I}{\partial^2 r} + \frac{1}{r}\frac{\partial T_I}{\partial r} + \frac{\partial^2 T_I}{\partial^2 z}\right) - \frac{c_{pg}}{\rho_{Ie}c_{pIe}}\left\{\frac{\partial(z^{-\theta}N_{t,z}T_I)}{\partial z}\right.$$
$$\left. + \frac{1}{r}\frac{\partial[r(R-r)^{-\theta}N_{t,r}T_I]}{\partial r}\right\} + \frac{\Delta H_v\rho_I}{\rho_{Ie}c_{pIe}}\frac{\partial c_{sw}}{\partial t} \quad [t \geqslant 0, 0 \leqslant z \leqslant Z = H(t,r), 0 \leqslant r \leqslant R]$$
$$\tag{2-108}$$

冻结层中能量平衡方程：

$$\frac{\partial T_{II}}{\partial t} = \frac{k_{II}}{\rho_{II}c_{pII}}\left[\frac{\partial}{\partial x}\frac{\partial T_{II}}{\partial x} - \frac{1}{r}\frac{\partial}{\partial y}\left(r\frac{\partial T_{II}}{\partial y}\right)\right]$$
$$[t \geqslant 0, Z = H(t,r) \leqslant z \leqslant L, 0 \leqslant r \leqslant R] \tag{2-109}$$

(2) 升华界面的轨迹　升华界面的移动根据升华界面处的热质耦合能量平衡条件确定，能量平衡条件为：

$$\left(k_{II}\frac{\partial T_{II}}{\partial z} - k_{Ie}\frac{\partial T_I}{\partial z}\right) - \left(k_{II}\frac{\partial T_{II}}{\partial r} - k_{Ie}\frac{\partial T_I}{\partial r}\right)\left(\frac{\partial H}{\partial r}\right) + v_n(\rho_{II}c_{pII}T_{II} - \rho_Ic_{pI}T_I) =$$
$$-(c_{pg}T_I + \Delta H_s)\left[z^{-\theta}N_{w,z} - \frac{\partial H}{\partial r}(R-r)^{-\theta}N_{w,r}\right]$$
$$z = Z = H(t,r), (0 \leqslant r \leqslant R) \tag{2-110}$$

其中

$$v_n = -\frac{n^{-\theta} N_{wn}}{\rho_{\mathrm{II}} - \rho_{\mathrm{I}}} \tag{2-111}$$

（3）二次干燥阶段数学模型 传热能量平衡和传质连续方程：

$$\frac{\partial T_{\mathrm{I}}}{\partial t} = \frac{k_{\mathrm{Ie}}}{\rho_{\mathrm{Ie}} c_{p\mathrm{Ie}}} \left(\frac{\partial^2 T_{\mathrm{I}}}{\partial^2 r} + \frac{1}{r}\frac{\partial T_{\mathrm{I}}}{\partial r} + \frac{\partial^2 T_{\mathrm{I}}}{\partial^2 z} \right) - \frac{c_{pg}}{\rho_{\mathrm{Ie}} c_{p\mathrm{Ie}}} \left\{ \frac{\partial (z^{-\theta} N_{\mathrm{t},z} T_{\mathrm{I}})}{\partial z} + \frac{1}{r}\frac{\partial [r(R-r)^{-\theta} N_{\mathrm{t},r} T_{\mathrm{I}}]}{\partial r} \right\}$$

$$+ \frac{\Delta H_v \rho_{\mathrm{I}}}{\rho_{\mathrm{Ie}} c_{p\mathrm{Ie}}} \frac{\partial c_{\mathrm{sw}}}{\partial t} \quad [t \geqslant t_{z=Z(t,r)=L}, 0 \leqslant z \leqslant L, 0 \leqslant r \leqslant R] \tag{2-112}$$

$$\frac{M_{\mathrm{W}}}{R_{\mathrm{Ig}} T_{\mathrm{I}}} \frac{\partial p_{\mathrm{w}}}{\partial t} = -\frac{1}{r}\frac{\partial [r(R-r)^{-\theta} N_{\mathrm{w},r}]}{\partial r} - \frac{\partial (z^{-\theta} N_{\mathrm{w},z})}{\partial z} - \rho_{\mathrm{I}} \frac{\partial c_{\mathrm{sw}}}{\partial t}$$

$$[t \geqslant t_{z=Z(t,r)=L}, 0 \leqslant z \leqslant L, 0 \leqslant r \leqslant R] \tag{2-113}$$

$$\frac{M_{\mathrm{in}}}{R_{\mathrm{Ig}} T_{\mathrm{I}}} \frac{\partial p_{\mathrm{in}}}{\partial t} = -\frac{1}{r}\frac{\partial [r(R-r)^{-\theta} N_{\mathrm{in},r}]}{\partial r} - \frac{\partial z^{-\theta} N_{\mathrm{in},z}}{\partial z}$$

$$[t \geqslant t_{z=Z(t,r)=L}, 0 \leqslant z \leqslant L, 0 \leqslant r \leqslant R] \tag{2-114}$$

结合水的移除用方程（2-115）表示：

$$\frac{\partial c_{\mathrm{sw}}}{\partial t} = k_{\mathrm{d}}(c_{\mathrm{sw}}^* - c_{\mathrm{sw}}) \tag{2-115}$$

2.2.3.6 初始条件和边界条件

（1）主干燥阶段初始条件和边界条件 也就是方程（2-103）～方程（2-109）的初始条件和边界条件。

① 初始条件。当 $t=0$ 时，

$$T_{\mathrm{I}} = T_{\mathrm{II}} = T^0 \qquad (0 \leqslant z \leqslant L, 0 \leqslant r \leqslant R) \tag{2-116}$$

$$p_{\mathrm{w}} = p_{\mathrm{w}}^0 \qquad [0 \leqslant z \leqslant Z = H(0,r), 0 \leqslant r \leqslant R] \tag{2-117}$$

$$p_{\mathrm{in}} = p_{\mathrm{in}}^0 \qquad [0 \leqslant z \leqslant Z = H(0,r), 0 \leqslant r \leqslant R] \tag{2-118}$$

$$c_{\mathrm{sw}} = c_{\mathrm{sw}}^0 \qquad (0 \leqslant z \leqslant L, 0 \leqslant r \leqslant R) \tag{2-119}$$

② 边界条件。当 $t>0$ 时：

a. 已干层（Ⅰ区）的温度：

$$k_{\mathrm{Ie}} \frac{\partial T_{\mathrm{I}}}{\partial z}\bigg|_{z=0} = q_1 \qquad (z=0, 0 \leqslant r \leqslant R) \tag{2-120}$$

q_1 为来自已干层顶部的热量

$$q_1 = \delta F_{\mathrm{up}} (T_{\mathrm{up}}^4 - T_{\mathrm{I}}^4)|_{z=0} \tag{2-121}$$

$$\frac{\partial T_1}{\partial r}\bigg|_{r=0} = 0 \qquad [0 \leqslant z \leqslant Z = H(t,r), r=0] \tag{2-122}$$

$$k_{\mathrm{Ie}} \frac{\partial T_{\mathrm{I}}}{\partial r}\bigg|_{r=R} = q_3 \qquad [0 \leqslant z \leqslant Z = H(t,r), r=R] \tag{2-123}$$

q_3 为来自瓶壁的热，通过下式确定：

$$q_3 = \frac{k_{\mathrm{glass}}(T_{\mathrm{glass}} - T_{\mathrm{I}})}{R \ln \dfrac{R+\delta}{R}} \tag{2-124}$$

b. 冻结层（Ⅱ区）的温度：

$$\frac{\partial T_{\mathrm{II}}}{\partial r}\bigg|_{r=0}=0 \qquad [Z=H(t,r)\leqslant z\leqslant L,r=0] \tag{2-125}$$

$$k_{\mathrm{II}}\frac{\partial T_{\mathrm{II}}}{\partial z}\bigg|_{r=R}=q_3 \qquad [Z=H(t,r)\leqslant z\leqslant L,r=R] \tag{2-126}$$

$$k_{\mathrm{II}}\frac{\partial T_{\mathrm{II}}}{\partial z}\bigg|_{z=L}=q_2 \qquad (z=L,0\leqslant r\leqslant R) \tag{2-127}$$

q_2 为来自搁板的热量。

$$q_2=h_{\mathrm{v}}(T_{\mathrm{lp}}-T_{\mathrm{glass}}) \tag{2-128}$$

c. 已干层中水蒸气和惰性气体的分压（I区）：

$$p_{\mathrm{w}}|_{z=0}=p_{\mathrm{w}}^0 \qquad (z=0,0\leqslant r\leqslant R) \tag{2-129}$$

$$p_{\mathrm{in}}|_{z=0}=p_{\mathrm{in}}^0 \qquad (z=0,0\leqslant r\leqslant R) \tag{2-130}$$

$$p_{\mathrm{w}}|_{z=Z=H(t,r)}=\gamma[T|_{z=Z=H(t,r)}]=133.3224\exp\{-2445.5646/T_z+8.23121\log_{10}(T_z)$$
$$-0.0167006T_z+1.20514\times10^{-5}(T_z)^2-6.757169\}$$
$$[0\leqslant z\leqslant Z=H(t,r),0\leqslant r\leqslant R] \tag{2-131}$$

$$\frac{\partial p_{\mathrm{in}}}{\partial z}\bigg|_{z=Z=H(t,r)}=0 \qquad [0\leqslant z\leqslant Z=H(t,r),0\leqslant r\leqslant R] \tag{2-132}$$

$$\frac{\partial p_{\mathrm{w}}}{\partial r}\bigg|_{r=0}=0 \qquad [0\leqslant z\leqslant Z=H(t,r),r=0] \tag{2-133}$$

$$\frac{\partial p_{\mathrm{in}}}{\partial r}\bigg|_{r=0}=0 \qquad [0\leqslant z\leqslant Z=H(t,r),r=0] \tag{2-134}$$

$$\frac{\partial p_{\mathrm{w}}}{\partial r}\bigg|_{r=R}=0 \qquad [0\leqslant z\leqslant Z=H(t,r),r=R] \tag{2-135}$$

$$\frac{\partial p_{\mathrm{in}}}{\partial r}\bigg|_{r=R}=0 \qquad [0\leqslant z\leqslant Z=H(t,r),r=R] \tag{2-136}$$

（2）二次干燥阶段初始条件和边界条件　也就是式（2-60）～式（2-63）的初始条件和边界条件。

① 初始条件。式（2-112）～式（2-115）的初始条件是主干燥阶段结束时的条件，即 $t=t_{z=Z(t,r)=L}$ 时表示移动界面消失时的条件，通常情况也代表二次阶段的开始。

② 边界条件。当 $t\geqslant t_{z=Z(t,r)=L}$ 时，

$$k_{\mathrm{Ie}}\frac{\partial T_{\mathrm{I}}}{\partial z}\bigg|_{z=0}=q_1 \qquad (z=0,0\leqslant r\leqslant R) \tag{2-137}$$

q_1 为来自已干层顶部的热量：

$$q_1=\delta F_{\mathrm{up}}(T_{\mathrm{up}}^4-T_{\mathrm{I}}^4)|_{z=0} \tag{2-138}$$

$$k_{\mathrm{Ie}}\frac{\partial T_{\mathrm{I}}}{\partial z}\bigg|_{z=L}=q_2 \qquad (z=L,0\leqslant r\leqslant R) \tag{2-139}$$

q_2 为来自搁板的热量：

$$q_2=h_{\mathrm{v}}(T_{\mathrm{lp}}-T_{\mathrm{glass}}) \tag{2-140}$$

$$\frac{\partial T_{\mathrm{I}}}{\partial r}\bigg|_{r=0}=0 \qquad (0\leqslant z\leqslant Z=L,r=0) \tag{2-141}$$

$$k_{\mathrm{Ie}}\frac{\partial T_{\mathrm{I}}}{\partial r}\bigg|_{r=R}=q_3 \qquad (0\leqslant z\leqslant Z=L,r=R) \tag{2-142}$$

热流 q_3 为来自瓶壁的热，通过下式确定：

$$q_3 = \frac{k_{glass}(T_{glass} - T_I)}{R \ln \dfrac{R+\delta}{R}}$$ (2-143)

已干层中水蒸气和惰性气体的分压

$$p_w|_{z=0} = p_w^0 \qquad (z=0, 0 \leqslant r \leqslant R)$$ (2-144)

$$p_{in}|_{z=0} = p_{in}^0 \qquad (z=0, 0 \leqslant r \leqslant R)$$ (2-145)

$$\frac{\partial p_w}{\partial z}\bigg|_{z=L} = 0 \qquad (z=L, 0 \leqslant r \leqslant R)$$ (2-146)

$$\frac{\partial p_{in}}{\partial z}\bigg|_{z=L} = 0 \qquad (z=L, 0 \leqslant r \leqslant R)$$ (2-147)

$$\frac{\partial p_w}{\partial r}\bigg|_{r=0} = 0 \qquad (0 \leqslant z \leqslant L, r=0)$$ (2-148)

$$\frac{\partial p_{in}}{\partial r}\bigg|_{r=0} = 0 \qquad (0 \leqslant z \leqslant L, r=0)$$ (2-149)

$$\frac{\partial p_w}{\partial r}\bigg|_{r=R} = 0 \qquad (0 \leqslant z \leqslant L, r=R)$$ (2-150)

$$\frac{\partial p_{in}}{\partial r}\bigg|_{r=R} = 0 \qquad (0 \leqslant z \leqslant L, r=R)$$ (2-151)

参 考 文 献

[1] 赵鹤皋，郑晓东，黄良瑾，等. 冷冻干燥技术与设备 [M]. 武汉：华中科技大学出版社，2005.
[2] L'Vov B V, Ugolkov V L. The self-cooling effect in the process of dehydration of $Li_2SO_4 \, H_2O$, $CaSO_4 \, 2H_2O$ and $CuSO_4 \, 5H_2O$ in vacuum. Journal of Thermal Analysis and Calorimetry, 2003, 74: 697-708.
[3] Lashkov V, Petrova A V, Safin R G. Application of the Luikov Approximate Solutions to Mathematical Description of the Process of Self-Freezing of Materials by Decreasing Pressure. Journal of Engineering Physics and Thermophysics, 2002, 75 (5): 1048 - 1053.
[4] van Loon W A M, LinssenJ P H, Legger A, et al. Study of a new energy efficient process for French fries production. Eur Food Res Technol . 2005, 221 (6).
[5] ［德］G. W. 厄特延，［德］P. 黑斯利. 冷冻干燥. 徐成海，彭润玲等译. 北京：化学工业出版社，2005.
[6] 同华，吴双. 真空预冷技术的研究发展概况 [J]. 制冷与空调，2004，4：6-10.
[7] 彭润玲. 几种生物材料冻干过程传热传质特性的研究 [D]. 沈阳：东北大学，2008，3.
[8] 张世伟，徐成海，刘军. 液体真空蒸发冻结过程的热力学理论与实验研究//上海：第九届全国冷冻干燥学术交流会论文集，2008，12：30-36.
[9] 钟晓晖，翟玉玲，勾星君，周树光. 小型冷库内部融霜与预冷过程的数值模拟 [J]. 工程热物理学报，2011，32 (12)：2013-2015.
[10] 杨磊. 微型保鲜库气体流场的数值模拟与试验研究 [D]. 南京：南京农业大学，2008.9：6-16.
[11] Meryman H T. Osmotic stress as a mechanism of freezing Injury [J]. Cryobiology, 1971, 8: 489-500.
[12] Steponkus P L, Gordon-Kamm W J. Cryoinjury of isolated protoplasts: a consequence of dehydration or the fraction of suspended medium that is frozen [J]. Cryo-Lett, 1985, 6: 217-226.
[13] Mazur P, Kinetics of water loss from cells at subzero temperatures and the likelihood of intracellular freezing [J]. J. Gen. Physiol, 1963, 47: 347-369.

[14] Mazur P. The role of intracellular freezing in the death of cells cooled at supra-optimal rates [J]. Cryobiology, 1977, 14: 251-272.

[15] L. Mao, H. S. Udaykumar, Simulation of micro-scale interaction between ice and biological cells. International Journal of Heat and Mass Transfer. J. 2003, 46: 5123-5136.

[16] Udaykumar H S, Mittal R, Shyy W. Computation of solid-liquid phase fronts in the sharp interface limit on fixed grids [J]. J. Comput, Phys, 1999, 153: 535-574.

[17] K. Wollhoöver, Ch. Körber, M. W. Scheiwe, U. Hartmann, Unidirectional freezing of binary aqueous solutions: an analysis of transient diffusion of heat and mass. Int. J. Heat Mass Transfer 1985, 28: 761-769.

[18] Sandall C O, King C J, Wilke C R. The relationship between transport properties and rate of freeze-drying of poultry meat [J]. AIChE Journal, 1967, 13: 428-438.

[19] 徐成海, 张世伟, 关奎之. 真空干燥 [M]. 北京: 化学工业出版社, 2004. 172-174.

[20] Kumagai H, Nakamura K, Yano T. Rate analysis for freeze drying of a liquid foods by a modified uniformly retreating ice front model [J]. Agric Biol Chem 1991, 55 (3): 737-741.

[21] James P. George, Datta A K. Development and validation of heat and mass transfer models for freeze-drying of vegetable slices [J]. Journal of Food Engineering, 2 002, 52: 89-93.

[22] Georg-Wilhelm Oetjen, Peter Haseley, Freeze drying [M]. Wiley-VCH GmbH & Co. KGaA, 2002.

[23] Ferguson W J, Lewis R W, Toemcesy L A. A finite element analysis of freeze-drying of a coffee sample [J]. Compute Methods. Appl Mech Eng 1993, 108 (3/4): 341-349.

[24] 徐成海. 人参真空冷冻干燥工艺的研究 [J]. 真空, 1994, 1: 6-11.

[25] 张晋陆, 吴立业. 蒜苔冻干试验及其传热传质模型研究 [J]. 粮油食品科技, 1999, 7 (2): 27-29.

[26] Nastai J F. A parabolic cylindrical Stefan problem in vacuum freeze drying of random solids [J]. Int. Comm. Heat Mass Transfer 2003, 30 (1): 93-104.

[27] Nastai J F, Witkiewicz K. A parabolic spherical moving boundary problem in vacuum freeze drying of random solids [J]. Int. Comm. Heat Mass Transfer 2004, 31 (4): 549-560.

[28] Liapis A I, Litchfield R J. Numerical solution of moving boundary transport problems in finite media by orthogonal collocation [J]. Computers aof Heat and Mass Transfer, 2005, 48: 1675-1687.

[29] Mascarenhas W J, Akay H U, Pikal M J. A computational model for finite element analysis of the freeze-drying process [J]. Comput Methods Appl Mech Engrg 1997, 148: 105-124.

[30] Sheehan P, Liapis A I. Modeling of the primary and secondary drying stages of the freeze drying of pharmaceutical products in vials: numerical results obtained from the solution of a dynamic and spatially multi-dimensional lyophilization model for different operational policies [J]. Biotechnology and Bioengineering, 1998, 60 (6): 712-728.

[31] Gan K H, Bruttini R, Crosser O K, et al. Freeze-drying of pharmaceuticals in vials on trays: effects of drying chamber wall temperature and tray side on lyophilization performance [J]. International Journal of Heat and Mass Transfer, 2005, 48: 1675-1687.

[32] Zhai S L, Su H Y, Richard Taylor, et al. Pure ice sublimation within vials in a laboratory lyophiliser: comparison of theory with experiment [J]. Chemical Engineering Science, 2005, 60: 1167-1176.

[33] 吴宏伟, 陶智, 陈国华, 等. 具有电介质核圆柱多孔介质微波冷冻干燥过程的双升华界面模型 [J]. 化工学报, 2004, 55 (6): 869-875.

[34] TAO Z, WU H W, CHEN G H, et al. Numerical simulation of conjugate heat and mass transfer process within cylindrical porous media with cylindrical dielectric cores in microwave freeze-drying [J]. International Journal of Heat and Mass Transfer, 2005, 48: 561-572 .

[35] 刘永忠, 陈三强, 孙皓. 冻干物料孔隙特性表征的分形模型与分形维数 [J]. 农业工程学报, 2004, 20 (6): 41-44.

[36] 张东晖, 施明恒, 金峰, 等. 分形多孔介质的粒子扩散特点 (Ⅰ). 工程热物理学报 2004, 25 (5): 822-824.

[37] 刘代俊. 分形理论在化学工程中的应用 [M]. 北京: 化学工业出版社, 2006.

[38] Jacquin C G, Adler P M. Fractal Porous Media Ⅱ: Geometry of Porous Geological Structures. Transport in Porous Media 1987, 2: 571-596.

[39] 何立群，张永锋，罗大为，等. 生命材料低温保护剂溶液二维降温结晶过程中的分形特征 [J]. 自然科学进展，2002，11：1167-1171.

[40] 张东晖，施明恒，金峰，等. 分形多孔介质的粒子扩散特点（Ⅱ）. 工程热物理学报，2004，25（5），822-824.

[41] 王家文，曹宇. Matlab6.5 图形图像处理 [M]. 北京：国防工业出版社，2004（5）：166-183.

[42] Forouton pour K，et al. Advances in the implementation of the box-counting method of the fratal dimension estimation. [J]. Applied Mathematics Comutation，1999，105：195-203.

[43] Anderson A N，MeBratney A B，FitzPatrick. E A. Soil mass，surface and spectral Dimension estimating fractal dimensions from thin section [J]. Soil . Sci. Am. J.，1996，60（7）：962-969.

[44] Orbach R. Dynamics of fractal networks [J]. Science，1987，231：814-819.

真空冷冻干燥设备

真空冷冻干燥设备简称冻干机，它是实现冻干工艺必备的装置。冻干工艺对冻干机的要求主要有：实用性、安全性、可靠性和先进性。设计和制造冻干机时需要考虑节能、环保、降低成本，维修容易、使用方便。生物制品和医药用冻干机所生产的产品价值很高，在冻干过程中一旦出现故障，造成的损失严重，因此要求冻干机有很好的可靠性。冻干过程的监控非常重要，为保证冻干产品的质量，测量和控制元件需要有较高的精度。

3.1 冻干机的组成

冻干机的组成如图 3-1 所示，主要包括真空冷冻干燥箱（简称冻干箱）1，真空系统

图 3-1 冻干机的主要组成部件

1—冻干箱；2—真空规管；3—制冷循环管；4—加温油循环管；5—电磁阀；6—膨胀阀；7—φ200 蝶阀；8—水汽凝结器；
9—冷凝管；10—油箱；11—油泵；12—出油管；13—进油管；14—冷却水管；15—油温控制铂电阻；16—制冷压缩机；
17—油分离器；18—出液阀；19—过滤器；20—加热器；21—φ50 蝶阀；22—热风机；23—电磁真空阀；24—罗茨泵；
25—旋转真空泵；26—电磁带放气截止阀；27—φ25 隔膜阀；28—φ10 隔膜阀；29—放油阀；30—放水阀；
31—冷却水电磁阀；32A—手阀；32B—不锈钢针型阀；33—贮液器；
34—化霜喷水管；A、B、C—制冷机组；D、E、F—真空泵组

（包括 2、7、8、21、23、24、25、26、27、28、34），制冷系统（包括 3、5、6、9、14、16、17、18、19、32A、32B、33），加热系统（包括 4、10、11、12、13、15、20、22、29、30、31），还有在图中没有画出的液压系统、自动控制系统、气动系统、清洗系统和消毒灭菌系统、化霜系统取样系统、称重系统、水分在线测量系统、观察照相系统等几大部分组成[1]。

3.2　冻干机的分类

冻干机有许多种，根据不同分类方法，冻干机大致可以分成以下几大类：

3.2.1　按冻干面积的大小分类

按冻干面积大小可以分成（m^2）0.1、0.2、0.3、0.5、1、3、5、10、15、20、25、30、50、75、100 等多种。通常 0.1～0.3m^2 为小型实验用冻干机；0.5～5m^2 为中型试验用冻干机；50m^2 以上为大型冻干设备。

（1）实验用冻干机　实验用冻干机追求的性能指标是体积小、重量轻、功能多、性能稳定、测试系统准确度高、最好是一机多用，能适应多种物料的冻干实验。小型实验室冻干机由一个带真空泵和小型冷阱的基本单元及一些附件组成，在带保温的冷阱圆筒体内有制冷管道，圆筒体有一个透明的聚丙烯盖，圆筒体做成真空密封并与真空泵相连，基本单元安装有真空仪表和温度仪表，并有控制开关、放水阀和放气阀等。

基本单元可与其他附件进行不同的组合，以适应不同产品的冻干，例如与带钟罩的多歧管组合可冻干盛放在烧瓶内的产品，与带压塞机构的板层和钟罩组合可冻干小瓶，与离心附件和钟罩组合可冻干安瓿等。图 3-2 给出的是 4 种不同结构的台式实验用冻干机示意图。图 3-2 中（a）和（b）为单腔结构，在无菌条件下，预冻和干燥均在冷凝腔中进行；（c）和（d）为双腔结构，预冻在低温冰箱或旋冻器中进行，干燥在冷凝腔的上方干燥室内进行，下腔只用做捕水器。（a）和（c）结构适于盘装物料的干燥；（b）和（d）结构适合西林瓶装物料的干燥，并带有压盖机构；（c）和（d）结构还可以在干燥室外部接装烧瓶，对旋冻在瓶内壁的物料进行干燥，这时烧瓶作为容器接在干燥箱外的歧管上，烧瓶中的物料靠室温加热，很难控制加热温度[2]。

德国生产了一种可以观察和拍照冻结与干燥过程的实验用冻干机，如图 3-3 所示。

英国 Biopharma 科技有限公司推出了最新版的紧凑型冷冻干燥显微镜系统 LYOSTAT 2，该显微镜系统允许用户通过一个 RS232 串口连接到 PC 机上，在观测上可以采用显微镜，或拥有 PC 用相机和影像撷取程式与制度，冻干系统采用的是液氮制冷，冷却速度较快，工作温度范围 -196～+125℃，并且已经达到 400 倍的放大倍数，采用 100Ω 铂电阻传感器的温度监测/控制（德国工业标准 A 级 0.1℃），在显微镜的选择上采用的是奥林巴斯-51 显微镜，能将实时图像、样品温度和箱内的压力显示在屏幕上，图 3-4 为 LYOSTAT 2 整体图形。

国内东北大学过程装备与环境工程研究所张世伟等人研制的实验型冻干显微镜的组成如图 3-5 所示，整个显微观测仪器包括观测室、制冷系统、真空系统、计算机控制及测试记录系统等组成。该冻干显微镜（图 3-6）能够实现对被观测物料的显微图像观察，载物托盘中央开设有透光小孔，可以使下部照射上来的透射光通过，用于对物料的透射显微观察。冻干

图 3-2 小型实验用冻干机的结构

1—真空泵；2—冷凝腔；3—冷凝器；4—有机玻璃盖；5—有机玻璃干燥室；6—电加热搁板；7—真空测控器；
8—化霜放水阀；9—机动中间阀；10—密封压盖装置；11—压力控制阀；12—微通气阀；13—橡胶阀；14—绝缘层

图 3-3 带低温显微镜的实验用冻干机照片

图 3-4 LYOSTAT 2 系统

显微镜能对物料进行宽量程的温度控制。在显微镜载物台上方，设置有冷冻和加热部件，包括上下两层加热制冷板状部件和一个气体喷嘴，均绝热地与载物台相连接。冷冻和加热部件的作用是对被观测物料实施降温冻结、加热升温或为物料提供相变潜热，通过改变供热、制冷速率，反馈控制物料温度变化速率。控制与测试系统全部采用计算机数据传输与控制技

图 3-5 冻干显微镜结构图

1—真空（观测）室；2—显微镜；3—物镜镜头；4—被观测物料及容器；5—测温热电偶；6—载物托盘；7—温度数据处
理器；8—显微镜载物台；9—支架；10—显微镜下光源；11—下层加热制冷板；12—上层加热制冷板；13—显
微镜上光源；14—真空阀；15—真空泵；16—常规制冷机系统；17—卷绕式屏蔽机构；18—真空规管；
19—CCD图像采集器；20—观测室门；21—压力（真空度）数据处理器；22—图像数据处理器；
23—计算机控制与测试系统；24—板内制冷液通道；25—被观测物料及容器；26—显微镜载物台玻璃

术。整个仪器的操作可以全部实现自动控制。测试
的温度、压力和图像数据可以全部在计算机上显示
和存储[3]。

（2）中型试验用冻干机　用于工艺研究的试验
设备和中试型设备，应支持共晶点测试系统、冻干
曲线记录软件、称重系统等工艺研究工具，是进行
工程化条件探索、冻干质量控制探索的有力工具。

图 3-7 所示为中试或小批量生产用冻干机，适
合于从实验室向大批量生产的过渡，做工艺研究用。
这种冻干机多设计成整体式，采用积木块式结构，
将所有部件安装轮轴，搬运方便。冻干机的性能与
自动化的程度，可根据用户需要确定。图 3-8 所示
的冻干机有手动和自动控制两套系统，可以按设定
冻干曲线自动运行，并能记录和打印运行情况。搁
板温度达−60℃，冷阱温度达−70℃，预冻和干燥
都能在冻干机中完成。

图 3-6 冻干显微镜

有些产品需要在冻干过程中取样分析化验，提供干燥过程中的各种信息。图 3-8 所示为
一种对瓶装物料取样的机械手。为了在冻干过程中能准确地掌握产品的含水量，有些实验用
冻干机设置了样品称重装置。典型结构如图 3-9 所示。

图 3-10 为实验室工艺型冻干机，采用 LSC 操作面板，支持搁板加热，支持 30 个冻干
程序，每个程序可 15 步控制。还可支持 LC-1 共晶点测试系统、LL-1 冻干曲线记录软件、
称重系统等工艺研究工具，是进行工程化条件探索、冻干质量控制探索的有力工具。LSC
型冻干机支持冻干量 4～24kg，不仅可满足实验室需求，还可提供小型中试研究。

图 3-7　中型试验用冻干机的结构

1—过程材料；2—带搁板的干燥箱；3—控制部分；4—冷凝器；5—带有废气过滤器的真泵；
6—冷凝器制冷的制冷机；7—搁板制冷的制冷机；8—盐水循环泵；9—换热器

图 3-8　机械手示意（包括一个真空锁）

1—塞瓶工具；2—机械手臂；3—推瓶杆；
4—球阀旋杆；5—出口通道；
6—小瓶的出口容器；7—放气阀；
8—真空阀；9—真空泵

图 3-9　样品称重的冻干机典型结构

1—带有可调搁板的真空室；2—带有探针的容器；3—搁板升降架；
4—冷凝器；5—闸门；6—隔离室内的天平；7—为隔离室抽真空
的真空泵；8—手套箱；9—Karl Fishcher 测量系统；10—控制压
力的真空泵；11—控制器；12—调节的介质

3.2.2　按冻干机的用途分类

按冻干机的用途可以分成食品用冻干机、药品用冻干机、实验用冻干机等。

（1）食品用冻干机　图 3-11 是沈阳航天新阳速冻设备制造有限公司 LG 系列冷冻干燥设备，该系列冷冻干燥设备是集热力、真空、制冷、压力容器制造和自动控制技术等领域所积累的经验基础上，消化吸收了国际上同类设备领先技术而研制的。它采用了内置式交替工作的水汽捕集器、满液式循环供冷系统、按加速升华理论设计的加热和水汽捕集系统以及负

图 3-10　实验室工艺型冻干机　　　　　图 3-11　LG 系列冷冻干燥设备
　　　　　　　　　　　　　　　　　　　（沈阳航天新阳速冻设备制造有限公司）

压蒸汽融冰等先进技术。

国产冻干设备中，只有 ZDG160 型冻干机给出了能耗指标：单位面积上最大热负荷 $1.5kW/m^2$；单位脱水能耗：制冷系统 1.2kW/kg，真空系统 0.3kW/kg。

图 3-12 为大型冻干机的结构。该设备采用水蒸气喷射泵为真空抽气系统，可以直接抽出水蒸气。

图 3-12　冻干食品用大型冻干机结构

1—物料盘；2—前级抽气机组；3—液压操作台；4—水蒸气喷射泵；5—门移动小车；6—门；
7—加热板；8—门预紧装置；9—液压系统；10—干燥室；11—物料车

（2）医药用冻干机[4]　　医药用冷冻真空干燥必须符合 GMP（Good Manufacturing Practice）的有关要求，其目的是要保证药品生产质量整批均匀一致，冻干设备还必须达到可以在线清洗（Cleaning in place，CIP）、在线灭菌（Sterilizing in place，SIP）的要求，其目的是保证药品清洁卫生，不染杂菌。对直接接触药品的设备材质和加工精度也有要求，一一般要求采用 304 或 316 不锈钢；进入干燥系统的热空气须要精密过滤，$1m^3$ 空气中 $\geq 0.5\mu m$ 的尘埃粒子不得超过 3500 个，活微生物数 ≤ 1；冻干箱内表面及搁板表面粗糙度 $Ra <0.75\mu m$，冻干箱所有内角采用圆弧形，利于清洗，不准有死角积液，搁板表面平整度 $\pm 1mm/m$。药品冻干需要经过实验研究、中试生产、批量生产和大量生产几个过程。实验研究采用实验型冻干机，中试生产采用小型冻干机，批量生产从节能、省时等方面考虑，最好选用连续式生产的冻干机。冻干药品离不开冻干机，合理选用冻干机，可以在保证药品质量的前提下，达到既经济又实用的效果。

中国制药装备行业协会曾在 2004 年发布《冷冻真空干燥机》医药行业标准，并在 2012 年进行了修改。标准中规定：

① 产品形式　冷凝器有立式或卧式，板层制冷应为间冷式，整机分手动和自动程序控制，搁板分固定式或移动式，机内可用蒸汽灭菌或无灭菌装置，采用水冷冷却。

② 基本参数　冻干箱内搁板总面积 $\leq 12m^2$，搁板间距 $\leq 0.12m$，搁板温度在 $-50 \sim 60℃$ 范围内；冷凝器捕水能力 $\geq 10kg/m^2$，空载最低温度 $\leq -60℃$。

③ 冻干机的工作条件　环境温度 $5 \sim 35℃$，冷却水温度不高于 $20℃$，相对湿度不大于 80%，供电电源 $380V \pm 5\%$ 或 $220V \pm 10\%$，频率 $50Hz \pm 2\%$，周围空气无导电尘埃及爆炸性气体和腐蚀性气体存在。

④ 灭菌系统工作条件　蒸汽表压力 $0.11MPa$，温度 $121℃$，保持 $20min$。

⑤ 操作要求：a. 空载运行时，搁板温度从室温降至 $-40℃$ 时间不大于 $2h$，冷凝器从室温降至 $-50℃$ 时间不大于 $1.5h$；搁板从 $-50℃$ 升温至 $+60℃$ 的时间不应大于 $3h$，板层温差不超过 $\pm 1.5℃$；空载极限真空度高于 $5Pa$；干燥箱内达到 $5Pa$ 后，保压 $0.5h$，静态漏气率不大于 $0.025Pa \cdot m^3/s$。b. 满载运行时，制品升华全过程中冷凝器温度 $\leq -40℃$，此时，干燥箱内的压力应 $\leq 30Pa$。

⑥ 冻干机的其他要求　自动控制程序正确无误，准确执行设定的冻干曲线；自动加塞功能正常，不合格率 $\leq 0.3\%$；冻干机的水电、温度、真空度故障报警系统工作正常；冻干机安全可靠，绝缘电阻不小于 $1.0M\Omega$，电气设备必须经受频率为 $50Hz$，正弦交流电压 $1500V$，历时 $1min$ 的耐压试验。

图 3-13　CIP 原理

1—干燥室；2—冷凝器；3—干燥室与冷凝器间的阀门；4—液压制动系统；5—硅油回路；6—冷却系统；
7—真空系统；8—冷却水；9—废水；10—排气真空泵；11—CIP 液体进口；12—CIP 液体容器

　　新标准还增加了保温材料的要求，无菌过滤器的要求，控制系统的权限设置，控制系统工艺参数的要求，在位清洗的要求，在位灭菌的要求和水汽捕集器的真空泄漏率。

图 3-14　SIP 原理

1—干燥箱；2—冷凝器；3—干燥箱-冷凝器阀门；

4—液力加塞系统；5—硅油回路；6—冷却系统；

7—真空系统；8—冷却水；9—废水；

10—排气；11—蒸汽进口

图 3-15　可对药瓶加塞冷冻干燥设备

(Lyoflex 04®，BOC Edwards BV，NL-5107
NE Dongen，The Netherlands) 搁板面积 4000cm²，
搁板温度 $T_{sh} = -50 \sim +70℃$，药瓶有加
盖装置，T_{CO} 降到 $-65℃$

　　生产型药用冻干机都有清洗系统（CIP）、消毒灭菌系统（SIP），其原理分别如图 3-13 和图 3-14 所示。

　　图 3-15 中，表示一个带有机玻璃门的圆柱形干燥箱和一个对药瓶加塞的液压系统。

3.2.3　按冻干机的生产方式分类

　　按生产方式可以分成间歇式、周期式、连续式。

　　（1）间歇式冻干机　目前国内还很少有连续式冻干设备，仍然以周期（间歇）式为主，图 3-16 所示为丹麦生产的 RAY 系列间歇式冻干设备的布置情况，可作为间歇式冻干机整体设计时参考。

　　（2）连续式冻干机　为提高冻干产品的产量，节约能源，国外发展连续式冻干设备的速度快，医药和食品冻干领域都有应用。图 3-17 为隧道式连续冻干机，其结构简单，运转过程一目了然，难点是料车通过真空闸阀时容易产生振动，致使物料从料车上跌落，影响闸阀密封。

图 3-16　RAY 系统间歇式冻干设备布置

1—小车装料；2—冻结隧道；3—冻料贮存；

4—控制室；5—机房；6—小车卸料

图 3-17　长圆筒形隧道式连续冻干机

图 3-18　一种新型医药用冻干机

1—干燥室；2—观察窗；3—自动小门通道；4—全开大门；5—加塞装置；6—密封装置；7—加强筋和灭菌后的冷却水管；8—蝶阀；9—捕水器；10—加料装置；11—卸料装置；12—搁板

图 3-19　中型医药用冻干机典型结构
1—无菌室墙壁；2—真空计；3—冻干箱；4—搁板；5—蝶阀；6—除霜水进口；7—电磁放气阀；8—真空泵；9—排水口；10—水汽凝结器；11—制冷系统；12—加热系统

图 3-18 所示为一种连续生产的医药用冻干机，其冷凝器、制冷系统、真空系统安装在楼下机房内，其上一层楼是无菌室，分装料、进料和卸料室，冻干机内能自动压盖，实现无菌化、自动化生产，保证产品质量。

3.2.4　按捕水器的安放位置分类

按捕水器安放的位置可以分为在冻干箱内还是箱外两种结构。

（1）捕水器按放在箱外　捕水器放在箱外的典型结构如图 3-19 所示。为提高产量，有时将两个冻干箱和两个捕水器共用一套制冷和真空系统。为提高可靠性，有时冻干箱和捕水器分用两套制冷系统和两套真空系统，各有优缺点。

（2）捕水器放在箱内　图 3-20 为一台拥有 $20m^2$ 冻干面积，液态氨冷冻的冻干机。其干燥箱和冷凝器在同一个真空室里，用阀板隔开，为水蒸气流动提供了最短的路径，冷凝器温度可达 $-100℃$，搁板温度在 $-70～+50℃$ 之间，用运输车装卸料。

图 3-20　液氨冷却的冻干机结构

1—运输车；2—托盘中的产品；3—无菌室；4—CIP 系统；5—水出口；6—液环泵；7—用液氨冷却的盐水热交换器；
8—用 20℃水冷却热交换液体的热交换器；9—电加热热交换液体的热交换器；10—热交换流体循环；11—液氨入口；
12—氨气出口；13—除霜用的水；14—罗茨真空泵；15—3 个二机泵组；16—干燥箱；17—冷凝器；
18—冷凝器的金属板；19—干燥箱与冷凝器间的水力操作阀

3.2.5　其他分类方式

（1）按被冻干物料的冷冻方式可以分成：静态、动态、离心、滚动、旋转、喷雾、气流等；

（2）按采用的真空系统可以分成水环泵为主泵、旋片泵为主泵、水蒸气喷射泵为主泵等；

（3）按冻干箱内搁板上的加热方式可以分成传导加热、辐射加热；

（4）按加热用的工质可以分成采用蒸汽、油、水、氟利昂等；

（5）按被冻干物料冷冻地点可以分成冻干箱内还是冻干箱外。

3.3　冻干机的主要性能指标

中国制药装备行业协会发布过《冷冻真空干燥机医药行业标准》。2001 年国家机械工业联合会发布《真空冷冻干燥机机械行业标准（征求意见稿）》，在全国范围内推行 JB/T 10285—2001 食品冷冻干燥机标准。至今尚无完善统一的国家标准，这里介绍几项主要性能指标。

① 干燥箱空载极限压力：医药用冻干机为 2～3Pa，食品用冻干机为 5～15Pa。

② 干燥箱空载抽空时间：从大气压抽到 10Pa，医药用冻干机应小于等于 0.5h，食品用冻干机应小于等于 0.75h。

③ 干燥箱空载漏气率：医药用冻干机从 3Pa 开始，食品用冻干机从 10Pa 开始观测，观测 0.5h，其静态漏气率不大于 $0.025Pa \cdot m^3/s$。

④ 干燥箱空载降温速率：搁板温度 20℃±2℃ 降至 -40℃ 的时间应不大于 2h。

⑤ 捕水器降温速率：从 20℃±2℃ 降至 -50℃ 的时间应不大于 1h。

⑥ 冻干箱内板层温差与板内温差：医药用冻干机板层温度应控制在 ±1.5℃，板内温差为 ±1℃，食品冻干机可适当放宽。

⑦ 捕水器捕水能力：应不小于 $10kg/m^2$。

⑧ 冻干机噪声：声压级噪声小型冻干机应不大于 83dB（A），中型 ≤85dB（A），大型 ≤90dB（A）。

⑨ 冻干机的控制系统应符合以下要求：应能显示各主要部件的工作状态；显示干燥箱内搁板和制品的温度和真空度，捕水器温度；应能进行参数设定、修改和实时显示；应能显示断水、断电、超温、超压报警。

⑩ 冻干机的安全性能：整机绝缘电阻应不小于 1MΩ。

医药用冻干机还要有自动加塞功能，加塞抽样合格率应大于 99%；蒸汽消毒灭菌的蒸汽气压为 0.11MPa，温度为 121℃，灭菌时间为 20min；冻干箱内表面保证能全部洗清，无死角积液。

3.4 冻干机的设计简介

3.4.1 冻干箱的设计

冻干箱或称冻干仓、冻干室，它是冻干机的核心部件。医药用冻干机的物料冷冻和干燥都在冻干箱内完成；食品用冻干机的物料预冻后也在冻干箱内完成真空干燥。为完成上述功能，冻干箱内需要有加热和（或）制冷的搁板，需要有热或冷液体的导入，有电极引入部件，有观察窗等部件。还有些冻干机的捕水器也布置在冻干箱内。

冻干箱的设计包括冻干箱的箱体设计、箱门设计、搁板设计以及其他部件（观察窗、压盖装置、电极引入结构、真空规管接头）的设计。

冻干箱的箱体是严格要求密封的外压容器，如果是带有消毒灭菌功能的冻干机，箱体还必须能承受内压。箱体有圆筒形和长方盒形两种。圆筒形省料，容易加工，承受内、外压能力强，但有效空间利用率低，大型食品冻干机多采用这种形状的箱体，特别是捕水器设置在箱体内，解决了空间利用率低的缺点。方形箱体外形美观，有效空间利用率高，在长方形盒式箱体外边采用加强筋，能解决承压能力问题，医药用冻干机多采用这种形状的箱体。无论哪种形状，在箱体设计时都要进行强度和稳定性计算，防止箱体变形。

冻干箱内温度场、压力场的均匀性也很重要，设计冻干箱时需要研究如何保证温度场的均匀性；研究抽真空系统的开口位置，以保证压力场的均匀性。最好要做温度场、压力场和气体流场的数学模拟。

在冻干箱的箱门设计，医药用冻干箱的箱门与箱体应采用同种材料，表面粗糙度要求相同。箱体与箱门之间采用有转动和平动两个自由度的铰链连接，O 形或唇形硅橡胶圈密封，硅橡胶圈应能耐 -50～150℃ 的温度变化。箱门锁紧机构从老式设计的滑动机械装置逐渐过渡为全自动机械插销锁。

　　食品用冻干机的箱门结构种类较多，圆形箱门以椭圆形封头为好，直径小的箱门也可采用平板；方形箱门也应设计成外突结构，小尺寸平板结构需设计加强筋。大型冻干机箱体与箱门分成两体，箱门可设计成落地式和吊挂式各种结构。图 3-21 为两种落地式箱门结构，图（a）为两侧均可移动的箱门结构，装、卸料时将两侧箱门打开，用外部运送物料的吊车，将装有待干物料的托盘运送到干燥箱口，然后再把托盘插入干燥箱的搁板上，从干燥箱的另一侧顶出已干物料盘至吊车上运走；图（b）为箱体移动式（箱门与搁板组件固定不动），箱体靠电动拉开，物料从搁板两侧装卸，因搁板全部裸露在外，便于清洗，适合于少量、多品种多样化的物料干燥。

(a) 两侧箱门移动式结构

(b) 箱体移动式结构

图 3-21　落地式箱门结构示意图

　　在冻干箱内要设置搁板。医药用冻干机的搁板上放置被冻干物料，搁板既是冷冻器又是加热器；有些食品用冻干机的搁板上放置被冻干物料，大部分食品冻干机搁板上不放物料，而只是用作为辐射加热的加热器。无论哪种冻干机，都要求搁板表面加工平整，温度分布均匀，结构设计合理，便于加工制造。

　　搁板设计的关键技术是搁板内流体流道的位置、尺寸和搁板强度等的计算；制造的关键技术是加工流道的沟槽、焊接工艺、保证平整不变形、保证密封性能的方法等，这些内容都需要认真研究。

　　医药用冻干机搁板结构要根据降温和加热方式而定，通常有四种形式：直冷直热式、间冷间热式、直冷间热式和间冷直热式。

　　现代大型食品冻干机的搁板多为轧制的铝型材，板内为长方形通道。为保证板面温度均匀，应使各流道内加热液体的流量一致。因此，在搁板端部焊接的集管中必须设置导流板，在导流板上打孔，通过改变导流板上的孔距来调节各流道中的流量，具体数据需要由实验决定。食品用冻干机多采用辐射加热，传热效率和温度均匀性与板面辐射率大小有关，一般对板面进行阳极氧化处理，使板面辐射率达 0.9 以上。搁板间距在 80~120mm 范围内。间距太大影响加热效率和均匀性；间距太小影响抽真空。

　　图 3-22（a）为几种不同的搁板结构，上图为直冷直热式，中间为直冷间热式，下图为间冷间热式。搁板的加工工艺在不断改革，现在的搁板多用 AISI316L 不锈钢材料制造，采

用特殊空心夹板，强度高、密封性好。板层在长期热胀冷缩的工作条件下，不变形，不渗漏。其焊接工艺如图 3-22（b）所示。搁板表面要求平整、光滑，符合 GMP 要求，表面平整度±1mm/m，粗糙度 $Ra<0.75\mu m$，板层厚度 20mm。搁板组件通过支架、滑轨安装在冻干箱内，由液压活塞带动做上下运动，便于清洗和进出料。最上一块搁板为温度补偿板，确保箱内制品的空间都处在相同的温度环境下。

图 3-22 搁板结构示意图

为减少冻干箱的冷热损失，冻干箱外需要设计绝热结构。冻干箱壁外应有保温层和防潮层，最外侧是包皮。保温层厚度通过热计算确定。保温材料通常用聚氨酯泡沫塑料，现场发泡。

3.4.2 捕水器的设计

捕水器又称水汽凝结器，是专抽水蒸气的低温冷凝泵。

捕水器的性能应该包括捕水速率（kg/h），捕水能力（kg/m²），永久性气体的流导能力（L/s），功率消耗（kW/kg），冷凝面上结冰或霜的均匀性，制造成本和运转费用等。这些性能与制冷温度、结构和安装位置等因素有关。

捕水器是真空容器，因此，要满足外压容器的强度要求，筒体多设计成圆筒形；若长径比满足表 3-1 的要求，则可不做计算，若超出了表 3-1 中的长径比规定，则要另做计算。

表 3-1 长径比于壁厚之间的关系

容器的	不同公称直径下的筒体壁厚/mm												
长径比	400mm	500mm	600mm	700mm	800mm	900mm	1000mm	1200mm	1400mm	1600mm	1800mm	2000mm	2200mm
1	3	3	4	4	4	4.5	5	6	6	8	8	8	10
2	3	4	4	4.5	5	6	6	8	10	10	12	12
3	4	4	4.5	5	6	8	8	8	8	10	12	14	14
4	4	4.5	5	6	8	8	8	10	10	12	14	14	16
5	4	5	6	6	8	10	10	12	12	14	14	16	16

筒体和各连接部位的泄漏应满足真空密封的要求。通常与冻干箱的要求一样，静态漏气率应低于 $0.025\mathrm{Pa\cdot m^3/s}$。

捕水器是带气固相变的换热器。因此，要求换热效率高，用导热性能好的材料做冷凝表面，以减少换热损失。冰和霜都是热的不良导体，要求结冰层不能太厚，一般在 5~10mm，以免因冰导热性能差而造成能源浪费。

捕水器是专抽水蒸气的冷凝泵，因此，要有足够的捕水面积，以保证实现冻干要求的捕水量。要有足够低的温度，以形成水蒸气从升华表面到冷凝表面间的压力差，两表面的温度差最好在 10℃左右。这样，既能保证使水蒸汽从冻干箱流向捕水器的动力，造成水蒸气流动，又能使冻干箱内有合理的真空度，实现良好的传热传质过程。捕水器内要有足够的空间，以使水蒸气在其中流动速度减慢，增加与冷凝面的碰撞概率，提高捕水能力。大型捕水器要设置折流板，以防气体短路，水蒸气被真空泵抽走。冷凝表面之间应有足够距离，以保证不可凝气体的流导，便于抽真空。

　　冻干机上常用的捕水器可分为两大类，一类是管式换热器，另一类是板式换热器。图3-23是一种管式换热捕水器的典型结构。图3-24是其内部照片。图3-25为圆筒形板式捕水器结构。

图 3-23　管式换热捕水器的典型结构

A—连接到冻干箱的口径；B—由D移动的圆柱面孔；
C—阀板和冷凝器之间的通道；D—阀板；
E—冷冻蛇形管的凝结表面；F—冷冻机
的入口和出口；G—连接到真空泵的管；
H—水蒸气凝结器融霜期间的放水孔；
p_{ch}，p_{co}—分别是干燥箱和冷凝器中的压力

图 3-24　冷凝器内部视图，表示两蒸发器

（史特雷斯股份有限公司，D-50354）
1—由制冷剂直接冷却的冷凝器管，
如R404A（见表6-10）；
2—由液氨直接蒸发冷却的板
式蒸发器；3—蘑菇阀的阀板

　　管式又可分为盘管（或螺旋管、蛇管式）和壳管（列管）式两种，前者主要用于小型冻干机，后者主要用于大型冻干机。板式又可分为平板和圆筒形组合板两种，后者结构复杂，但冷凝效率高。无论是管式还是板式，按捕水器外壳放置方式又可以有立式和卧式两类，小型冻干机多采用立式捕水器，大型冻干机多采用卧式捕水器。按捕水器是否安放在冻干箱内，又可分成内置式和外置式。

图 3-25　圆筒形板式捕水器结构

1—干燥器；2—水汽凝结器冷却板；3—水蒸气分配管；
4—保温层；5—水汽凝结器管壁；6—门；7—视镜

3.4.3　真空系统设计

　　一个完整的真空系统包括真空容器、真空泵、真空仪表、真空阀门和真空管道。冻干箱和捕水器是冻干机真空系统的大容器，真空泵通过抽空阀抽捕水器，再通过主阀抽冻干箱；在真空泵头和冻干箱及捕水器上均装有真空测量装置，以便测量系统的真空。

冻干机对真空系统有如下要求：

(1) 容器耐压 冻干机的真空容器（冻干箱和捕水器）必须能抵抗大气的压力，带蒸汽灭菌的冻干箱和捕水器还需能承受蒸汽灭菌时的高压和高温。

(2) 抽空时间 在 0.5h 左右的时间使冻干箱抽空到 10Pa。这是对真空泵抽空能力的要求，需根据冻干箱和捕水器容积的大小选择真空泵的排气量。

(3) 极限真空 冻干箱的最高真空应能达到 0.5～10Pa。这是对容器真空度的要求，一般选用双级旋片式真空泵，或油封式旋转泵再加罗茨泵。

(4) 冻干箱的漏率 冻干箱的漏率应能达到 $5×10^{-2}$ Pa·L/s。系统密封性的要求：要求设计先进，焊接可靠，加工精密，装配仔细，选用高性能的真空阀门和部件等。符合 GMP 的要求：真空系统中冻干箱和捕水器及关联的部件需使用不锈钢制造；密封材料要使用聚四氟乙烯、硅橡胶或医用橡胶；希望是洁净的抽空系统，不对冻干箱的产品产生任何污染。

对于冻干设备，真空系统设计计算的目的就是依据干燥室的实际需要，设计配置出能够满足冻干工艺要求的真空系统。计算的内容包括：按照干燥室所要求的极限真空、工作真空和气体负荷，确定选取主泵的类型和规格型号；依据气体连续性原理为主泵配置合适规格型号的前级泵；在初步设计出捕水器和连接管道、阀门等附件组成的系统具体结构之后，校核验算系统所能达到的极限真空度和工作真空度，以及达到某一指定压力所需要的抽气时间，是否满足设计要求，这其中又涉及气体在管路中的流动状态判别、管路的流导计算和有效抽速计算等内容。

目前冷冻真空干燥设备中常用的真空机组主要有罗茨泵机组、水环-大气真空泵机组等多种。从真空角度考虑，在设计抽气系统的具体结构时应满足如下基本要求：

① 为提高抽气系统的通导能力，系统中各元件间的管道应短而粗、少弯曲，主泵和真空室间的管道直径不应小于主泵吸气口的直径。

② 系统应本着串联可以提高极限真空度、并联可以提高抽气速率的原则，组合各泵间的抽气程序。

③ 为了保证系统的密封性能，被抽系统的总漏气率须限制在允许漏气率范围之内，尽量提高设备的制造水平。

④ 为了防止机械泵振动和返油，在机械泵入口处应设置缓振软管和放气阀，为节省能源、缩短工作周期，对大型真空系统应配置维持泵。

⑤ 为实现系统的自动操作和安全运转，在抽气系统和水冷系统上应分别设置真空继电器和水压继电器，真空系统也可考虑选用微机程序控制。

⑥ 真空系统建成后应便于测量和检漏，为迅速找到漏孔，应进行分段检漏，因此每一个用阀门封闭的空间至少应设置一个测量点，以便于测量和检漏。真空计测量规管的位置应选在没有水套的位置上，而且应使规管直立，最好不要横放。

真空系统一般的设计计算程序为：

① 计算真空室内的总放气量；

② 确定真空室的有效抽气速率；

③ 对复杂真空系统首先粗选主泵和粗配主泵的前级泵；

④ 按要求配置阀门、捕集器、除尘器等相关元件；

⑤ 绘制真空系统草图，确定真空系统各部位尺寸，为精算系统创造条件；

⑥ 精算各真空泵，包括真空度和抽气时间的计算，确认是否满足给定的参数要求，如果达不到要求应重新选泵和配泵，直到满足已定的参数要求为止；

⑦ 绘制真空系统装配图并拆出零件图；

⑧ 绘制施工图纸。

3.4.4 制冷系统设计

制冷系统是冻干机上提供冷量的装置。冻干机上需冷量的地方主要是冻干箱和水汽凝结器。两者既可以用一套制冷系统，也可以用各自独立的两套制冷系统。通常，较大的冻干机都用两套各自独立的制冷系统，冻干箱上多用间冷式循环，水汽凝结器多用直冷式循环。

制冷系统所用制冷机的大小，按冻干箱耗冷量和水汽凝结器的耗冷量的计算值确定。制冷系统所用的制冷剂种类和制冷循环方式，应根据冻干物料所需的温度选择。

冻干箱只有在降温和保温两阶段需要冷量。降温阶段指搁板和被干燥的产品从室温降到冻结所需的最低温度的时间；保温阶段指搁板保持在上述最低温度下使产品冻牢所需的时间。由于后者的冷负荷远小于前者，在设计中可按前者的冷负荷选择制冷机。

降温时间的选定直接影响到制冷机大小的选配，所定的降温时间越短，需配制冷机的制冷能力越大。确定降温时间主要考虑以下几个因素：

① 应满足产品降温速率的要求。因降温速率对产品晶格的大小、活菌率、干燥速率等有直接影响。降温速度快，结晶细，干燥速率慢，细菌成活率高；反之则相反。在箱内搁板冻结时，所设计的冷冻干燥机必须首先满足产品冻干工艺的要求，才能生产优质产品。

② 冻干周期包括产品进箱、箱体降温、保温、升华、产品出箱等阶段，还有箱体清洗消毒、水汽凝结器化霜等辅助时间。因此降温时间也受整个冻干周期的限制。而冻干周期的确定应有利于组织生产。

③ 箱体降温与水汽凝结器所需的制冷机容量应综合考虑，使之可以共用或相互备用，以提高机器的安全可靠性。

一般搁板温度比产品的共晶点温度低 5~10℃。

降温阶段的耗冷量一般包括：

① 产品降温的冷负荷；

② 箱内零件降温的冷负荷；

③ 载冷介质降温的冷负荷；

④ 箱壁降温的冷负荷；

⑤ 通过箱壁传入的冷损；

⑥ 开门冷损耗；

⑦ 载冷介质循环泵所消耗的冷量；

⑧ 其他冷损耗。

捕水器耗冷量的计算包括：

① 捕水器材料降温耗冷量；

② 保温层传热耗冷量；

③ 水蒸气凝结耗冷量。

冻干设备上一般按制冷温度选制冷剂和制冷循环。一般单级压缩可制取 -20~$-40℃$ 的低温，双级压缩可制取 -40~$-70℃$ 的低温，复叠式制冷循环可得到 -50~$-80℃$ 的低温。

3.4.5 加热系统的设计

加热系统是提供第一阶段升华干燥的升华潜热和第二阶段干燥蒸发热能量的装置。

被冻结的制品，不论其冻结体为大块、小块、颗粒、片状或其他任何形状，开始升华时总是在表面上进行的，这时升华的表面积就是冻结体的外表面。在升华进行过程中，水分逐渐逸出，留下不能升华的多孔固体状的基体，于是升华表面逐渐向内部退缩。在升华表面的外部形成已干层，内部为冻结层。冻结层内部的冰晶是不可能升华的，故升华表面是升华前沿。升华前沿所需供给的热能，相当于冰晶升华潜热。不论采用什么热源，也不论这些热量以什么样的方式传递，要达到水分升华的目的，这些热量最终必须不断地传递到升华表面上来。

供给升华热的热源应能保证传热速率满足冻结层表面既达到尽可能高的蒸气压，又不致使其熔化。

冷冻干燥中所采用的传热方式主要是传导和辐射。近年来在真空系统中也有采用循环压力法来实现强制对流传热的研究。在冻干机中，热量都是从搁板上传出来的，一般分直热式和间热式两种。直热式以电源为主；间热式用载热流体，热源有电、煤、天然气等。常用的辐射热源有近红外线、远红外线、微波等。

利用传导或辐射加热时，在被干燥的物料层中传热和传质的相对方向有所不同。从图3-26可见，辐射加热时被干燥物料的加热是通过外部辐射源向已干层表面照射来进行的。传到表面上的热量，以传导的方式通过已干层到达升华前沿，然后被正在升华的冰晶所吸收。升华出来的水蒸气通过已干层向外传递，达到外部空间。传热和传质的方向是相反的，内部冻结层的温度决定于传热和传质的平衡。一般辐射加热的特点是：随着干燥过程中升华表面向内退缩，已干层的厚度愈来愈厚，传热和传质阻力两者都同时增加，如图3-26（a）所示。图3-26（b）是接触加热时所发生的情况。在干燥进行中，热量通过冻结层的传导到达升华前沿，而升华了的水蒸气则透过已干层逸出到外部空间。因此，传热和传质的途径不一，而传递的方向是相同的。界面的温度也决定于传热和传质的平衡。随升华表面不断向内退缩，已干层就愈来愈厚，冻结层愈来愈薄，因而相应的传质阻力愈来愈大，传热的阻力愈来愈小。图3-26（c）是微波加热的情形。微波加热时热量是在整个物料层内部发生的，冻结层要发热，已干层也要加热。但由于这两层的介电常数和介质损耗不同，发生在冻干层内的热量要多得多。内部发生的热量被升华中的水吸收，故所供之热量不需传递，传质是在已干层内，方向是相反的。

(a) 一般辐射加热　　(b) 接触加热　　(c) 微波加热

冻结层　　　已干层

传热方向　　　传质方向

图 3-26　物料内部的传热和传质示意图

　　把热量从热源传递到物料的升华前沿，热量必须经过已干层或冻结层，同时升华出的水蒸气也要通过已干层才能排到外部空间。在真空条件下，经过这样的物料层供送大量的升华潜热，阻力是很大的，同时，经过这样的物料层排除升华的水蒸气，阻力也是很大的。因此需采取多种方式提高传热和传质效率。

　　升华热的供应，原则上以在维持物品预定升华温度下，使升华表面即具有尽可能高的水蒸气饱和压力而又不致有冰晶融化现象为最好。这时干燥速度最快。

　　(1) 常用的加热板　间热式加热板的热量是由载热体从热源传递来的，加热板传递给制品所需的加热功率大致需要 0.1W/g。载热体多用水、蒸汽、矿物油和有机溶剂等。有些间冷间热式冻干机上，常用 R-11 和三氯乙烯等作为冷和热的载体。

　　图 3-27 给出加热板热媒循环系统示意图。热媒在热交换器中加热，用循环泵将热媒送到冻干箱的搁板内对物料加热。为使冻干结束后物料能及时冷却，利用阀门控制冷却水，适时通入搁板内实现调控温度。

　　(2) 加热技术的改进　通常在真空状态下传热主要靠辐射和传导，传热效率低。近来出现了调压升压法，其基本原理是降低真空度以增加对流传热的效能。据研究，在压强大于 65Pa 时，对流的效能就明显了。所以在保证产品质量的条件下，降低真空度以增加对流传热，使升华面上温度提高得快些，升华速度增加。

图 3-27　热媒循环系统示意图

　　调节气压有多种方式，英国爱德华公司采用充入干燥无菌氮的方法；德国用真空泵间断运转法；日本用真空管道截面变化法。这些方法的共同特点是使冻干室气体压强处于不稳定状态，所以又叫改变真空度升华法和循环压力法。

　　改变料盘的形状，增加物料与料盘之间的传热面积也是改进传热方法的一种。图 3-28 中装制品容器上有伸出的薄壁，其目的就在于增加传热面积。

　　改变传热的另一种方法是从根本上改变加热方式，取消加热板。据资料报道，美国陆军 Natick 实验室采用微波热进行升华加工制作升华食品压缩的新工艺，可使能耗降低到常规工艺的 50%。美国某公司在升华干燥牛肉时，使用 915MHz 微波加热装置，将干燥周期由 22h 减到 2h。但介质加热（如微波加热）的方法一般不用于生物制品的冻干，以防止制品失去生命活力，降低制品质量。

　　(3) 几种典型的供热方式　应用在食品工业真空冷冻干燥设备中的加热方法较多，大致可分为：辐射加热与吹冷空气相结合的方法，微波加热法；应用涂层输送带的辐射加热法；辐射和传导传热相串联的供热法；膨胀加热板的接触供热法等。

　　图 3-28 是辐射传热和传导传热相串联的供热装置示意图。这种传热方法的主要特点是辐射热先传给导热元件（物料容器壁），再传给被加热的物料。传导元件屏蔽直接来自辐射热能的热源。

　　水、有机物和高分子物质具有很强的吸收红外辐射的能力，食品冻干采用红外辐射加热

(a) 冷冻干燥装置剖面图   (b) 制品容器放大图

图 3-28　辐射传热和传导传热相串联的供热装置示意图
1—导轨；2—搁架；3—真空干燥室；4—辐射加热组件；5—制品容器；
6—加热板；7—接真空系统；8—机壳；9—端板；10—伸出薄壁

方式是合适的。可以把高辐射红外线材料涂敷到加热板表面上。

在产品升华阶段要提供升华热，使产品中的水分不断从被冻结的冰晶中升华直到干燥完毕。升华分两个阶段：第一阶段是指大量水分从冰晶升华的过程，这时升华温度低于其晶点温度。第二阶段是结晶水的扩散过程，其温度高于共晶点温度。通常按第一阶段热负荷确定加热功率。

3.4.6　控制系统设计

冻干机的控制系统是控制工艺参数准确运行，保证冻干工艺过程按时完成的核心部分。常用的控制系统有手动控制、半自动控制、全自动控制、网络控制和智能控制等。前两种控制方式已经逐渐被淘汰，现阶段国内外生产的冻干机均已实现全自动控制、远程监控和智能控制。

控制系统一般由可编程控制器、人机界面设备、传感器、终端继电器、数模转换等模块组成，智能控制软件直观显示设备工艺流程、系统运行状态、报警点和操作情况等。

例如我国北京某科技发展公司生产的冻干机的控制系统可实现如下功能：

① 按照管理权限调整冻干参数，把成熟安全的冻干工艺程序存储在控制系统中，客户只需对冻干工艺数据进行调整即可组成适合不同物料的冻干工艺；

② 控制系统可实现自动对物料反复预冻、速冻和慢冻；

③ 手动或一键智能控制冻干全过程；

④ 系统显示可用中文、英文等多种语言界面，操作控制系统实现三级管理，密码时间可以定时失效重置；

⑤ 自动监控检测并记录储存冻干过程相关数据，每分钟存储记录一次数据（存储记录间隔时间可调），具备 USB 数据存储器串口，系统可远程监控和检测维护，上位机控制；

⑥ 冻干全过程编程自动控制，审计溯源，可储存多个固定或自定义程序进行冻干工艺管理，储存程序≥100，每个程序步骤≥32；

⑦ 在运行过程中设备部件运行出现异常时系统即时报警并主动保护运行，具有真空失压，设备报警并自动运行保护物料功能，具有真空泵维护提示功能；

⑧ 实时显示设备部件及物料温度和真空度，自动生成冻干曲线；

⑨ 设备温度和真空度均采用 PID 控制；

⑩ 真空度和温度维护校准功能；

⑪ 冻干终点测试功能；

⑫ 手动或自动进行真空度调节。

实现上述功能可采用不同的控制方式，包括不同的硬件配置和不同的软件程序，但其基本结构是大体相同的，图 3-29 给出一种控制系统原理结构图。上位机采用几台智能控制仪表和可编程控制器（PLC）和应急手操控制台组成，上、下位机之间用工业 RS-485 总线连接。PLC 本身具有独立的连锁保护和部分程控、定时功能，可配合手操台实现应急操作。

图 3-29 控制系统原理结构图

目前，国内冷冻干燥机的控制系统采用的硬件一般有以下几种：继电器控制，单片机控制，可编程控制器及工业计算机控制[5]。

计算机控制系统的出现和发展是工业生产发展的需要，是工业自动化技术发展的趋势。它是以电子计算机为核心的测量和控制系统。整个计算机控制系统通常是由传感器、过程输入/输出设备、计算机以及执行机构等部分组成的。由系统对设备的各种工作状态进行实时数据采集、处理并对其实施控制，从而完成自动测控任务。

计算机控制系统的典型结构如图 3-30 所示。计算机控制系统分为操作指导控制系统、直接数字控制系统、监督计算机控制系统、分散控制系统，最常用的是直接数字控制系统，如图 3-31 所示。

图 3-30 计算机控制系统的典型结构

直接数字控制（Direct Digital Control，DDC）系统的构成如图 3-31 所示。计算机首先通过模拟量输入通道（A/D）和开关量输入通道（DI）实时采集数据，然后按照一定的控制规律进行计算，最后发出控制信息，并通过模拟量通道（D/A）和开关量输出通道（DO）直接控制生产过程。DDC 系统属于计算机闭环控制系统，是计算机在工业生产过程中最普遍的一种应用形式。DDC 系统中的计算机完成闭环控制，它不但能完全取代模拟调节器，实现多回路的控制调节，而且不需改变硬件，只通过改变程序就能实现各种复杂的控制。

图 3-31 直接数字控制系统

计算机控制系统具有结构紧凑，功能强，维护简单，应变能力强和程序可移植等特点。这样的系统需要设计者有很好的编程能力。

除此之外，很多控制功能都是由计算机、单片机或 PLC 共同完成的。有的控制系统是由计算机作为上位机监视生产过程，单片机或 PLC 作为下位机采集数据、进行 PID 控制等。

无论采用哪种控制方式，冻干机控制系统的硬件均大同小异。图 3-32 是一种大型冻干机的硬件结构。从图中可以看出硬件组成都包括计算机、打印机、数据采集元件（包括真空计、温度传感器、变送器等）等。对于不同的控制系统，可选用不同规格、型号、容量和精度的硬件。

图 3-32 大型食品冻干机控制系统硬件典型结构

参 考 文 献

[1] 徐成海，张世伟，关奎之. 真空干燥 [M]. 北京：化学工业出版社，2004：172-174.

[2] 徐成海，张世伟，彭润玲，张志军. 真空冷冻干燥的现状与展望 [J]. 真空，2008，45，(3)：1-12.

[3] 刘雪姣. 真空冷冻干燥法制备纳米碳酸钙粉体实验研究 [D]. 东北大学，2010，7：45-47.

[4] [德] G. W. 厄特廷，[德] P. 黑斯利. 冷冻干燥 [M]. 徐成海等译. 北京：化学工业出版社，2005.

[5] 高亚洁. 真空冷冻干燥设备自动控制系统的研究 [D]. 沈阳：东北大学，2003. 4.

4

真空冷冻干燥特性参数测量与分析

4.1 共晶点和熔融点温度的测量

溶液的导电是靠带电离子在溶液中定向移动来进行的。在溶液冻结过程中，离子的漂移率随温度的下降而逐渐降低，使电阻增大。只要还有液体存在，电流就可流动。但一旦全部冻结成固体，带电离子不能移动，电阻就会突然增大。根据电阻由小突然变大这一现象，就可测出溶液的共晶点。反之，当冻结物料的温度升高时，物料的电阻值会突然减小，这一过程可用于测定物料的熔融点温度。

4.1.1 简易自制测量装置

东北大学自制的共晶点和熔融点测试装置如图 4-1 所示。物料的制冷和加热在冻干机搁板上进行。不锈钢电极直径为 2.5mm，长度为 20mm。两电极间的距离为 15mm，插入物料的深度 10mm，电极间需要夹紧装置，以避免电极与物料接触不良。测温热电偶的测量端位于两电极的中间部位。电极和热电偶装配后，将物料置于冷冻干燥机内的搁板上，降低搁板温度，冻结物料，测量物料的电阻与温度间的变化关系，用相应软件如 Origin 处理测得的数据，求出其一阶导数曲线，可找出电阻突变点，从而确定物料共晶点温度。升高搁板温度，测

图 4-1 共晶点和熔融点温度的测量装置
1—电阻指示仪；2—温度指示仪；3—物料；
4—热电偶；5—不锈钢电极；6—夹紧装置

量物料升温过程电阻和温度的变化关系，用相应软件如 Origin 处理测得的数据，求出其一阶导数曲线，找出电阻突变点，确定物料的熔融点温度[1]。

用上述自制测量装置测得降温过程中螺旋藻电阻 R 随温度 T 的变化如图 4-2 所示，为使电阻突变的点显得更明显，对图 4-2 求一阶导数，得图 4-3，由图 4-3 可知，在 -18℃左右电阻的变化最快，由此可知螺旋藻的共晶点温度在 -18℃左右。

升温过程中螺旋藻的电阻 R 随温度 T 的变化如图 4-4 所示，图 4-4 一阶导数曲线如图 4-5。由图 4-5 可知，在 $-19\sim-7$℃左右电阻的变化最快，由此可知螺旋藻的熔融点温度在 -19℃左右。

降温过程纳豆激酶溶液的电阻 R 与温度 T 之间的关系如图 4-6 所示，图 4-6 的一阶导数

曲线如图 4-7 所示，分析图 4-6 和图 4-7 可知纳豆激酶溶液的共晶点温度在−23℃左右。

图 4-2   降温过程螺旋藻电阻与温度
之间的关系曲线

图 4-3   图 4-2 的一阶导数曲线

图 4-4   升温过程螺旋藻电阻与温度
之间的关系曲线

图 4-5   图 4-4 的一阶导数曲线

图 4-6   降温过程纳豆激酶溶液电阻与
温度之间的关系曲线

图 4-7   图 4-6 的一阶导数曲线

升温过程中纳豆激酶的电阻 R 随温度 T 的变化如图 4-8 所示，图 4-8 一阶导数曲线如图 4-9 所示，由图 4-9 可知，在 $-23\sim-15℃$ 变化较大，由此可知纳豆激酶溶液的熔融点温度在 $-23℃$ 左右。

降温过程鲜海参肉的电阻 R 与温度 T 之间的关系如图 4-10 所示，图 4-10 的一阶导数曲线如图 4-11。由图 4-11 可知鲜海参肉在 $-30℃$ 以后电阻增加非常快，分析图 4-11，在 $-35℃$ 以后，电阻值增量非常大，由此可知，鲜海参肉的共晶点在 $-35℃$ 左右。

图 4-8　升温过程纳豆激酶溶液电阻　　　　图 4-9　图 4-8 的一阶导数曲线
　　　　与温度之间的关系曲线

图 4-10　降温过程鲜海参肉电阻与温度之间的关系曲线　　　图 4-11　图 4-10 的一阶导数曲线

4.1.2　一种典型液态物料共晶点测试仪

由四环福瑞科仪科技发展（北京）有限公司生产的液态物料的共晶点测试仪如图 4-12 所示，图 4-13 是共晶点测试仪测量探头工作示意图。

如图 4-12 和图 4-13 所示，该共晶点测试仪主要由以下几个部分构成。

（1）开关　开关打到"开"位置，即开始正常工作，随着物料的冷冻或升温测试仪自动测量判断共晶点或熔融点；打到"关"位置，系统断电，设备停止运行。

（2）LCD 显示屏　LCD 显示屏实时显示物料的当前温度以及共晶点和熔融点。其第一行显示的 T_{now} 为温度探头测量得到的当前温度，第二行显示的为测量得到的共晶点和熔融点，其中 T_j 为共晶点，T_r 为熔融点。

图 4-12　共晶点测试仪

图 4-13　共晶点测试仪探头工作示意图

（3）测量探头及支座　共晶点测试仪的温度探头采用加长的 Pt1000 温度探头，阻抗探头采用特殊定制的不锈钢探针。为了实现探头的固定以及确保其相对位置，探头支座采用聚四氟乙烯材料加工装配而成，探头测量高度可通过高度调节旋钮进行调节，以适应不同高度的西林瓶和物料液面。

（4）探头接口　用于测量探头与测试仪主体连接，开始测量前，须确保探头插头与测试仪主体可靠对接。

其使用操作步骤为：

① 将待测的物料装入西林瓶中，调节支架高度，使共晶点测试仪的探头能浸入物料液面下，再锁紧调节螺钉。

② 将测试仪探头、支架以及装有物料的西林瓶放入冻干机内，关闭冻干机门。

③ 将共晶点测试仪的电源插头插入 220V 交流电源插座中。

④ 打开电源开关，共晶点测试仪即自动进入共晶点、共熔点测定程序。此时开启冻干机进行相应冷冻与加热操作即可。

此共晶点测试仪的主要特点是，智能化自动判断物料共晶点和共熔点，采用两行式液晶显示屏，直接显示物料的共晶点和熔融点，能实时显示当前物料温度，仪器性能稳定、可靠，操作简单。

4.2　冻干过程的分析与观察

4.2.1　低温显微镜

Hsu 等[2] 将重组 CD4-IgG（CD4-免疫球蛋白 G）用四级串联的帕耳帖组件冷却至 -60℃，用一架低温显微镜观察到了它的再结晶过程。他的观察室也可以被抽成真空而用于冷冻干燥研究。

Willemer[3] 将多次由低温显微镜获得的照片与电阻测量的结果进行了比较，低温显微镜的结构如图 4-14 所示。复杂产品的电阻测量有时很难解释清楚。图 4-15 所示的是某种病毒的低温保护溶液的电阻-温度曲线。冷却到 -10℃，部分溶液冻结，然后过冷到约 -46℃，在 -65℃左右时溶液结晶。在溶液复温过程中，在 -32.5℃左右时，电阻值变化迅速。用低

图 4-14 显微镜结构简图（引自文献 [3] 图1）

1—显微镜物镜；2—盖玻片；3—样品；4—样品支架；5—电热元件；6—带液氮接口的冷却室；7—真空系统接口

温显微镜获得的照片显示出，在 −40℃时，已被干燥和冷冻的两部分都呈现出均匀的组织结构（如图 4-16）。而在 −30℃时，这两部分都呈现出了黑色和灰色混合的区域，这表明，一些冰已经融化，并且扩散到了已干燥的部分。在这种情况下，通过改变 CPA 的浓度以及选择一个最佳的冷却速度，电阻测量可以认为是一种比较迅速的研究不同 CPA 的影响的方法。最终选择的浓度和冷却速度的组合可以用低温显微镜来测试。图 4-17 所示的是在冷冻、热处理过程中以及在干燥前，一种药品在低温显微镜下的结构变化。图 4-17～图 4-19 所示的是来自同一实验中，同一样品的不同部分以及在不同的实验阶段的细节照片。图 4-17 中，(a) 是快速冷却过程中，约在 −24℃时样品的照片，(b) 是第一次从 −54℃加热到约 −36℃的照片，(c) 是再次被冷却到 −54℃时的照片。在图 (a) 中，大部分晶体（颜色较深处）均匀地分布在浓缩的非晶固体（颜色较亮处）中间。在图 (b) 中，晶体有所生长，浓缩物中的水分也已经结晶。在图 (c) 中，晶体与玻璃状杂质的边界清晰可见，特别是在图中右上角更明显。图 4-18 所示的是在一些具有可比性的温度下，样品另外的一个部分，即靠近样品边界的显微照片：(a) 约在 −23℃，(b) 第一次加热时，约在 −30℃，(c) 再次冷却到 −60℃。图 (b) 中，晶体已有所生长，但其大致结构没有太大的变化，特别是在图的左上角部分。在图 (c) 中，晶体与玻璃状物质的边界更加清晰。图 4-18 所示的是样品的第三部分：(a) 冷却到 −65℃之后的照片，(b) 热处理后，再次冷却到 −60℃，然后在 −40℃开始冻干。同样，热处理并未使整体结构有所改变，但是晶体结构更加清晰，这表明玻璃相和晶体之间的水分子已经迁移到晶体中。图 4-17～图 4-19 中的照片说明，快速冷却不能使整个样品的各个部分形成均匀的组织结构，因为它会受到边界效应的影响。但是，在样品的所有部分都观察到了热处理的影响。图 4-20 所示的是，从冷却结束温度（ −60℃）上升到开始干燥温度（ −42℃）时，不经热处理对晶体生长的影响。值得注意的是，在自动向低温搁板上装载产品时出现的现象。第一次装载药瓶中的产品与后来装载的，例如 2～3h 后装载的，产品有不同的结构。

　　低温显微镜研究的优点是有可以显示样品组织结构变化过程的照片，而且，冻结的产品可以在大多数的设备中被冷冻干燥。产品层很薄，因此可以被迅速冷冻。所以，产品在复温和干燥过程中所表现出的性状特征与快速冷冻过程的相一致。因为产品层很薄，故模拟热处理的过程很困难。然而，实验表明，从此项研究中获得的临界温度是有价值的，特别是获得冷冻速率相对缓慢时产品的电阻值。

　　Nunner[4] 使用一台特殊的低温显微镜拍摄到了 0.9% 的 NaCl 溶液在 360s 内直接冷冻

到稳定树枝状冰晶结构的过程中冰晶边界面变化的照片（如图 4-21）。在冰晶的表面可见因浓缩而集中起来的 NaCl（黑色边界）。

图 4-15　某病毒保护溶液在冷却和复温过程中
的温度-电阻曲线（引自文献 [3] 图 7）

图 4-16　缓慢升温过程（引自文献 [3] 图 8）

(a) 冷却至-24℃　　　　(b) 冷却至-54℃以后，并在-36℃时热处理(TT)　　　(c) 再次冷却至-55℃以后

图 4-17　以 4℃/min 冷冻的药品用低温显微镜拍得的照片
（德国，Hürth，史特雷斯股份有限公司）

(a) 冷却至约-24℃时　　　　(b) 冷却至-54℃以后，并在-36℃热处理　　　(c) 再次冷却至-60℃

图 4-18　与图 4-17 相同，表示样品的不同部分（靠近底部）的显微照片
（德国，Hürth，史特雷斯股份有限公司）

(a) 冷冻至-64℃之后　　　　　　　　　　　(b) 热处理后,在约-45℃开始干燥

图 4-19　同图 4-17，表示样品第三部分的显微照片

（德国，Hürth，史特雷斯股份有限公司）

(a) 已冷却至-60℃　　　　(b) 在干燥过程，当加热到-48℃时，　(c) -42℃时，组织结构中软化的部分，特
　　　　　　　　　　　　图中可见没冻结的水再次结晶　别是图中左下角的部分和新形成的晶体，已
　　　　　　　　　　　　　　　　　　　　　　　　　　经开始消失

图 4-20　药品（不同于图 4-17）不进行热处理，在冷却速率约为 4℃/min 的冷却过程中低温显微镜下的照片

（德国，Hürth，Courtesy 史特雷斯股份有限公司）

$t=0s$　　　　　$t=15s$　　　　　$t=25s$　　　　　$t=34s$

$t=46s$　　　　　$t=80s$　　　　　$t=135s$　　　　　$t=360s$

200μm

图 4-21　从（$t=0s$）开始经由不稳定相（$t=34s$）到树枝状结构的过程冰晶边界面变化的照片

0.9%NaCl 溶液，在一具有温度梯度为 67K/cm 的温度场内直接冷冻。

样品以 15μm/s 的速率通过此温度场，以进行有方向性的冷却

Cosman 等人[5] 描述了一台可以定量评价照片的低温显微镜，该装置有如下四个显著特点：

① 温度的产生、测量和控制是由程序控制的;

② 显微照片可以存档,以备后用;

③ 文档可部分地用于自动图像识别;

④ 如果冷冻过程可以用数学的方法描述,而且细胞的行为可以预测,则用上述方法可以减少数据量。

图 4-22 表示的低温显微镜系统的布置图。通过使用热传导性非常优良的蓝宝石观察窗和使用液氮冷却系统,作者实现了以每分钟几百度的冷却速率冷却到−60℃,而且在温度为 0℃ 时,样品内的温度梯度达到了 0.1℃/mm。

下面用三个例子来说明使用这种显微镜系统如何进行冷冻过程的定量研究和存档。图 4-23 表示的是被分离的老鼠胰岛细胞的体积与温度的函数关系曲线。如图 4-24 所示,细胞膜对水和 CPA 的渗透性的不同对细胞的冷冻是非常重要的。

图 4-22 低温显微镜研究系统的示意图

1—显微镜;2—制冷机;3—摄像机;4—温度控制器;5—键盘;
6—菜单显示器;7—打印机接口;8—录像机;9—电视显示器;
10—盛装液氮的杜瓦瓶;11—计量阀;12—减压器;13—氮气瓶

**图 4-23 被分离的老鼠胰岛细胞的体积
与温度的函数关系** (引自文献 [5] 图 4)

将猕猴卵母细胞置入体积分数 10% 的二甲基亚砜溶液 (DMSO) 后其体积几乎减少到原来的三分之一,这是因为水能从细胞里扩散到周围环境中去,而二甲基亚砜却不能扩散到细胞内 (测量温度为 23℃)。

细胞损坏的原因在于细胞内冰晶成核。图 4-25 表示在不同冷却速率下,有多少老鼠卵母细胞内发现胞内冰与温度之间的函数关系曲线。老鼠肝细胞在以大约 40℃/min 的速率冷却到−21℃ 的过程中没有发现胞内冰,然而,当以 140℃/min 速率冷却时几乎所有的细胞内都存在冰,这是因为水没有足够的时间扩散到周围环境就被冻结在细胞内。图 4-25 也说明细胞内冰晶成核是由绝对温度和冷却速率决定的:在大约−25℃,以 5℃/min 速率冷却几乎所有的细胞内都有冰,然而,以 3.5℃/min 速率冷却,大约 20% 的细胞内没有冰。

Dawson 和 Hockley[6] 利用扫描电子显微镜 (SEM) 表明了海藻糖和甘露醇溶液的快速冷冻 (150℃/min) 和慢速冷冻 (1℃/min) 时结构上的差异。图 4-26 表示 1% 海藻糖溶液被 (a) 慢速和 (b) 快速冷冻时中心部位的表面结构。慢速冷冻样品 (c) 浓缩的固体表面上产生裂缝,然而,快速冷冻的样品的结构却是均匀的纤维状。图 4-27 表示慢速和快速冷冻 1% 乳糖时其中心部位粗糙的（a）和精细的（b）结构。在图 4-28（a）中可发现海藻糖溶液崩塌的部分，图（b）表示干燥后产品在潮湿的环境下贮存 6 个月以后的结构。图片表明不同的冷冻速率导致不同的结构，且有可能使固体浓缩在表面上，在干燥过程使干燥速率降低，残余水分含量增加。

图 4-24 猕猴卵母细胞置于 10% 的二甲基亚砜溶液后容积与时间的函数关系（引自文献 [5] 图 6）

图 4-25 以三种不同冷却速率冷却老鼠卵母细胞时，形成胞内冰的细胞的累积量与温度的函数关系

1—卵母细胞以 120℃/min 的速率冷却；
2—卵母细胞以 5℃/min 的速率冷却；
3—卵母细胞以 3.5℃/min 的速率冷却

（a）1% 海藻糖溶液，1℃/min，表层切面

（b）1% 海藻糖溶液，150℃/min，中心切面

（c）1% 海藻糖溶液，1℃/min，最上面的切面

（d）1% 甘露醇溶液，1℃/min，表明糖结晶

图 4-26

(e)血清，150℃/min，表面形态类似于血浆

图 4-26   用扫描电子显微镜获得的不同冻干产品的照片

(a) 以1℃/min速率冷冻

(b) 以150℃/min速率冷冻

图 4-27   利用扫描电子显微镜获得的 1% 乳糖溶液的照片

(a) 从产品底部崩塌的产品

(b) 在+20℃具有高湿度和在特别高的温度下贮存6个月以后收缩产品的结构

图 4-28   利用扫描电子显微镜获得小瓶中冻干后的海藻糖溶液的照片

4.2.2   差示扫描量热法

差示扫描量热法（DSC）是比较两种不同的热流：一种流向或来自研究的样品，另一种流向或来自测量范围之内的没有相变的物质，例如制造玻璃用的沙子。图 4-29 和图 4-30 表示的是调整了的 DSC^{TM} 系统的部分立体剖视图，图 4-31 表示用于 DSC 测量的商用仪器。

图 4-29　在调制的 DSC® （MDSC）过程中用于
发射技术中 DSC 室的立体剖视图（美国，特拉华
州，纽卡斯尔，TA 仪器公司）

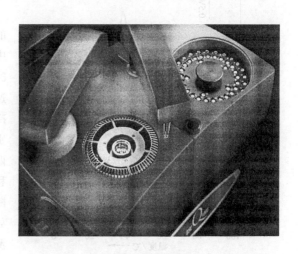

图 4-30　自动样品操纵器（美国，特拉华州，
纽卡斯尔，TA 仪器公司）
在工作期间左边机械手臂盖及腔室和烘箱，
样品臂位于探针盘

Gatlin[7] 不仅用 DSC 测量了甘露醇和头孢唑啉钠的 T'_g 值，而且还得知结晶时放出的能量与复温速率有关（图 4-32）。通过将加热速率外推至零，计算出了甘露醇和头孢唑啉钠的结晶能量分别为 13.5kJ/mol 和 39.1kJ/mol，这些数据与其他方法测得的值是一致的。在一定的假设条件下，计算出甘露醇和头孢唑啉钠的反应能量分别为 335kJ/mol 和 260kJ/mol。De-Luca[8] 得到的数据略有不同：在 0.625℃/min 的加热速率下，他发现甘露醇和头孢唑啉钠的反应能量分别为 16.3kJ/mol 和 48.1kJ/mol。

图 4-31　调制的 DSC® 仪器，Q1000 型，
详细资料见图 4-29 和图 4-30
（美国，特拉华州，纽卡斯尔，TA 仪器公司）

图 4-32　用 DSC 测得的头孢唑啉钠的结晶能与加
热速率的函数关系（引自文献 [10] 图 2）

头孢唑啉钠在非晶态是不稳定的。Takeda[9] 阐述了一种能保证头孢唑啉钠完全结晶的方法，即在 0℃头孢唑啉钠过饱和溶液中加入微晶的头孢唑啉钠。这样得到的产品不会含有

图 4-33 在冰的形成过程有热处理时的结果

(1) 60%的果糖溶液；(2) 60%葡萄糖溶液。
(A) 以 30℃/min 速率冷却到−100℃以后，当以
5℃/min 速率复温时用 DSC 测得的曲线。T_g 分别
为大约−85℃和−88℃。两种溶液分别在大约−48℃和
−44℃时，随着冰开始融化（冷冻阶段只有部分水结
晶）有明显的结晶。(B) 冷却到−100℃以后，以
10℃/min 速率加热到−48℃，在此温度保持 15min
（热处理），然后再次以 10℃/min 速率冷却到−100℃，
复温时用 DSC 测得曲线 (B)。在热处理过程可冻
结的水全部结晶，T'_g 分别上升为−58℃和−57℃。
在复温过程中都未发现结晶。

非晶态或准晶态的成分。

Roos[10] 利用 DSC 测量了果糖和葡萄糖的 T'_g 且说明了热处理对此值的影响。图 4-33 中用 DSC 测得的曲线表示的是 60%的溶液以 30℃/min 速率冷却到−100℃，以 10℃/min 速率复温到−48℃，然后又以 10℃/min 速率冷却到−100℃的情况。非退火产品的 T_g 分别为−85℃和大约−88℃。在−50℃附近，两种溶液中，未冻结水的结晶可视为放热过程（曲线 A）。如果复温在大约−48℃被中断，且产品在此温度下保持大约 15min（热处理），而后再冷却到−100℃，在加热过程测得曲线 B；T'_g 升高到大约−57℃时，结晶放热消失，可冻结水都被冻结为冰。温度 T_m 值是产品开始软化的初始温度。

4.2.3 核磁共振

核磁共振（NMR）是一种非常灵敏的分析方法。它能用来研究在冷冻糖类、蛋白质水溶液及咖啡萃取物的过程中水的行为方式。用 NMR 有可能确定水是否与其他分子（例如：蛋白质）结合和能否冻结，以及在从低于和高于 T_g 的较低的温度开始的加热过程，崩塌温度是如何影响未冻结水和高度浓缩溶液的玻璃体的变化。

NMR 分光镜（图 4-34 所示为一种商用装置）利用了一些原子核具有非常不同于质子、氢原子核，以及 ^{13}C、^{31}P、^{14}N 和 ^{33}S 中的磁矩这一事实。正如量子力学所描述的那样，外部磁场分成不同的能级。其尺寸及宽度由公式（4-1）确定。

$$\Delta E = \mu_B g H_{eff} \qquad (4-1)$$

式中，μ_B 为核磁子；g 为常数（与所给原子核磁性质量的特性有关）；H_{eff} 是原子所在位置磁场的有效强度。

转化能力可用电磁辐射的频率描述。

图 4-34 NMR 分析仪，Minispec 系列，测量范围为−100～+200℃

（德国，Rheinstetten，布鲁克光谱仪器公司）

$$\Delta E = hf \qquad (4-2)$$

式中，h 为普朗克常数；f 为辐射频率。

或者

$$\Delta E = hc/\lambda$$

式中，c 为光速；λ 为波长。

不同能级间的能量的差异取决于外部磁场的磁场强度。用 60MHz、100MHz 或 270MHz 的频率利用 NMF 法测量质子，磁场强度必须为 14.1×10^3 Gs，23.5×10^3 Gs，63.4×10^3 Gs。最后一个值只有用超导磁体才有可能达到。虽然其他原子核的磁矩均小于质子的，但仍需要更高的磁场强度。根据电磁定律，原子核的磁矩是由旋转电荷产生的。这种旋转在量子力学中用原子核的自旋（S）描述。自旋只能是不连续的，定义的能级与磁场方向平行或垂直（$S=\pm1/2$）。如果 S 在跃迁时不改变（$\Delta S=0$）且自旋的发射沿着磁场 ±1（$\Delta S_z=\pm1$）方向变化，才有可能发生（其发生具有一定的偶然性）跃迁，例如到更高的能级（吸收）。如果带有磁矩的样品在外磁场中用超短波发射，只有规定波长和能量的射线可被吸收。这个波长在给定的外磁场下表征独立的原子核的特性。

在分子的中心部分（例如质子），外部磁场的变化因数表征分子的特性。独立的质子的共振频率的位移在某种程度上取决于质子所在的化合物的特性。这种位移叫共振频率的化学位移（在给定的外部磁场条件下）。

化学位移比较小，例如对于质子为所用频率的 30×10^{-6}，如果所用频率为 100MHz（10^8 Hz），10×10^{-6} 就是 10^3 Hz。这种位移通常情况是无法绝对地测量的，但

图 4-35　不同发生频率下，弛缓时间与分子相关
时间的函数关系

是可与参考物质的已知频率相比，例如四甲基硅烷（TMS）质子。共振面积与引起共振的原子核的数量成正比。

除了共振线的化学位移之外，在一定条件下，共振线有可能分为两条或更多条。这反映了磁场中周围原子核中两个或多个相邻原子自旋方向的影响。所分的大小叫耦合常数 J，J 表示原子核间影响的质量，而分成的线的数量和强度表示受到影响的原子核的数量。由于原子核所处位置磁场虽然是常数，但有轻微的变化，所以，NMR 频谱的线不是无穷小的，而是有一定宽度的。在高频脉冲停止以后，早期的平衡通过磁噪声和系统的弛缓过程恢复。Bloch 用两个特性数：t_{SGR}（自旋-晶格弛缓时间）和 t_{SSR}（自旋-自旋弛缓时间）将有可能的两种弛缓过程联系起来。谐振谱线宽的一半是在顶峰值 $1/t_{SSR}$ 的一半时测得的。如图 4-35 所示，对于非常小的分子相关时间 t_c、t_{SGR} 和 t_{SSR} 是相同的。相关时间为分子穿过与自身直径相同的距离时所需的时间；这是对分子运动

图 4-36　含 25% 固体的咖啡萃取物的冷冻和
融化曲线（引自文献 [11] 图 2）
1—过度冷却；2—崩塌温度

的测量。

Nagashima 和 Suzuki[11] 利用 NMR 说明了 UFW、T_c、冷却速率和冷冻之前的浓度之间的相互关系。测量了 UFW 的量（gH_2O/g 干燥物质），例如含 25％固体的咖啡萃取物（图 4-36），在−20℃，UFW 的含量～30％（0.3g/g），但是在−50℃时降到 0.1g/g。在−20℃以上 UFW 的量增加得相当快。在−20℃以上冻干时，结构会崩塌。作者证明，甘露醇快速冷冻（3～5℃/min）后，在复温过程中可看到甘露醇的结晶。UFW 增加到 50％，而后水结晶，UFW 减少到只有百分之几。测得的结晶温度与利用 DSC 所测得的其他报告一致（例如，Hatley[12]）。在慢速冷冻过程，甘露醇结晶，且没有滞后现象（图 4-37）。图 4-38 表示了日本豆面酱油 UFW 的关系曲线。在−50℃，浓度为 52.7％时，UFW 大约为 5 个计量单位，然而浓度为 26.4％时，普通产品中的 UFW 大约为 2 个计量单位，浓度为 13.2％时，只有大约 0.6 个计量单位的 UFW 不冻结。

图 4-37　9.1％D-甘露醇溶液的冷冻和
融化曲线（引自文献［12］图 4）

图 4-38　日本豆面酱油 UFW 的含量（A）
和两种稀释了的溶液（B 和 C）与温度的函
数关系（引自文献［12］图 5）

4.2.4　热力学分析

Carrington 等人[13] 利用热力学分析（TMA）研究了 30％质量分数果糖、蔗糖和葡萄糖在有和没有羧甲基纤维素钠（CMC）存在时冰的结晶温度。TMA 被用来测量冷冻和复温过程样品的膨胀，利用 DSC 也做了类似的研究。用 TMA 测得果糖在有和没有 CMC 存在，以 5℃/min 的速率冷冻时的具有代表性的结果如图 4-39 所示。图 4-40 表示的是由 TMA 确定的 30％蔗糖溶液慢速冷冻和热处理后的加热曲线。图 4-41 表示的是由 DSC 确定的 30％蔗糖溶液慢速冷冻和热处理后的加热曲线。比较由两种方法测得的关于蔗糖的两个温度 T_{r1} 和 T_{r2}（如图 4-40 和图 4-41 所示），$T_{r1} \approx -60℃$（TMA）和−41.2℃（DSC），$T_{r2} \approx -35℃$（TMA）和−32.6℃（DSC），很明显，正如作者所讨论的那样，有很多因素影响最后所得的数据。

图 4-39 30%果糖溶液冷冻过程尺寸的
变化与温度的函数关系

注：冷却速率 5℃/min

　　TMA 测量对解释在加热冷冻的甘露醇和其他立体异构体溶液过程中，小玻璃瓶的破裂是很有用的[14]。例如，甘露醇在−25℃以上体积比标准 1 型无色玻璃扩大 30 倍。小玻璃瓶是否破坏主要取决于填充物的体积及浓度，例如，当装满 3%的甘露醇时，10%～40%的玻璃瓶子被破坏。

图 4-40 30%蔗糖溶液复热过程尺寸的
变化与温度的函数关系

注：慢速冷却至−80℃，热处理到−35℃，
再到 2℃/min 速率加热

图 4-41 在 30%蔗糖溶液复热过程热
流与 DSC 温度记录图

注：先以 5℃/min 冷却到−80℃，热处理到−35℃，
再到 5℃/min 加热

4.2.5 介电分析

　　Pearson 和 Smith 通过三个例子解释了介电分析（DEA）的优点是可提供最优的冻干工艺。① 结合水（两个氢键）和吸附水（一个氢键）的弛豫特性不同可用来确定冻干的结束，当吸附水解吸和结合水仍然存在时认为冻干结束。②物质的介质响应与晶体的尺寸和水合程度有关。③赋形剂的玻璃体形成特性和它的分子的流动性（黏性）与温度和水合密切相关。电介质的研究表明了糖溶液玻璃体形成的非阿伦尼乌斯（non-Arrhennius）行为，在温度或水合有微小变化时，黏性的变化将达好几个数量级。

Morris 等人[15] 建议利用介电分析法可预测双组分物质的崩塌温度。DEA 的基本情况已解释清楚了。"发射频率"（TOF）是确定崩塌温度最好的分析方法。图 4-42 表示介质损耗因子与频率之间的函数关系曲线。作者称此曲线最低点的频率为 TOF。如图 4-43 所示 TOF 随着温度的变化而变化。两直线的交叉点可确定崩塌温度。用 TOF 预测的 10％的蔗糖、10％海藻糖、10％山梨糖醇以及 11％的 Azactam^{TM} 溶液的崩塌温度稍低于冻干显微镜观察得的崩塌温度，偏差分别为$-3℃$，$-1.4℃$，$2.2℃$和 $0.7℃$。

Smith 等人[16] 认为介电弛缓频谱学提供了一种研究聚合物和蛋白质结构特性的方法，其中，还提供了含水量和水的状态信息。

图 4-42   在温度给定的情况下介质损耗因子
和频率的关系曲线

图 4-43   lg (TOF) 对于 1/T 的崩塌曲线

4.2.6   X 射线衍射学-拉曼光谱学

Cavatur 和 Suryanarayanan[17] 研制了一种低温 X 射线粉末衍射（XRD）技术，用于研究冻结水溶液中溶质的固体状态。在冻结的乙氧萘青霉素钠溶液（质量分数 22％）中，未发现共晶结晶。在$-4℃$热处理可引起溶液的结晶，且随热处理时间而增加，另外两种产品的研究表明，XRD 在不干涉其他事件的情况下，可提供结晶程度的信息。

Sane 等人[18] 利用拉曼光谱学用数量表示了冷冻干燥和喷射干燥过程结构的变化。单克隆抗体类（例如 RhuMAbVEGF）在没有低温保护剂的情况下，经历二次结构变化。增加低温保护剂的摩尔比率可完全保护其结构。利用拉曼光谱学观察到干燥蛋白质的长期稳定性是与结构变化相关的。

4.3   冻干过程中物料含水量的测量

（1）称重法   这是一种古老的方法，也是直接测量法。在冻干箱内设置称重机构，小冻干机内可以设置天平，大型冻干机内可以设置地秤或吊秤，实现边抽真空边观察重量的变化。这种方法的优点是简单易学；缺点是不够准确。

（2）取样法   在抽真空干燥过程中，通过设置在冻干机上的装置，取出样品，在大气环境下测量产品的含水量。这种方法比较麻烦，但是比较准确。取出的样品可以用直

图 4-44   美国 OHAUS MB45
型卤素水分测定仪

接称重法，也可以用水分测量仪测量。图 4-44 是一种常用的水分测量仪，称为卤素快速水分测定仪，它是一种新型快速的水分检测仪器，其原理为利用热重分析法。图 4-44 为美国 OHAUS MB45 型卤素水分测定仪，其测量精度可达 0.001g/0.01%。

（3）在线测量法　冻干过程水分在线测量是一种最准确、快速、经济的测量方法，只可惜目前还没有上市的产品。

4.4　冻干终点的判断

冻干过程结束的判断很重要，它涉及冻干产品的质量、产量和经济效益。但是，到目前为止，还没有科学的仪器和方法。现有的判断方法还是经验法，不够准确。

（1）温度判断法　在冻干过程中通常都需要测量搁板温度和物料温度，并且绘出温度曲线。当测出的搁板温度与物料温度相接近时，即可以认为干燥过程接近结束。

（2）压力判断法　在冻干过程中应该不断的测量冻干箱内的压力（真空度），当测得的压力长时间稳定不变（根据冻干产品的品种、数量不同，通常在 1～2 个小时即可），认为冻干过程可以结束。

（3）湿度判断法　这是一种理论上可行，但实际操作比较困难的方法。这种方法需要在冻干箱内装上湿度计，测出冻干箱内气氛的湿度，进而判断干燥工艺是否可以结束。

4.5　冻干产品的质量分析

4.5.1　残余水分的测量

产品残余水分的测量应除去从周围环境中吸收的水分。将干燥产品装入其他容器时，或称量的时候都应该在充满干燥气体的箱子或隔离器中进行。

箱子应该能容纳 P_2O_5，或可用干燥气体清洗。在隔离器中进行的时候应带上固定在隔离器上的手套。干燥气体中用来称量的天平需要做一些调整以避免静电荷，这有可能导致相当大的错误。

4.5.1.1　重量分析法

正如美国食品和药品操作规范第 21 项 610.13 条[19] 中所说的，在前几年，这种方法成为强制性的规范。被称的样品存储在温度在 +20～+30℃ 之间的干燥室中，连同 P_2O_5 被反复称量直到质量不变为止。样品的最小量应该大于 100mg，若有必要可取自多个小瓶。较高的温度可使达到质量不变的时间缩短，但是会引起更多的结合水解吸甚至使产品变质。利用这种方法，在 +20～+30℃ 时，发现水很少被凝固到固体上。

4.5.1.2　Karl Fischer（KF）法

利用这种方法被称量的干产品被溶解在甲醇中，用 Karl Fischer 溶液滴定直到颜色由棕色变为黄色。视觉观察可由电流计代替，当滴定结束时，电流突然增加，这种方法样品的重量可比重量分析法减小 2～4 倍。为了完全地避免视觉观察产生的误差，利用电解可产生碘，用库仑定律计算水的含量。这种仪器（见图 4-45）在商业上是可得到的。用这种方法可测得的水的最小量为 $10\mu g$。Wekx 和 De Klejin[20] 说明了如何使 Karl Fischer 法被直接使用于小瓶装的已干产品。Karl Fischer 法不能直接用于在 Karl Fischer 试剂中能和碘起反应或不

**图 4-45　用于测量残余水分（RM）的
Messzelle DL 36 型库仑计的示意图**

（瑞士，Schwerzenbach，Mettler-Toledo

DL36 型 KF 库仑计）

在滴定室（1），从含有碘的分析物（2）中电解
产生碘（3）。滴定室中的水和碘发生反应，当水
分用尽的时候，会产生少量剩余的碘，这可被专门
的电极发现，将导致碘的生产被停止。滴定室中水
的量和所需的电荷可由库仑计的读数计算出。通过
一个闸可将固体引入滴定室，或水在加热室被解吸
出来由气流带入滴定室。10μg 的样品其

读数可准确到 0.1μg

能溶于甲醇或水分无法被甲醇吸取的产品。Karl
Fischer 仪器如图 4-46 所示。

4.5.1.3　热重分析法

热重分析法（TG，TG/MS）是在程序控温
下，测量物质的质量随温度（或时间）的变化关
系，用来研究材料的热稳定性和组分。检测质量
最常用的办法就是天平。热重分析仪如图 4-47
所示。May 等人[19] 描述了在称量过程中，如何
区分质谱仪的读数是解吸出来的水的还是挥发性
物质的，挥发性物质有可能来自残余溶剂或部分
产品的分解。

当前卤素快速水分测定仪是一种新型快速的
水分检测仪器，其原理就是利用热重分析法。

May 等人[21] 用 TG，TG/MS，KF 法和一
种命名为"蒸气压湿度测量法"（VPM）的新型
测量方法研究了 α-干扰素和美国标准百日咳疫苗
的残余水分（RM）。VPM 测量密闭小瓶中物料
上面的空间中水的蒸气压。来自红外二极管的光
线穿过小瓶到达图像探测器。小瓶的温度从室温
以固定的速率冷却到－55℃。当水蒸气冷凝的时
候，由于凝结物使光束变暗，从而改变图像探测
器的信号。凝结温度可转化为压力，从而可计算
出顶部空间中水的微观图。图 4-48 表示 α-干扰

素的 TG 值。抽取的三种不同样品中，发现 RM 的平均值为 1.15％±0.15％。利用 KF 法发
现一种样品中的 RM 为 1.28％。图 4-49 表示百日咳疫苗样品 9 的相应数据。水的最终解吸
温度和开始分解的温度由重量随时间变化的函数的导数曲线确定（％/min）；当导数曲线偏

**图 4-46　Mettler-Toledo DL38 型 Karl
Fischer 仪器的照片**

（德国 Hürth，史特雷斯）

图 4-47　热重分析仪的示意图和照片（Shimadzu
TGA 50）

（德国，Hürth，史特雷斯）

离水平线时可认为水的解吸结束。在表4-1总结了不同方法获得的结果。VMP不能提供关于产品RM的信息。该方法可重复测量同样的小瓶在一段时间内产品上空的水分，从而确定水分的变化量。

图4-48　利用热重分析法（TG）和重量随时间变化的函数的导数曲线（DTG）（%/min）测得的冻干的α-干扰素的重量（%）与温度的函数关系（引自文献[21]图1）

假定水的解吸结束点标为（＋），利用TG测得的RM为0.98%～1.28%，利用Karl Fischer测得的RM为1.28%

图4-49　利用热重分析法（TG）和质量随时间变化的函数的导数曲线（DTG）（%/min）测得冻干的美国标准百日咳疫苗样品9的重量（%）与温度的函数关系。水的解吸结束点标为（＋）。利用TG测得的RM为4.75%，（引自文献[21]图3）

表4-1　利用KF，TG和VPM法测得α-干扰素和美国标准百日咳疫苗的残余水分的比较

产品		利用KF测得的RM/%	利用TG测得的RM/%	瓶中物料上空中的水分/(mg/瓶)
α-干扰素	样品A	1.28	1.19	2.05
	样品B		0.98	6.67
	样品C		1.28	4.76
百日咳疫苗	样品8		2.44	9.50
	样品9		4.75	26.00

4.5.1.4　红外光谱学

Lin和Hsu[22]描述了用近红外线（NIR）光谱学确定密封的玻璃瓶中蛋白质类药品的残余水分的方法。研究了五种蛋白质：人类单克隆抗体重组细胞（ruhMAb）E25、ruhMAb HER2、ruhMAb CD11a、TNKase 和 rt-PA。在小瓶壁的水平位置上加入适量的 MilliQ 水可使残余水分的量增加，使水蒸气扩散到已干产品。一般情况下，1～2 天后可达到平衡状态。利用常用的三种数学工具来确定复杂光谱（不同成分的重合部分或它们之间的化学反应）。研究了下列因素对 IR 标准的影响结果：赋形剂的浓缩，块状产品的疏松度，厚度和直径以及赋形剂和蛋白质的比率。Karl Fischer 滴定数（也叫 RF）被用来作为与 NIR 数相比较的标准。

图 4-50 中（a）～（e）表示 5 种产品 RF 和 RNIF 之间的关系。Karl Fischer 滴定法依每日的操作者的不同其波动范围为±0.5％。因此，RF 和 RNIR 之间的差别≤0.5％认为是较好的。在 30～100mg/mL 之间疏松度的变化≤0.5％。块状物的尺寸必须超过 NIR 的透深，否则测得的 RNIR 太小。

曲线	公式	R^{2}①	RMSEC②
a	$\gamma=1.05x-0.08$	0.97	0.210
b	$\gamma=0.97x+0.07$	0.97	0.243
c	$\gamma=0.93x+0.14$	0.99	0.154
d	$\gamma=1.09x-0.20$	0.99	0.135
e	$\gamma=0.99x+0.12$	0.987	0.212

① 决定系数(标准线性)
② 平方根偏差(标准的不确定性)

图 4-50　5 种产品 RF 和 RNIF 之间的关系（引自文献［22］图 1，点划线表示实线的±0.5％的偏差）

制剂成分允许有小的变化，然而变化较大时，例如，蔗糖由 42.5mmol/L 变为 170mmol/L，随着浓度的增加吸收率增加（图 4-51）。因此对 85mmol/L 的 RNIR 的标准不能用于蔗糖的浓度较低（42.5mmol/L）或较高（>120mmol/L）的情况；在 5200cm^{-1} 时水的信号随着产品信号的改变而变化。通常情况下，对于给定的制剂和产品尺寸 RNIR 标准是一定的。只有在 NIR 测量对于充足的被反射光线具有足够长的光程以及校准产品的光谱随组分浓度的改变没有被改变的情况下，变化才是允许的。

图 4-51　冻干的包含 0.8%RF 的 rhuMAb 的二阶导数光谱（引自文献 [22] 图 6）

所有的制剂都包含 40mg/mL ruhMAb E25，5mmol/L 组氨酸和 0.01%的聚山梨醇酯 20。蔗糖浓度：曲线 1 为 42.5mmol/L；曲线 2 为 85mmol/L；曲线 3 为 120mmol/L；曲线 4 为 170mmol/L

4.5.1.5　残余水分测量方法的比较

干燥产品中的水以多种形式结合：如存在于表面的水，或多或少与干物质结合的水或以结晶水的形式存在着的水。因此，对于不同的物质，各种方法有可能会产生不同的结果。利用重量分析法和 Karl Fischer 滴定法测得的有些物质的 RM 值几乎是没什么不同的。May 等人[19] 提供了四种这类物质的例子，但是如表 4-2 所示，利用重量分析法得到的 RM 值比 Karl Fischer 滴定法得到的小 0.3%～0.6%，然而，用热重分析方法得到的 RM 值在误差范围内与 Karl Fischer 滴定法得到的值是非常接近的。在图 4-52 中比较了在第二阶段干燥过程，利用 KF 测得的 RM 和利用 DR 值计算得到的 dW 值。用于 KF 测量的小瓶当时是封闭的，上面的图表示出了平均值以及误差条。同样的药品在同一台设备上，在相同的工艺条件和相同的装载量的情况下进行了三次试验过程。利用 KF 测得的 RM 值在 MD 转变为 SD 后以±1%改变，约 21h 后减少为±0.5%。三次试验过程 dW 值都在 SD 阶段开始后以±0.5%改变，在 21h 后小于 0.05%。上下曲线表明，到达最终温度后，进一步的干燥不可能再降低 RM 的值 0.5%。根据 dW 也可得到相同的信息：在 21h 后水的解吸可忽略，由于其小于 0.02%/h。此产品在所选的工艺条件下，用 KF 法测得 1.5%的水分在此温度下及可接受的时间内不能用解吸法除去。

表 4-2　利用四种不同方法测得的不同疫苗的残余水分的含量（RM）

检测方法	疫苗的 RM(%)及其标准偏差			
	风疹病毒	腮腺炎病毒	风疹和腮腺炎病毒	麻疹、腮腺炎和风疹病毒
重量分析法①	0.42±0.18	1.10±0.40	0.41±0.26	0.18±0.14
Karl Fischer 法②	1.03±0.14	1.54±0.20	0.72+/−0.16	0.80±0.14
TG-曲线法②	1.26±0.16	1.54+/−0.15	0.76±0.12	0.76±0.11
TG-保持在 60℃②	1.17±0.20	1.53±0.17	0.74±0.13	0.70±0.08

① 5～12 测定的平均值。

② 平均值。

注：TG-曲线法：利用给定温度过程的热重分析曲线。

　　TG-保持在 60℃：利用恒定的温度 60℃（摘自文献 [19] 表1）。

图 4-52　干燥函数关系图

上面的图：利用 KF 测得的 RM 与干燥时间的函数关系，利用当时封闭的 10 瓶中平均的 RM 值表示。从封闭的 10 瓶中抽取 5～7 瓶，每瓶取出 3～5 个样品进行分析。上图表示的平均值为 15 或更多次测量的平均值。偏差条并不是标准偏差；它们只是表示出了测得的最大值和最小值。

•过程 1，平均 $T_{ice}=-38.56℃$，SA＝0.38℃。（＋）过程 2，平均 $T_{ice}=-38.59℃$，SA＝0.36℃。

[所有试验过程的平均 $T_{ice}=-38.58$，SA＝0.02℃]

▲过程 3，平均 $T_{ice}=-38.52℃$，SA＝0.39℃，三次试验过程的工艺参数均为：冷冻速率约为 0.9℃/min，

最终温度-50℃，d＝10mm，$T_{sh,MD}=0℃$，$p_c＝8Pa$，$T_{sh,SD}=40℃$。

下面的图：在第二阶段干燥过程由 DR 测量计算出的 dW 与干燥时间的函数关系。

•三次试验过程的平均 dW；偏差条，计算得到的 dW 的最小值和最大值。

4.5.2　冻干产品的质量及其变化

假设冻干本身是在最优条件下进行的，而且在冻干过程结束时产品达到了预期的质量，冻干产品在存储过程，其质量变化至少受三个因素的影响：残余水分，存储温度及混合在包装袋里的气体。与其中一种因素有关的或在更多情况下与三种因素都有关的变化可分成以下四种情况：

① 在与水分子的重组过程发生的变化和/或溶解性；

② 干燥产品的化学反应；

③ 产品生物-医学活性的恶化；

④ 产品物理结构的变化，例如：由非晶形转变为部分或全部晶体结构的形式。

通常发生的变化可由这几种变化中的某几种解释。下面给出了几个典型例子。

Liu 和 Langer[23] 证明 BSA，卵清蛋白、葡萄糖、氧化酶和 β-乳球蛋白在 37℃时溶解性迅速减小，并且如果在已干产品中加入了 30%（质量分数）生理盐水缓冲液，则在 24h 内 97% 的产品将变为非溶解性的。由于水分而引起的聚集归因于分子间的 S—S 键。对于给定的白蛋白，如果 RM 为最优值则可减少聚集。

Zhang 等人[24] 研究了在 keratonocyte 增长因子（KGF）重组过程重组介质对形成聚集的影响。若干添加剂可使聚集明显地减小，调节重组介质离子的强度发现也有类似的作用。优化重组条件可增加蛋白质可溶性的恢复；对于 KGF，蛋白质溶解性的恢复与本身的、单节显性的组成有关。此外，Zhang 等人[25] 还发现当用纯水重组时，白细胞素-2（Ⅰ）和核

糖核酸酶（Ⅱ）在+45℃的温度下存储时聚集相当大。如果在重组水中加入肝磷脂或磷酸盐可明显减少聚集的长度。Shalaev 等人[26] 研究了在 RM＜0.1％时，非晶形蔗糖对葡萄糖和果糖酸性催化转化作用。即使 RH＝0.1％，在 50℃冻干蔗糖时，例如带有柠檬酸，也得经受酸性催化转化。作者得出的结论是冻干带有蔗糖的酸性物质即使是 RM 很低也会产生能够进一步和其他成分起反应的物质。

Yoshika 等人[27] 利用^{17}O NMR 光谱学研究了在存储过程中 β-牛乳糖间的反应和水的迁移率有关。水分的增加也使自旋-晶格弛缓时间 T_1 增加，相互之间的反应与 T_1 的关系比 pH 值的关系还要紧密。设想可能是水的增加使酶周围的水的迁移增加，从而使酶的反应增加。带有少量水的冻干样品，也表现出比根据 pH 值和水的迁移率估计的还要快的反应速度，这可能是由冻干时所用的添加剂盐引起的。Yoshika 等人[28] 也使用了 NMR 光谱学，但用的是^{1}H 自旋-自旋弛缓时间 T_2。测得 BSA 和 γ-血球素的 T_2 是随水合程度而变化的。冻干的 BSA 和 BGG 如果水分超过大约 0.2％（g/g）蛋白质，则对聚集变得敏感。蛋白质质子的 T_2 在水分较低时就开始增加，且随水分的增加聚集也紧跟着增加。对于冻干的 BGG，在水分＞0.5g/g 蛋白质时蛋白质质子的聚集和 T_2 都将减小。

Vromans 和 Schalks[29] 利用非晶形维库溴铵研究了水敏性药品的稳定性。在制剂中其分解主要取决于水的活度 a_w 而不是水分的多少。赋形剂的玻璃化不仅有低温保护作用，而且起稳定作用。Cleland 等人[30] 发现当蔗糖和蛋白质具有适当的分子比率时，在 40℃可稳定保存人类单克隆抗体重组细胞（ruhMAb HER2）33 个月。360：1 的摩尔比率可成功地稳定蛋白质。这比通常的制剂中所用的等渗浓度低 3～4 倍。Souillac 等人[31] 比较了冻干和物理混合的 h-Dnase、rh-GH 和 rH-IGF-1 和甘露醇、蔗糖、海藻糖和右旋糖苷的熔。对物理混合物，发现熔与蛋白质的百分含量呈线性关系；对冻干的混合物此关系是非线性的。作者得出的结论是在冻干的混合物中蛋白质和碳水混合物之间会直接发生反应。

Hsu 等人[32] 发现已包装的产品也有可能发生分解。设想冻干结束时只具有单分子层的水，且不是均匀分布的，但是在有些位置分子可能连成串。在干燥和存储过程这些水提供最好的保护以防止变性。这点是由基因技术产生的两种产品证明的：太少的水，比单分子层还少，造成 tPA 和高铁血红蛋白在物理上的不稳定，然而较高含量的水却导致存储过程生物上的不稳定。

To 和 Flink[33] 以及 van Scoik 和 Carstensen[34] 阐述了四种变化的例子：依 To 和 Flink 的观点，非晶形到晶体的转变或者是因为存储温度 $T(T＞T_c)$ 太高，或者是因为吸收了水。（注：较多的水增加了非晶形固体的流动性，促进了晶体的成核和增长）。

Van Scoik 和 Carstensen 交流了他们关于蔗糖晶体成核和增长的经验。讨论了温度和残余水分这两个成核参数，建议用添加剂可停止、延缓或加速成核。用来清洗装有小瓶的干燥室的气体和加入产品的包装袋里的气体的影响尚且不清楚。只是氧气在多数情况下被排除。Spiess[35] 建议用干空气存储花椰菜和蓝莓，然而胡萝卜和辣椒粉应该存储在氧气含量＜0.1mgO$_2$/g 干物质的气体中。对于药品，病毒或细菌，无法给出普遍的建议，由于 CPA、添加剂的结构、缓冲剂的影响都应考虑。

所有气体的纯度也应该做详细说明，由于一定量的杂质对存储特性有可能起决定性的作用，例如从瓶塞中解吸出的气体。Greiff 和 Rightsel[36] 证明流行性感冒病毒在没有 CPA 的情况下当 RM 为 1.6％时在氮中的传染性保持得非常好。如果使用通常的存储温度，在氮中，传染性减小大约 10 倍，在氧气中减小 20 多倍。Corveleyn 和 Remon[37] 冻干了两种不同的包含

25mg二氢氯噻的药片制剂。药品用PVC/铝塑包装、聚偏二氯乙烯（PVDC）/铝塑包装、带干燥剂的密闭容器和非密闭容器在60℃以三种RH，45、60和85%存储。一个月后，除了包装在PVDC/铝塑包装中的药片以外，其余药RM都由2.7%增加到6.8%。水分为7.2%的制剂崩塌。PVDC/铝塑包装中药片的水分的增加或减少非常慢。用于包装冻干药片的材料没有一种能阻止水分的吸收和结构的崩塌。

4.6 冻干产品的贮藏与复水

4.6.1 真空或充气包装

已干燥产品是一种疏松的多孔物质，有很大的内表面积。如果暴露于空气之中，就会吸收空气中的水分而潮解，增加产品的残余水分含量。其次，空气中的氧、二氧化碳与产品接触，一些活性基团就会很快与氧结合产生不可逆的氧化作用。此外，空气中如含有杂菌，还会污染产品。因此，在产品干燥后，最好能直接在真空箱内密封，使之不与外界空气接触。现在比较先进的冻干机都具有这种功能。因此，冻干产品的贮藏应该从第二阶段干燥结束以后开始。

图 4-53　血浆的解吸等温线

（摘自文献［38］图9）

由解吸等温线可知，在平衡条件下，产品中吸附水分的量在给定温度下是水蒸气压力的函数，如图4-53所示。在给定温度下，在很短的时间内可近似认为是平衡状态，在第二阶段的工作压力应该小于平衡蒸气压，例如，当温度为+40℃，预期残余水分小于1%时，p_{ch}应该为几帕。如果产品（血浆）的温度只有+20℃，则工作压力应该比1Pa还小。通常情况，延长干燥时间不能降低残余含水量——只有升高温度才能降低残余含水量。要想得到较低的含水量，吸湿性的产品应防止在干燥室中再次吸入已被干燥除去的水分。如果使用小瓶，应在干燥室中密封。如果是散装的物料或食品，干燥后应该往干燥室中充入干燥空气或惰性气体。在+20℃，相对湿度为70%时，空气中的水分约为1.3×10^{-2}g H_2O/L。往体积为200L的干燥室充入该气体时，将引入2.6g的水蒸气。如果干燥室中有300个小瓶，每个小瓶装有固体含量为10%的1cm³的物料，则残余含水量将增加约9%。如果固体含量只有1%，则残余含水量增加到90%。充入气体的露点应该与第二阶段的最终压力相对应，例如，最终压力为2Pa，气体的露点应为-55℃，最小应为-50℃。

因此，冻干产品应在二次干燥结束后采用真空或充氮气包装，包装材料的渗透性差，贮藏运输过程应避光。

4.6.2 冻干产品的复水

理论上，冻干制品复水后能恢复原有的性质和形状。实际上要让冻干后的产品完全恢复原有的特性，不仅受冷冻干燥过程影响，复水条件也是很重要的，比如复水液，复水速率，复水温度，复水率等都会影响复水后制品的特性。如人红细胞、角膜等在冻干过程中，大部分水分都被除去，要恢复其基本生理功能，必须进行复水，为细胞创造一个与体内细胞生存环境基本相符的条件。牛肉，方便米饭，牡蛎、海参等冻干的食品在食用的时候应复水恢复其原有的形状，色泽及口感等。咖啡、青霉素等药品在使用的时候应能速溶。不同的物料复水条件和过程都不一样，通常用实验的方法确定。

参 考 文 献

[1] 彭润玲．几种生物材料冻干过程传热传质特性的研究 [D]．沈阳：东北大学，2008，3．

[2] Hsu C C, Walsh A J, Nguyen H M. , et al. Design and application of a low -temperature Peltier-cooling microscope stage. J. Pharm. Sci. 1996，85：70- 71.

[3] Willemer H. Comparison between measurements of electruical resistance and cryomicriscope vizualization of pharmaceutical products to be freeze-dried. ISL-FD, Lyophilization Conference, Amsterdam, 2002, 10.

[4] Nunner B. Gerichtete Erstarrung wassriger Losungen and Zellsuspensionen. Dissertation, Rheinisch-Westfalische Technische hochschule Aachen, 1993.

[5] Cosman M D, Toner M, Kandel J, et al. An integrated cryomicroscopy system. Cryo-Letter, 1989, 10: 17-38.

[6] Dawson P J, Hockley D J. Scanning electron microscopy (SEM) of freeze-dried preparations: relationship of morphology to freeze-drying parameters. In Developments in Biological Standardization, 1992, 74: 185-192.

[7] Gatlin L A. Kinetics of a phase transition in a frozen solution. In Developments in Biological Standardization, 1992, 74: 93-104.

[8] DeLuca P P. Phase transitions in frozen antibiotic solutions, pp. 87-92. International Institute of Refrigeration (IIR) (Comm. C1, Tokyo), 1985.

[9] Takeda T. Crystallization and subsequent freeze-drying of cephalothin sodium by seeding method. Yakugaku Zasshi, 109: 395-401. 1989.

[10] Roos Y K M. Thermal history and properties of frozen carbohydrate Solution. International Institute of Refrigeration (ⅡR) (XVⅢ Congress, Montreal), 1991: 350.

[11] Nagashima N, Suzuki E. Freezeing curve by broad-line pulsed NMR and freeze-drying, International Institute of Refrigeration (IIR) (Comm. C1, Tokyo), 1985: 65-70.

[12] Hatley R H M. The effective use of differential scanning calorimetry in the optimization of freeze-drying processes and formulation. In Development in Biotogical Standardization, 1992: 105-122.

[13] Carrington A K, Sahagian M E, Coff H D, et al. Ice crystallization temperatures of sugar/polyasaccharide solutions and their relationship to thermal events during warming. Cryo-Letters, 1994, 15: 235-244.

[14] Willismd N A, Gugliemo J. Thermal mechanical analysis of frozen solutions of mannitol and some related stereoisomeres : evidence of expansion during warming and correlation with vial breakage during lyophilization. PDA J. Parenteral Sic. Technol. 1993，47：119-123.

[15] Morris K R, Evans S A, Mackenzie A P, et al. Prediction of lyphile collapse temperatures by dielectric analysis. PDA J. Pharm. Sic. Technol. 1994，48：318-329.

[16] Smith G, Duffy A P, Shen J, et al. Dielectrc relaxation spectroscopy and some applications in the pharmaceutical science. J. Pharm. Sic. 1995，84：1029-1044.

[17] Cavatur R K, Suryanarayanan R. Characterization of frozen aqueous solutions by low temperature X-ray powder diffractometry. Pharm. Res. 1998，15：194-199.

[18] Sane S, Mulkerrin M, Hsu Ch. Raman spectroscopic characterization of drying-induced structural changes in proteins: correlating the structural change with long-term stability. Book of Abstracts, 219th ACS National Meeting, San Francisco, March 26-30, 2000, BIOT _ 380. American Chemical Society. Washington, DC, 2000.

[19] May J C, Wheeler R M, Etz N, et al. Measurement of final container residual moisture in freeze-dried biological products. In Developments in Biological Standardization, 1992, 74: 153-164.

[20] Wekx J P H, De Klejin J P. The determination of water in freeze-dried pharmaceutical products by performing the Karl Fischer titration in the glass container itself. Drug Dev. Ind. Pharm. 1990, 16: 1465-1472.

[21] May J C, Rey L, Del Grosso A, et al. TG, TG/MS: Applications to determination of residual moisture in pertussis vaccine and other freeze-dried biological products. In Proc. NATAS Annu. Conf. Thermal Anal. Appl. , 2000, 28: 67-74.

[22] Lin T P, Hsu Ch C. Determination of residual moisture in lyophilized protein pharmaceuticals using a rapid and non-invasive method: near-infrared spectroscopy. PDA J. Pharm. Sic. Techonl. 2002, 56: 196-205.

[23] Liu W R, Langer R. Moisture induced aggregation of lyophilized proteins in the solid state. Biotechnol. Bioeng. 1991, 37: 177-184.

[24] Zhang M Z, Wen J, Arakewa T, et al. A new strategy for enhancing the stability of lyophilized protein: the effect of the reconstitution medium on the keratinocyte growth factor. Pharm. Res. 1995, 12: 1447-1452.

[25] Zhang M Z, Pikal K, Nguyen T, et al. The effect of reconstitution medium on the aggregation of lyophilized recombinant interleulin-2 and ribonuclease A. Pharm. Res. 1996, 13: 643-646.

[26] Shalaev E Y, Lu Q, Shalaeva M, et al. Acid-catalyzed inversion of sucrose in the amorphous state at very low levels of residual water. Pharm. Res. 2000, 17: 366-370.

[27] Yoshika S, Aso Y, Izuutsu K, et al. Stability of beta-galactosidase, a model protein drug, is related to water mobility as measured by oxygen-17 nuclaer magnetic resonance (NMR). Pharm. Res. 1993, 10: 103-108.

[28] Yoshika S, Asu Y, Kojima Sh. Determination of molecular mobility of lyophilized bovine serum albumin and gamma-globulin by solid-state 1H NMR and relation to aggregation-susceptibility. Pharm. Res. 1996, 13: 926-930.

[29] Vromans H, Schalks E J M. Comparative and predictive evaluation of the stability different freeze dried formulations containing an amorphous, moisture-sensitive ingredient. Drug Dev. Ind. Pharm. 1994, 20: 757-768.

[30] Cleland J L, Lam X, Kendrick B, et al. A specific molar ratio of stabilizer to protein is required for storage stability of a lyophilized monoclonal antibody. J. Pharm. Sic. 2001, 90: 310-321.

[31] Souillac P O, Costantino H R, Middaugh C R, et al. Investigation of protein/carbohydrate interactions in the dried state. 1. Calorimetric studies. J. Pharm. Sic. 2002, 91: 206-216.

[32] Hsu C C, Ward C A, Pearlman R, et al. Determining the optimum residual moisture in lyophilized protein pharmaceuticals. In Developments in Biological Standardization, 1992, 74: 255-271.

[33] To E C, Flink J M. collapse, a structural transition in freeze-dried carbohydrates. J. Food Technol. 1978, 13: 583-594.

[34] van Scoik K G, Garstensen J T. Nucleation phenomena in amorphous sucrose systems. Int. J. Phram. 1990, 58: 185-196.

[35] Spiess K. Verfahrensgrundlagen der Trocknung bei niedrigen Temperaturen. VDI-Bildungswerk BW, 1974, 2229: 5.

[36] Greiff D, Rightsel W A. Stabilities of dried suspensions of influenza virus sealed in vacuum or under different gases. Appl. Microbiol. 1969, 17: 830-835.

[37] Corveleyn S, Remon J P. Stability of freeze-dried tablets at different relative humidities. Drug Dev. Ind. Pharm. 1999, 25: 1005-1013.

[38] Willemer H. Measurements of temperature, ice evaporation rates and residual moisture content in freeze-drying. In Developments in Biological Standardization, 1992, 74: 123-136.

5

生物制品和生物组织冻干技术

5.1 概述

真空冷冻干燥制品在升华干燥过程中，其物理结构不变，化学结构变化也很小，制品仍然保持原有的固体结构和形态，在升华干燥过程中，固体冰晶升华成水蒸气后在制品中留下孔隙，形成特有的海绵状多孔性结构，具有理想的速溶性和近乎完全的复水性，冷冻真空干燥过程在极低的温度和高真空的条件下进行的干燥加工，生物材料的热变性小，可以最大限度地保证材料的生物活性。制品在升华过程中温度保持在较低温度状态下（一般低于−25℃），因而对于那些不耐热者，诸如酶、抗生素、激素、核酸、血液和免疫制品等热敏性生物制品和生物组织的干燥尤为适宜。干燥的结果能排出97%～99%以上的水分，有利于生物物质的长期保存。物质干燥过程是在真空条件下进行的，故不易氧化[1]。实践证明，由于部分生物制品有特殊的化学、物理、生物不稳定性，冻干技术用于对它们的加工非常适合。

生物制品（如疫苗、菌种、病毒等）和生物组织（人体、动物体的器官等）的冻干与其他物品冻干工艺不同之处在于，它们在冻干过程中除了要达到一般物品冻干的指标要求外，在冻干过程中还要求不染菌、不变性，保留其生命力，保持生命活性，所以它们是所有冻干物品中工艺要求最为严格的。

疫苗、菌种、病毒等生物制品冻干后一般要制成注射剂，因此，总是先配成液态制剂，经冻干后封存，使用时加水还原成液态，供注射用[2]。冻干生物制品注射剂是直接注射到人、畜血液循环系统中的。药剂若有污染，轻者造成感染，重者危及生命。因此，生产的各个环节都要特别注意消毒灭菌，保证产品的"无菌"要求。因此要对包括从盛装容器（安瓿、瓶塞等）到分装机、冻干箱、操作环境等所有可能与制品接触者进行灭菌消毒。

对生物组织的低温冷冻，可能引起细胞损伤，造成细胞损害的主要因素是冷冻引起的细胞内脱水，其次是机械性挤压作用。显微镜下观察红细胞在盐水和水溶液内冷冻时，可见到透明的网状冰结晶内有暗红色的红细胞聚积物。冰结晶开始呈网状，然后形成管状，最后形成一大片冰结晶。这样，细胞就可能被冰结晶挤压而受损伤。将细胞组织在冷冻过程中所受损害减低到最低限度，使细胞处于"生机暂停状态"主要的方法是应用冷冻保护剂、控制冷却速度和复温速度，以提高细胞在低温保存后的活力。

除人血浆等少数含干物质多的原料可以直接冻干外，大多数生物制品在冻干时都需要添加某种物质，制成混合液后才能进行冻干。这种物质在干燥后起支撑作用，在冻干过程中起保护作用，因此称为保护剂。有时也称填充剂、赋形剂、缓冲剂等。

　　冷冻保护剂能防止冰结晶对细胞的损害，可能是冷冻保护剂使最低共熔点降低，从而减轻或避免冷却或复温过程中冰结晶对细胞的损伤。冷冻保护剂依据其能否通过细胞膜而分为穿透性保护剂与非穿透性保护剂。穿透性保护剂，如二甲基亚砜（DMSO）的作用是：①使细胞外液溶质浓度降低，冷却时细胞摄取溶质量减少，为 DMSO 所取代；②DMSO 进入细胞内，改变细胞内的过冷状态，使细胞内蒸发压接近细胞外，从而减轻细胞内脱水和细胞皱缩的速度与程度；③减少进入细胞内的阳离子量；④由于 DMSO 容易进出细胞，在复温时很少发生渗透性细胞肿胀。此外，业已证实 DMSO 是经皮肤真皮层断面穿透至皮肤内部，尤以在 4℃下 5～15min 穿透量最多。非穿透性保护剂，如羟乙基淀粉由于不能穿透细胞膜，仅使细胞外环境保持过冷状态，在特定温度下减低细胞外溶质浓度，延缓细胞破裂；或者在冷却前使细胞内脱水，减轻细胞内结晶[3]。冻干人用生物制品活菌菌苗、冻干活毒以及冻干其他生物制品通常所用的保护剂依次见表 5-1～表 5-3。

表 5-1　冻干活菌菌苗保护剂[4]

冻干制品	保护剂	冻干制品	保护剂
卡介苗	(1)味精 1.5%，明胶 0.5% (2)明胶 1%，蔗糖 8% (3)味精 1%，明胶 1%，蔗糖 8%	布氏菌苗	蔗糖 10%，明胶 1%，硫脲 1%
		口服痢疾活菌苗	蔗糖 5%，明胶 1%，味精 1%，硫脲 1%，尿素 0.25%
		流脑菌苗	乳糖 5%

表 5-2　冻干活毒用保护剂

冻干制品	保护剂	冻干制品	保护剂
流感(活)疫苗	蔗糖 4%～6%	减毒活风疹疫苗	(1)明胶水解物 5%，蔗糖 4%，精氨酸 2.5%
乙型脑炎疫苗	谷氨酸钠 0.3%，牛血清蛋白 0.11%		(2)精氨酸 3%，蔗糖 5%，明胶 0.2%，谷氨酸钠 0.1%
减毒麻疹活疫苗	乳糖 5%，谷氨酸钾 0.048%，人血清蛋白 0.2%		

表 5-3　冻干某些生物制品用保护剂

冻干制品	保护剂
乙型肝炎表面抗原诊断血球	蔗糖 10%，硫柳汞 0.01%，健康马血清 0.5%，健康兔血清 0.5%
结核菌素	明胶 1%，乳糖 5%
人白细胞干扰素	1%～2%人血白蛋白，2%甘氨酸
三磷酸腺苷(APT)/支	精氨酸 6mg
胸腺肽	0.2%胸腺肽加 3.8%甘氨酸，0.2%明胶

5.2　菌种和疫苗的冻干

　　在众多的菌种保藏方法中，冷冻真空干燥法所提供的低温、真空条件，可使所保藏的菌种保藏更长的时间。例如，王永成等人[5]对布氏菌株的冻干进行了研究，将冻干保存了14～19 年的 11 株布氏菌株接种、培养后，对其进行观察，全部存活。另有报道称冻干保存鼠疫菌 25 年。

而且在冻干菌株被使用时,只需提供水分使之复水即可再生,方便实际应用。冻干菌株保藏效果也较其他方法优越。

5.2.1 醋酸菌菌种冻干

邵伟等人[6]研究了醋酸菌菌种的冻干。将30℃培养2~3天的醋酸菌斜面,分别用3mL的5%、10%和20%的无菌脱脂牛奶洗下,制成菌悬液,充分混匀,用无菌吸管加入无菌安瓿管中。并将它们分2组分别置于-30℃或-60℃预冻2h,然后取出进行冷冻干燥。

冷冻干燥机接通电源后,在温度降至-40℃时,放入装有菌体的安瓿管,开启真空泵,冻干机经过3~5min温度降至-55℃,待真空表读数稳定不变后,保持4~8h,然后,将安瓿管封口保存。将经不同方式处理的醋酸菌保藏种置于4~10℃保藏一年后取出,用无菌生理盐水溶解制成菌悬液,稀释成不同浓度,再分别涂布于3个培养皿,培养72h观察计数,取其平均值。预冻温度对冻干菌的影响见图5-1。

图5-1 不同预冻温度对冻干菌的影响

图5-1表明,从细胞存活数的计数统计来看,-60℃预冻的效果相对要好。这是因为菌悬液在-30℃预冻时,其温度已降到冰点以下,但结冰不够坚实,真空干燥时易使菌悬液沸腾,菌体细胞受损失较多。而在-60℃预冻时,结冰速率大且坚实,细胞损伤较少。

图5-2是-60℃预冻并冻干的醋酸杆菌,经不同保藏方式,在不同保藏时间后的活菌数比较。

图5-2 醋酸杆菌在不同保藏方式下保藏效果比较

图 5-2 表明，醋酸菌在一年的保藏期内，冻干保藏的菌种其产酸能力下降较少，基本能保持稳定，而斜面保藏和液体保藏的菌种其产酸能力下降梯度大。可见，用冷冻干燥法保藏的醋酸菌在保持产酸能力方面有明显的优势。

5.2.2   乳酸菌菌种冻干

能从葡萄糖或乳糖的发酵过程中产生乳酸的细菌统称为乳酸菌，共有 200 多种。目前已被国内外生物学家所证实，肠内乳酸菌与健康长寿有着非常密切的直接关系。乳酸菌种在酸奶生产中是非常关键的物质，可以利用乳酸菌提高酿造和发酵食品的风味。乳酸菌冻干是将菌种速冻，然后在真空条件下升华，可以保持菌种的稳定结构和营养。冻干后，菌种酶化作用减弱，生物活性不变，常温下可贮存 3～5 年。加水后极易复原，复水率达 90% 以上。冷冻真空干燥乳酸菌发酵剂，具有活力强、用量少、污染低、品种多、方便储运等特点，已在欧美等发达国家得到广泛应用。

影响乳酸菌冻干效果的因素包括菌株、细胞大小形状、初始细胞浓度、降温速率、pH值、保护剂、预冻温度、干燥条件、复水条件等，其中冻干保护剂系统的影响较突出。研究表明，乳酸菌冻干前加入适当的保护剂，可影响乳酸菌在冻干过程中的细胞存活率和保藏期间的细胞稳定性。乳酸菌冻干保护剂的保护效果与其化学结构有着密切的关系，其特征是具备三个以上的氢键，而且具有以适当方式存在的游离基团。

5.2.2.1   预冻方式对乳酸菌菌种冻干的影响

朱东升[7] 研究了预冻方式对冻干乳酸菌菌种活菌数的影响。实验中分别研究了嗜酸乳杆菌、保加利亚乳杆菌和嗜热链球菌采用慢冻和液氮快冻后，冻干菌种活菌数与预冻方式的关系。具体实验方案为：将菌悬液盛入冷冻平皿中，将其先置 4℃ 冰箱平衡 30min 后，移入 −30℃ 冰箱 60min，然后置 −80℃ 冰箱 60min，进行普通预冻，再在冷冻真空干燥机上冷冻干燥 12h，密封保存于 4℃ 冰箱中。其余菌悬液先置于冰箱保存 30min 后，用 5mL、1mL、200μL、100μL 枪头滴定于盛有液氮的冷冻平皿中 10min，再在冷冻真空干燥机上冷冻干燥 12h，密封保存于 4℃ 冰箱中。实验设计冷冻真空干燥条件为：冻干室温度为 −60～70℃，压力为 6mPa。

研究结果表明，三种菌种用液氮快冻都比普通慢冻存活率高，如图 5-3 所示。分析原因

图 5-3   不同预冻条件对嗜酸乳杆菌存活率的影响

(a) 普通预冻；(b) 用 5mL 枪头滴定后液氮预冻；(c) 用 1mL 枪头滴定后液氮预冻；
(d) 用 200μL 枪头滴定后液氮预冻；(e) 用 100μL 枪头滴定后液氮预冻

为，液氮预冻的速度比普通预冻的速度快很多，这样可以使细胞内部的水渗出到细胞外面，而水在细胞内部凝结正是细胞死亡的致命原因。此外，同样是用液氮快冻，菌种液滴大小不同，其活菌数也不同，液滴小者活菌数高。当一定体积的菌液，由不同大小的液滴进行滴定，随总表面积增大，其存活率也增大。因为单位体积的菌液，其总表面积增大以后，水分的渗出速度也加快，所以存活率可以提高。

5.2.2.2　冷冻干燥保护剂对乳杆菌冻干的影响

刘丹等[8] 研究了瑞士乳杆菌的冻干。将经过脱脂乳活化、培养基扩培并离心收集的瑞士乳杆菌菌泥与配制好的保护剂按 1∶1 的比例混合，确定冻干前的活菌数后，注入冻干管中。冻干管在 −75℃ 预冻 2h，然后在 60～120Pa 下冷冻干燥 32h，干燥后取出在 4℃ 下保藏。用无菌生理盐水使冻干菌复水，确定冻干后活菌数，计算活菌率。实验研究中分别使用了单一保护剂和复合保护剂，实验结果列于表 5-4 和表 5-5。

表 5-4　单一保护剂对瑞士乳杆菌冻干存活率的影响

冻干保护剂	添加量/%	冷冻干燥前活菌数 /(×10^{10}CFU/mL)	冷冻干燥后活菌数 /(×10^{10}CFU/mL)	存活率/%
蒸馏水	0	160	2	1.2
蔗糖	5	160	16	10.0
蔗糖	10	160	25	15.6
蔗糖	20	160	20	12.5
乳糖	5	160	14	8.7
乳糖	10	160	30	18.7
乳糖	20	160	21	13.1
异麦芽糖浆	5	160	27	16.9
海藻糖	10	160	78	48.7
谷氨酸钠	5	160	47	29.4
大豆蛋白胨	10	160	37	23.1
脱脂奶粉	10	160	52	32.5
甘油	1	160	15	9.4
维生素 C	0.02	60	17	10.6

表 5-4 的数据表明，与对照组相比，加入保护剂后乳酸菌的存活率均有不同程度的提高，可见所选保护剂对乳酸菌都有一定的保护作用。其中以海藻糖的效果最为显著。与其他糖类相比，海藻糖的玻璃化相变温度高，更容易以玻璃态存在，对生物材料的稳定有很重要的意义。另外，生物体中的大分子均处于一层水膜包围保护中，这层水膜是维持其结构和功能必不可少的物质。干燥时水膜被除去，可导致这些大分子物质发生不可逆转的变化。若有海藻糖做保护剂，海藻糖可在生物分子的失水部位与这些分子形成氢键，使其在缺水条件下仍能保持其原有结构，保持活性。表 5-5 中的数据表明，与单一保护剂相比，使用复合保护剂冻干乳酸菌存活率更高。实验数据还表明，保护剂中海藻糖的在 10.4% 左右时效果更好，海藻糖浓度过高可能会抑制菌的生长。经过优化，最佳的复合保护剂配比为 10.4% 海藻糖、11.2% 脱脂乳和 4% 谷氨酸钠。

表 5-5   复合保护剂对瑞士乳杆菌存活率的影响

实验号	海藻糖/%	谷氨酸钠/%	脱脂乳/%	存活率/%
1	8.000	4.400	9.600	67.4
2	8.800	5.200	12.00	71.2
3	9.600	6.000	8.800	76.5
4	10.40	4.000	11.20	86.7
5	11.20	4.800	8.000	74.4
6	12.00	5.600	10.40	66.0

5.2.3　冰核菌种冻干

20 世纪 90 年代初，朱红等[9] 发表了冰核菌种冻干的研究。冰核细菌大量附生于植物表面，并在 $-2 \sim -5℃$ 以下具有很强的冰核作用，在人工降雨降雪、人工制冰和生物免疫学检测方法中有很高的应用价值。朱红等人对冰核菌种的 5 种保存方法进行了比较研究。其中 IHM4 菌株的实验结果列于表 5-6。

表 5-6　各种保存方法保存 3 年后 IHM4 菌种存活力和冰核活性比较

保存方法	保存温度/℃					
	−20			4		
	存活力	冰核活性（−3℃）		存活力	冰核活性（−3℃）	
		5×10^8（细菌 mL^{-1}）	5×10^6（细菌 mL^{-1}）		5×10^8（细菌 mL^{-1}）	5×10^6（细菌 mL^{-1}）
冷冻干燥	+++	++++	++++	++	++++	++++
10%甘油保存	+	++++	+	−	−	−
灭菌水保存	+++	++++	+++	+++	++++	+
石蜡油覆盖	−	−	+	−	++++	+
NAG 斜面保存	−	−	−	+	++++	+

表 5-6 数据表明，对于 IHM4 冰核菌种，考虑存活力和冰核活力两个因素，冷冻干燥保存与灭菌水保存效果相当。但冻干后更方便储运，而灭菌水保存更为经济。该项研究没有给出具体的冻干工艺参数。

5.2.4　鼠疫菌种冻干

为长期有效保存鼠疫菌种，使其不失原有的生物学特性，郑星铭等[10] 早在 1997 年就进行了鼠疫菌种的冻干研究，给出冻干工艺。活化的菌种接种于溶血赫氏琼脂斜面，28℃培养 40h。将培养后的菌种研磨分散于 1.5mL 灭菌脱脂牛乳中，再分装在 10 支安瓿中，每支约 0.2mL、$3 \sim 4mm$ 高。为确保鼠疫菌种不被抽出，防止污染环境，每支安瓿的管口用灭菌脱脂棉松塞。将安瓿竖立在专用铝盒内，送入已经降温至 −30℃ 的冻干箱内预冻。预冻 1h 后，继续降温 2h 后达 −55℃。开启真空泵，升华干燥。干燥后加热升温至 30℃，维持 $4 \sim 6h$。工艺曲线见图 5-4。菌种冻干后，放入带有吸湿剂的干燥罐内，抽真空后封口保存。郑星铭的研究报告中强调，冻结温度要低于牛乳的共晶点 （−16℃）$5 \sim 10℃$，保证冻实。降温速率为 $10 \sim 15℃/h$。第一干燥阶段除去 90% 以上的水分。第二干燥阶段除去结合水，温度相对要高，但不可高于 30℃，以免影响制品的稳定性和活性。

图 5-4　鼠疫菌种冻干工艺曲线

5.2.5　麻疹减毒疫苗冻干

　　麻疹病毒在液态下不稳定。多年的研究表明，麻疹病毒加入保护剂冻干后，稳定性明显改善。徐斌等[11]通过正交实验研究了麻疹减毒活疫苗的冻干工艺。首先用电阻法测定麻疹减毒活疫苗的共晶点温度为-26℃。设计的正交实验因素水平见表5-7。

表 5-7　麻疹病毒冻干正交实验因素水平表

因　素	水　平	
	1	2
A(预冻过程1)	5～-25℃、0.5h	5～-30℃、1h
B(预冻过程2)	-25～-40℃、1/60h	-30～-40℃、0.5h
C(预冻过程3)	-40℃、2.5h	-40℃、3h
D(升华干燥过程1)	-40～-20℃、1.5h、(0.16±0.02)mbar	-40～10℃、1.5h、(0.18±0.02)mbar
E(升华干燥过程2)	-20℃、8h、(0.16±0.02)mbar	10℃、6h、(0.18±0.02)mbar
F(升华干燥过程3)	-20～30℃、5h、(0.16±0.02)mbar	10～30℃、2h、(0.18±0.02)mbar
G(解析干燥过程)	30℃、4h、0.015mbar	30℃、6h、0.005mbar

　　注：升华干燥 E_2 过程，制品的温度始终控制在31℃以下。

　　实验研究中每次分装1800支、0.6mL/支麻疹减毒活疫苗进行冻干实验，然后对冻干制品进行水分、滴度、热稳定性检测，并计算干损率。实验研究的结果表明，优化的麻疹减毒活疫苗冻干工艺参数列于表5-8。以优化的麻疹减毒活疫苗冻干工艺冻干的制品成型良好，干损率平均为1.36%，稳定性好，残余水分在1.62%～1.67%之间。优化的麻疹减毒活疫苗冻干工艺适合麻疹疫苗大规模生产。

表 5-8　麻疹减毒活疫苗的优化冻干工艺参数

冻干过程工艺参数	阶段	真空度/mbar	温度/℃	时间/h	温变速率/(℃/min)
预冻	1		5～-25	0.5	
	2		-25～-40	2.5	>1
	3		-40	3	

续表

冻干过程工艺参数	阶段	真空度/mbar	温度/℃	时间/h	温变速率/(℃/min)
升华干燥	1	0.16	−40～−20	1.5	
	2		−20	8	
	3		−20～30	5	
解析干燥		0.005	30	6	

5.2.6　猪丹毒疫苗冻干

猪丹毒疫苗主要用于生猪生产中防疫。早在 20 世纪 50 年代，就有兽医药企业对猪丹毒疫苗的冻干进行了生产试验，给出了冻干工艺。之后又不断对猪丹毒疫苗的冻干工艺进行改进。南京兽医生物药品厂在 70 年代给出的冻干工艺为：−35℃开始升华，1.5h 升至 35℃保持 14.5h，20mL 瓶装 7.5mL，干后菌存活率高达 89.8%。制品共融点在 −12℃左右，升华干燥 7h 后结束，疫苗温度约 −12℃。苗内大部分水分在 −10℃以下排除。14h 后苗温和箱温接近一致，冻干曲线如图 5-5 所示。升华干燥期间，苗温与箱温有很大温差（约 55℃），是制品在低温升华过程中排除大量的汽化热所致。解析干燥期间，供热主要用于排除菌苗中所含的少量水分，这一阶段供应相当多的热量，仅能排除有限的水分，是因为细胞内水分比细胞间的水分较难排除。研究表明，供热速度和温度的适应比装量多少、升华时间的长短具有更重要的意义。

图 5-5　猪丹毒疫苗冻干曲线

5.2.7　猫泛白细胞减少症疫苗和"犬四联"弱毒疫苗冻干

猫泛白细胞减少症是猫细小病毒引起的猫的一种急性、致死性传染病，乳发病猫死亡率最高，目前尚无特效治疗药物，需靠疫苗预防。李六金等[12]研究了冻干猫泛白细胞减少症弱毒疫苗的冻干工艺。将疫苗按表 5-9 配方配制，经 100℃恒温处理 10min，冷却到 4～8℃，分装 1mL/瓶，然后进行冻干。冻干工艺如图 5-6 所示。

表 5-9　猫瘟疫苗配方

成分	脱脂奶粉	三馏水	蔗糖	山梨醇	明胶	维生素 C	谷氨酸钠	甘草酚钠	两性霉素	K₂HPO₄	KH₂PO₄
含量/%	10	80	5	5	0.2	0.5	0.106	0.2	0.0625	0.1315	0.0448

液后，溶解为均匀淡黄色乳白色新疫苗的溶液后，溶解成均匀淡粉红色液体，稀释后迅速溶解均匀相同。液体注射给试品保存期稳定性良好，冻干前后效度比较冻干前降低约0.5~1.0个数量级，而以降低此数量级。

图 5-6   猫泛白细胞弱毒疫苗冻干工艺曲线

通过上述工艺制备的猫泛白细胞减少症弱毒疫苗产品，为乳白色海绵状疏松团块，易于脱壁，残余含水量为 3.0%~3.2%。加稀释液后迅速溶解，溶解后呈淡粉红色液体。经检测对比，冻干前后配苗毒液效价大致相同。肌肉注射给小白鼠和幼猫进行安全检验，结果被试动物全部键活。

冻干技术也可以用作混合疫苗的制备。李六金等[13] 还研究了"犬四联"弱毒疫苗的冻干。犬四联疫苗的配制按表 5-10 配方完成。

表 5-10   犬四联疫苗四种弱毒培养物的配比

病毒液名称	$TCID_{50}$/mL	HA/0.025mL	配比量/1mL
犬瘟热	$10^{-5.5}$	4	0.4
犬细小	$10^{-6.0}$	512	0.2
犬腺病毒	$10^{-6.0}$	1024	0.2
犬副流感	$10^{-6.0}$	4	0.2

毒液配制好后，与稳定剂按 1:1 比例混合并分装成 2mL/瓶。分装后的疫苗在 LGJ 型医用冷冻干燥机中冻干。

产品进箱后让冻干箱降温慢冻。预冻的最低温度-40℃，到达预定的-40℃后再保持 1.5h。预冻结束减压，并在 30min 左右使真空度达到 10Pa，直至冻干结束为止。当真空度达到 10Pa 之后开始加热。总的冻干时间为 20h。冻干曲线见图 5-7。

图 5-7   犬四联疫苗冻干工艺曲线

冻干后的犬四联疫苗产品呈微黄白色海绵状疏松团块，易与瓶壁脱离。加稀释液后迅速溶解成粉红色澄清液体。经检测，冻干后疫苗效价滴度比冻干前降低约 0.5～1.0 个滴度，属于正常范围。

5.2.8　甲型肝炎减毒活疫苗冻干

液体剂型的甲型肝炎减毒活疫苗在市场上已经应用多年，并取得了较好的免疫保护效果，但疫苗需低温冻结保存，冷链运输。冻干的甲肝减毒疫苗，可方便于储运和使用。李光谱等[14] 研究了甲型肝炎减毒活疫苗的冻干。甲型肝炎病毒 L-A-1 株第 23 代，在人胚肺二倍体细胞 ZBS 株上大量培养后，分别制成纯化苗（经冻融、高速离心、PEG6000 浓缩、氯仿抽提、Sephacryl S-400 柱色谱等提纯，PBS 缓冲液稀释，加适宜保护剂制成冻干疫苗）和未纯化苗（经冻融、超声、过滤等，加适宜保护剂制成冻干疫苗）。疫苗在 ALPHA I-6 冻干机中冻干。－50℃预冻，－50～30℃抽真空干燥 6h，－30～－20℃抽真空干燥 9h，－20～－5℃抽真空干燥 5h，－5～28℃抽真空干燥 10h。

甲型肝炎病毒属小 RNA 病毒，无脂蛋白包膜，一般不耐受冷冻干燥，解决无脂蛋白病毒冷冻干燥的问题需加入冻干保护剂。从实验结果看出，不同保护剂配方对冻干甲型肝炎减毒活疫苗冻干前后的病毒滴度影响较大，以山梨醇、蔗糖、脂肪酸盐（3%山梨醇、2%蔗糖、1%脂肪酸盐）配方为主的保护剂，保护效果最好，冻干前后疫苗病毒滴度下降均在 1.0 以内，放置 37℃ 1 周下降 0.5 以内，符合规程要求。

未纯化疫苗中可能含有各种破坏性的酶（蛋白酶、脂肪酶等），冻干后 37℃放置 1 周可能有一部分酶被激活，对病毒外壳结构和核酸 RNA 有破坏作用，纯化后无酶的影响，热稳定性较好。

5.3　皮肤的冻干

冻干皮肤在医学上的临床应用研究始于 20 世纪 50 年代。动物皮肤的冻干目的是用于对药物经皮肤渗透性的研究。由于透皮吸收给药新型的问世，药物经皮渗透性的研究正成为开发这类新型筛选药物的重要手段，由于大量长时间动物皮的需求，实际应用时常将待用皮放在冰箱里，可保存 1 周左右。时间再长，不但影响药理实验的稳定性，而且皮肤将变质。为增长皮肤保存期，可将动物皮肤冻干保存；人类皮肤冻干的目的是用于再植，为烧伤或外伤皮肤的病人植皮。

5.3.1　大鼠皮肤冻干工艺及药物渗透性实验

东北大学的郑文利博士[15,16] 早在 20 世纪末就进行了大鼠皮肤冻干的实验研究。取活大鼠脱颈处死后，立即用电动去毛刀去其腹部鼠毛，剥离皮肤，除去皮下脂肪层、血管及残留物，用蒸馏水冲洗干净，制成不同尺寸的皮片，再用生理盐水冲洗数次备用。将制备好的大鼠皮放在速率降温仪中，以－5℃/min、－15℃/min 、－30℃/min 三种不同速率降温至－30℃。将三种不同降温速率预冻的大鼠皮，分别放入小型冻干机中抽真空，30min 后压力稳定在 120Pa，不主动加热，连续干燥 34h 后关机，充氮气后取出，用无菌塑料袋封装后，放在干燥器内保存。

将以不同预冻速率冻干的大鼠皮肤，经 10%福尔马林固定，石蜡包埋制片，进行病理切片，切片厚度 $4\sim5\mu m$，HE 染色，再显微镜观察。新鲜大鼠皮组织切片如图 5-8 所示，以 5℃/min 速率预冻并冻干大鼠皮组织切片如图 5-9 所示。从图中可以看出冻干皮组织与新鲜皮组织相本相同，未见细胞破裂、上皮脱离、组织褶皱、细胞变性和细胞间隙增宽等异常，说明冻干皮组织结构未发生变化。其他速率预冻并冻干后的结果基本一致。

冻干大鼠皮角质细胞间隙脂流动性的电子自旋共振（ESR）测定：选用 5-噁唑氮氧自由基硬质酸（5-DSA）作为自旋转标记物，将新鲜的和三种不同预冻速率的冻干大鼠皮角质层样品泡在浓度为 1×10^{-4} mol/L 的 5-DSA 缓冲液（pH＝7.4）中 12h，保温 20℃，然后取出淋洗干净，37℃烘箱干燥 1h，分别放进电子自旋共振波谱仪样品管内，再置于腔中。ESR 测定条件：扫描宽度 200G，接收增益 3.2×10^4，时间常数 20.48ms，微波功率 5.02mW，扫描时间 83.888s，调制频率 25.000kHz，调制幅度 0.947G。经 ESR 波谱分析得知，三种不同冻结速率预冻的冻干大鼠皮与新鲜大鼠皮各系数相比无显著差异，说明冻干大鼠皮肤未引起表皮细胞间脂质结构的变化，大鼠表皮角质细胞间脂质排列的有序性没有改变，流动性没有增加。

图 5-8　新鲜大鼠皮肤组织切片（HE×200）

图 5-9　以 5℃/min 预冻速率冻干
大鼠皮组织切片（HE×200）

实验采用尼莫地平为模型药物（一种脑血管扩张药），选用预冻速率为 15℃/min 的冻干大鼠皮和新鲜大鼠皮做药物渗透性实验，考察其组织结构有无变化。实验采用装置为 Va-lia-chien 水平扩散池。它是由两个等容积的玻璃半池组成，半池内径为 1.35cm，有效扩散面积为 $1.43cm^2$，容积为 10mL。半池上方开口为取样口，池底有凹陷平台，起到固定搅拌的作用。实验时将皮肤固定在扩散池的两个半池之间，角质层面向供体池。水化 1h 后，供体池加入 10mL 尼莫地平的 30％丙二醇水过饱和溶液，接受池中加入 10mL 的 30％丙二醇水，置于 32℃温水浴中，磁力搅拌，定时取样并更换全部接收介质。样品经微孔滤膜（0.45nm）过滤，续滤液，样品进入高效液相测定。尼莫地平外含量测定采用高效液相色谱法紫外检测。色谱条件：色谱柱 Spherisorb 46mm×25cm，检测波长 237nm，流动相是甲醇/水（64/36），流速为 1.1mL/min，进样量 $10\mu L$。实验结果如表 5-11 所示。

表 5-11　正常皮肤和冻干皮肤对尼莫地平渗透量比较

样　品	不同时间尼莫地平渗透量(高效液相峰面积)/(mg/cm²)		
	9h	10h	12h
新鲜皮肤	1215±570	1413±654	1818±908
冻干皮肤	1387±620	1518±756	2252±1024

　　表 5-11 中的数据表明，在渗透 9h、10h、12h 时，冻干皮肤与正常皮肤对药物尼莫地平的渗透量无显著性差异。可见，冻干的大鼠皮肤能够满足药理的实验要求，可用做透皮制剂的实验研究，可以长期贮存备用。

5.3.2　大鼠皮肤吹干与冻干比较研究

　　10 年后，西北大学的杨维[17] 也进行了大鼠皮肤的冷冻干燥实验。他首先重点研究了浓度、孵育时间、孵育温度对大鼠皮肤冻干保护剂海藻糖负载量的影响。实验结果表明，大鼠皮肤对海藻糖的载入量的优化条件为：海藻糖浓度 800mmol/L，孵育温度 37℃，孵育时间为 7h。之后，皮肤组织分别进行冻干和吹干。

　　(1) 冻干　皮肤组织在 37℃加载海藻糖，4℃加载 DMSO，将负载了海藻糖和 DMSO 的皮肤块放入冻存管内，冻存管放入程序冻存盒，置于−80℃冰箱冷冻。12h 后将冷冻的皮肤组织连同冻存管转入预冷的冻干机，去掉冻存管盖子。冷冻干燥机运行状态参数为：冷阱中温度−45℃，冷阱上方温度 0℃左右，真空度 10Pa，冻干时间设置 30h。先将皮肤样品置于冷阱中冻干 24h，然后在冷阱上方冻干 6h。先在冷阱中冻干是为了防止皮肤组织中固态的水分回融再结晶对组织产生冰晶损伤，组织中大部分游离水升华后转冷阱上方冻干，此时温度稍高可以进一步除去组织内部水分。

　　(2) 吹干　皮肤组织在 37℃、800mmol/L 海藻糖培养液中孵育 7h 加载海藻糖，负载了海藻糖的皮肤用滤纸拭去表面残留液体，表皮朝下平展于玻璃培养皿中，培养皿敞口置于生物安全柜（打开送风开关）吹干。大鼠皮肤的吹干时间设置为 20～30h 可以将皮肤中水分去除较彻底，玻璃化状态良好。

　　经检测得知，刚冻干皮肤活性比刚吹干皮肤活性高 1/3，保存时间延长到 28d，冻干组皮肤活性与刚吹干组相当。冻干过程中，皮肤组织内水分先在 DMSO 保护下逐渐冻结，放入冻干机后固态水升华，由于海藻糖取代水分子的作用，干燥过程组织形态结构和活性不会发生变化，但在吹干过程中皮肤组织内水分由液态直接蒸发，原来包绕在细胞外的水膜以及和蛋白质等生物大分子结合的水分子可能还未完全被海藻糖取代就已蒸发。上述原因可能导致未保存的冻干皮肤活性高于吹干皮肤。干燥保存的皮肤活性开始降低速率较快，降到一定程度后降低速率减慢，所以保存一周后冻干组和吹干组皮肤活性没有统计学差异。

　　干燥保存的皮肤置于饱和湿度的恒温培养箱 37℃预水化 15min 后，皮肤依次用含 800mmol/L 和 400mmol/L 海藻糖的 DMEM 培养液室温下孵育 15min，用不含海藻糖的无血清 DMEM 培养液漂洗 3 次以上，清除皮肤组织中残留的 DMSO 和海藻糖，最后转入无海藻糖的 DMEM 培养液中孵育 2h，进行形态观察。如图 5-10 所示。

(a) 冻干皮肤　　　　　　　(b) 冻干复水后的皮肤　　　　　　　(c) 新鲜皮肤

图 5-10　皮肤形态

　　冻干皮肤玻璃化状态良好，呈半透明状。复水后能够恢复到新鲜皮肤的大小和色泽。冻干皮肤角质层局部受损，而组织结构和细胞形态与新鲜皮肤组织没有差异。将冻干后复水的皮肤移植回自体大鼠，可存活 13d。

　　自体移植后冻干组皮肤存活时间较吹干组长，可能是由于吹干过程对皮肤组织产生的损伤较大。冻干组皮肤在 6d 皮下出现血红色区域可能是自体动物在移植皮下发生血管化，但后来有两处变成暗红色，而其他区域血红色减弱消失可能是血管化失败，而吹干组未出现血红色，可能根本就没有发生血管化。

　　通过 HE 染色和透射电镜对比分析新鲜皮肤和干燥皮肤组织结构和细胞结构。HE 染色结果显示干燥保存过程没有明显改变皮肤组织结构，也未影响皮肤组织的结构完整性。透射电镜结果说明干燥皮肤具有与新鲜皮肤无差别的细胞结构和胞外胶原结构，同时可观察到干燥皮肤细胞中结构正常的线粒体和平滑的核膜等细胞器。结构学观察结果证明干燥保存未对皮肤组织结构和细胞结构产生明显影响。

　　通过荧光标记和 MTT 活性分析研究干燥过程对皮肤活性影响。荧光标记结果表明，除毛囊处明显受损外冻干皮肤组织大部分区域在水化后能恢复活性。MTT 活性分析结果显示冻干和吹干皮肤仍能分别保持 58% 和 48% 的活性。

5.4　骨骼和骨髓干细胞的冻干

　　骨病和创伤引起的骨缺损或功能障碍是危害人类健康的主要原因之一[18]。骨组织工程的提出、建立和发展为从根本上解决骨缺损的修复、结构以及功能重建提供了新的途径，但目前的组织工程骨构建需要较长的时间且保存条件苛刻，不能达到"随取随用"的最终要求。1942 年古巴医生 Inclan 提出骨库概念，1950 年美国首先在马里兰州建立海军组织库。骨库的建立使临床异体骨移植成为可能。

5.4.1　冻干骨的生物性能

　　早期保存异体骨的方法主要是冷冻和冻干处理，而冻干骨更被看好，来源包括肋骨、髂骨、下颌骨。这一点在后来 Malinin 等的动物实验得到了证实。他们以 9 只狒狒为实验对象，将冷冻骨与冻干骨分别植于动物胫骨近端对称部位并做了组织学观察，结果发现冻干骨不仅可以诱导成骨，且成骨速度优于冷冻骨。Sewell 等分别在猴子下颌骨下缘两侧造成 17mm×5mm 的缺损，结果一侧接受异体冻干骨移植的 6 只猴子其下颌骨块处均获得愈合。Pike 和 Boyne 采用大段冻干骨和自体骨髓复合进行了狗和猴子下颌骨重建，证明异体冻干骨易于被宿主接受，但是 6 例实验中有 2 例与口腔穿通将自体骨冻干后植入狗的节段性骨缺损获得了成功，结果经统计学分析显示自体骨冻干前后的孔隙率、植入骨与宿主骨的愈合时间、新骨骨痂形成量、成骨后的力学强度等均无显著差异。

　　1990 年后，大段同种冻干异体骨移植研究继续发展，国内外众多学者分别进行了冷冻骨移植的临床实践，但整体来说大段异体骨移植还面临动物实验过少、临床工作不系统的问题，目前自体骨移植在矫形外科依然占据绝对主导地位。同时，随着骨库的蓬勃发展，以 Stevenson、Enneking 等为代表的一批学者做了大量基础和临床研究，大段同种异体骨移植在骨科得到了广泛和成功的应用。1993 年 Ellis 等采用冻干异体骨结合自体松质骨进行了 10 例下颌骨重建，随访 3.5 年 8 例获得成功，2 人出现并发症经过手术处理恢复良好。

通过对西南医院数百例冻干异体脱钙骨基质（FDBM）使用患者的随访观察，使用冷冻和冻干处理三个月以上的异体骨降低了原本的免疫活性，虽有抗原残留但可以忽略其不良作用。自1965年Urist率先研究同种异体冻干骨的成骨功能以来，冻干脱钙骨基质（FDBM）在临床应用逐渐广泛。FDBM有良好的孔隙率及孔隙间连通率，同时还保留了一定的骨诱导能力，其表面拥有矿物沉淀的位点，能与启动和控制矿化的非胶原基质蛋白结合，因此还能促进矿物质的沉淀、促进骨生成。FDBM是应用特殊工艺制备的生物骨替代材料，由于精细的骨小梁结构和内部孔隙被保存下来，同传统骨替代材料羟基磷灰石等相比具有较好的生物活性，近年被引入国内并很快应用于种植外科。Iwata等总结了FDBM的优点：保留部分骨诱导成分，能常温贮存而基本不变质，可快速降解并被宿主骨替代，能长距离发挥骨传导作用。

我国解放军总医院口腔颌面外科许亦权等[19]的研究表明，冷冻干燥骨具有骨抗原性更低、保存条件宽松的优点，是骨库另一常用异体骨保存方法。但有人提出冷冻干燥处理将异体骨中的水分在短时间内降低到6％以下，造成骨胶原纤维发生微小裂隙，因此可以导致力学性能降低，也有人认为使用之前充分水化可以改善这一缺点。目前冷冻干燥法较多用于处理松质骨块，四肢大段承重部位骨不进行冷冻干燥处理，关于皮质骨接受冷冻干燥处理后力学性能特点的报道较少。许亦权的研究中采用的冷冻干燥骨试件测试前经过了6h水化，结果发现：与新鲜组相比，冷冻干燥组在抗压缩测试中最大载荷、最大位移降低，刚度升高，但是配对检验均无显著性意义，方差分析最大位移显著降低；在抗弯曲测试中冷冻干燥组的最大载荷降低30％，刚度升高41％，统计学差异显著。这一结果与冷冻组表现出的特点相似，统计结果也显示冷冻干燥组与冷冻组相比最大载荷、最大位移和刚度均无显著性差异。这说明经过冷冻干燥处理的犬下颌骨硬而脆，抗弯曲能力下降比抗压缩能力下降明显。像冷冻组一样，经过水化的冷冻干燥犬下颌骨仍然可以保持良好的外形并能提供较好的支持能力。

侯天勇[20]进行了冻干组织工程骨（FTEB）与组织工程骨（TEB）活性比较研究。取志愿者捐献的骨髓和骨组织分别培养（hBMSCs）和制备脱钙骨基质（DBM），取第3代hBMSCs与DBM复合构建TEB，分别于体外孵育3d、5d、7d、9d、12d、15d经过低温干燥后得到冻干组织工程骨。将FTEB、TEB和DBM分别移植于30只6周龄BALB/C裸鼠皮下进行异位成骨实验。移植术后4周各种移植物未见明显钙化；术后8周、12周，TEB和FTEB移植裸鼠皮下可以实现较好的异位成骨。通过X线片评分、CT值比较移植物钙化程度，TEB和FTEB差异无统计学意义，而DBM未见明显钙化。HE染色显示TEB和FTEB出现钙化，DBM降解吸收。可见，FTEB与TEB具有相似的成骨活性。

5.4.2　人体骨髓基质干细胞的冻干

骨髓中含有两类组织成分：造血干细胞及其分化的子代细胞和结缔组织（被称为基质）。在基质中有一种独立的细胞系-基质干细胞（MSCs）。它是一种成纤维细胞样的梭型贴壁细胞，与造血干细胞一样具有多分化潜能，因而日益受到人们的关注。在特定的条件下。骨髓基质干细胞可以分化形成成骨细胞、软骨细胞、成肌细胞和神经细胞。MSCs易于获得、特性稳定，是组织工程中理想的种子细胞，有很好的应用前景。它的广泛应用使其保存问题备受关注。目前，多采用−196℃的深低温保存。杨鹏飞等[21] 进行了人体骨髓基质干细胞冷冻干燥实验研究。实验应用 Advantage 冷冻干燥机对加有保护剂的骨髓基质干细胞溶液进行冷冻干燥。在预冻结过程将其冻结到−40℃，时间为 1.5h。随后对样品进行干燥，整个冻干过程持续时间为 44h，冻干曲线如图 5-11 所示。

图 5-11　人体骨髓基质干细胞冻干工艺曲线

　　保护剂的组成、浓度、玻璃化转变温度以及冻干过程各因素都对细胞的存活率有影响。在实验条件下，30%聚乙烯吡咯烷酮＋20%海藻糖对细胞的保护效果较好，细胞成活率达到16.40%，表明探索骨髓基质干细胞的冷冻干燥是有希望的。

5.5　动物眼角膜的冻干

　　理想的角膜保存方法要满足技术简单、最大限度地保持角膜组织的活性、保持生理状态下角膜厚度和结构、有利于手术操作等要求。现有的角膜保存技术中，除了最有代表性的4℃湿房短期保存法外，还有受者血清保存法、器官培养保存法、甘油冷冻保存法、深低温冷冻保存法和无水氯化钙干燥保存法，这些方法都没能满足上述理想保存方法的要求。角膜冷冻真空干燥的目的是保持其活性，便于较长时间的贮存，使需求者能及时得到活性角膜，以便再植。

5.5.1　眼角膜的冻干工艺流程

　　冻干角膜保持活性的关键是冻干工艺，角膜的冻干工艺是一个复杂的过程，如图 5-12所示。影响冻干效果的因素很多，如保护剂的配制、角膜的冷平衡、梯度降温、冻干室内压力变化、温度变化，冻干角膜复水等。东北大学的王德喜[22] 对角膜的冻干进行了系列研究。研究中使用的是中国医科大学临床医院动物室提供的大耳白家兔，体重为 2～3kg。

图 5-12　角膜真空冷冻干燥工艺

5.5.2 眼角膜冻结过程中的冷平衡

角膜在梯度降温过程中，要经受-150℃以下的低温损伤，在干燥过程中，要经受干燥应力的损伤，在没有保护剂保护情况下，经历如此损伤，角膜细胞很难保持活性。合理的选择和配制保护剂对角膜的保存至关重要。实验研究表明角膜由蔗糖、二甲基亚砜（DMSO）、20%安普莱士（人血白蛋白）作为保护剂，冻干效果良好。

为了防止角膜在冻结过程中损伤，还要对角膜进行冷平衡处理。冷平衡保护剂的具体配比见表 5-12。具体操作过程：将无菌的角膜片先放入 1 号液，移入 4℃冰箱冷平衡 10min，然后用无菌镊子夹住巩膜边，将其移入 2 号液平衡 10min，依次在 3 号液、4 号液中各平衡 10min。冷平衡工艺如图 5-13 所示。在冷平衡过程中，保护剂中的 DMSO 通过角膜的细胞膜进入到细胞中，置换出其中部分水分，在达到动态平衡前，保护剂中 DMSO 浓度要高于细胞中 DMSO 浓度。角膜依次在不同浓度的保护剂中进行冷平衡，这样角膜中的水分就会不停地与保护剂中的 DMSO 进行置换，经过一段时间的传质，细胞中的水分将大量减少。由于细胞内水分溢出速度与 DMSO 的浓度有关，为防止细胞内水分溢出速度过快造成细胞的损伤，使角膜细胞有个适应过程，角膜冷平衡采取逐步递增 DMSO 浓度进行平衡。冷平衡处理后兔角膜内皮细胞经联合染色检测，结果与新鲜角膜无区别，说明冷平衡对角膜内皮细胞的活性无损伤，该冷平衡工艺可行。

表 5-12　角膜保护剂配方

保护剂种类	30 份，每份 2.5mL			
	1 号液	2 号液	3 号液	4 号液
20%白蛋白	2.45mL	2.40mL	2.35mL	2.3125mL
二甲基亚砜	0.05mL	0.1mL	0.15mL	0.1875mL
蔗糖/(g/L)	0	5%	7.5%	10%

图 5-13　冷平衡工艺

待角膜在 4 号液平衡结束后，立即取出放入磨口玻璃瓶里，在降温仪中进行梯度降温。梯度降温目的是使细胞内的溶液冻结成玻璃态，以使角膜迅速越过对细胞冻伤最严重温度区（-30~-60℃）时，细胞不受伤害。采用两步法进行梯度降温，第一步角膜距液氮面 9cm，停留 10min，使角膜内部温度稳定在-16~-20℃范围内，此阶段角膜的降温速率为 2~2.4℃/min；第二步角膜距液氮面 1.5cm，停留 10min，使角膜内部温度稳定在-130~-150℃范围内，此阶段角膜的降温速率为 11~14℃/min。慢速降温时，细胞外的水易冻结成冰，电解质浓度升高，细胞内的水渗出细胞外，使细胞暴露在高浓度的溶质中，导致细胞膜蛋白复合体的破坏和膜的分解，造成溶质损伤。快速降温时，细胞内的水来不及渗出便结成冰，细胞内外同时有冰晶形成，容易刺破细胞造成机械损伤。这样必须快速慢速相结合，方可达到目的。由于冷平衡时，二甲基亚砜已经将细胞内的水分多数置换出去，在缓慢降温时，细胞内的溶质易形成玻璃态，可以避免溶质损伤。故可以先慢速降温，然后快速降温。两步法降温中，第一步慢速冷冻，将角膜温度慢速降至-20℃，可以避免过快冷冻时角膜内冰晶形成所造成的损伤和过慢冷冻时细胞置于高浓度溶液下时间过长所造成的溶液损伤。第二步快速冷冻，角膜以很快的降温速率降至－130℃以下，细胞内未冻溶液实现了非晶态固化，使细胞少受或不受损伤。

5.5.3　冻结眼角膜的干燥过程

角膜干燥前，先开启制冷机，分别对冻干室、捕集器制冷，当冻干室内温度降到－20℃以下，捕集器内的温度降到－35℃时，迅速地把经过梯度降温的角膜放到冻干室，立即启动真空泵。在干燥过程中根据需要，调节充气阀，向冻干室内充入氮气以调节冻干室内的压力，同时根据需要调节制冷阀保证角膜冻干过程中所需要的热量供给，在干燥初期，不需开启加热器，此阶段角膜干燥所需要的热量靠外部传入即可得到满足；当冻干室内温度达到0℃时，开启加热器供给热量，但保证冻干室的温度不超过9℃。冻干结束，关闭真空泵，对冻干角膜进行充氮包装。实验中发现，角膜在磨口玻璃瓶中的放置方式（图5-14）对冻干角膜质量有一定的影响，试验表明，角膜悬于磨口玻璃瓶中，内皮细胞层朝下为最佳放置方式。如图5-14（b）所示。

(a) 单面干燥　　　(b) 内皮细胞层朝上双面干燥　　　(c) 内皮细胞层朝下双面干燥

图 5-14　角膜在磨口玻璃瓶中的放置方式

角膜冻干过程热量的供给很容易满足，整个冻干过程可以视为传质控制过程，传质速率由细胞膜固有通导能力决定。干燥过程中，应根据干燥的不同程度，来确定冻干室内压力的高低以及所持续的时间，保证水蒸气由细胞膜孔隙溢出，且细胞膜内外压差始终很小，以减小对细胞的伤害。

由于角膜细胞很脆弱，在冻干过程中极易受到干燥应力、机械应力的损伤，冻干过程中低压时间过长或细胞膜内外压差过大，都会大大降低冻干角膜的成活率。变幅值、变周期的循环压力法应用于角膜的冻干，有利于角膜活性的提高。其根本原因是在整个干燥过程中，角膜细胞内外压差小，对角膜的损伤小。这主要源于两方面原因：一是通过控制冻干室内真空度的高低，以及循环时间的长短，使细胞内的蒸汽及时扩散到冻干室中，避免了细胞内饱和蒸气压过高，膜内外压差过大，造成细胞的损伤。当细胞内蒸气压较高时，开启充气阀向冻干室内充入氮气，在细胞膜外施加一压力，虽然此时传入细胞内的热量增多，使细胞内的蒸气压进一步升高，但此蒸气压的升高较细胞膜外压力的升高小得多，结果是细胞膜内外的净压差减小。然后，渐渐关闭充气阀，使冻干室内的真空度逐渐升高，这样角膜细胞内的蒸汽较平缓的通过细胞膜扩散到冻干室，减小了压差对细胞膜的损伤。当冻干室内真空度升高到一定程度，再逐渐充入氮气，传入的热量增多，开始了下一个周期。二是强化传热并促进外部传质，缩短冻干时间，从而减少了角膜内皮细胞受干燥应力损伤程度。具体工艺是冻干室内温度到－25℃，真空度为50Pa时，开始第一次循环，温度每升高5℃循环一次，循环5个周期，温度达到0℃时，循环停止。压力-时间关系曲线见图5-15。角膜的冻干工艺曲线如图5-16所示。

图 5-15　变幅值、变周期循环压力法冻干兔角膜压力-时间关系曲线

图 5-16　兔角膜的冻干工艺曲线

图 5-17 、图 5-18 分别为按上述工艺冻干角膜透射电镜检测结果、扫描电镜检测结果。从图 5-17、图 5-18 可以看出，冻干角膜的内皮细胞间连接紧密，细胞轮廓接近于六边形。

图 5-17　按变幅值循环压力法冻干兔角膜透射电镜照片

图 5-18　按变幅值循环压力法冻干兔角膜扫描电镜照片

细胞膜完整，细胞核膜完整，内皮细胞层与后弹力层连接紧密。这是因为整个冻干过程中，根据干燥的不同程度，来确定高室压、低室压以及所持续的时间，保证了水蒸气由细胞膜的孔隙溢出，即传质速率由细胞膜的固有通导能力决定，保证了细胞内外压差始终很小，减小了对细胞的伤害。

5.5.4 冻干角膜的贮存与复水

冻干后的角膜贮存不好，将失去生物活性。造成角膜贮藏损伤的因素：一是角膜的含水量，含水量大时，导致了膜与蛋白质流动性增加，加速了不良反应。二是氧化反应，因为被干角膜中各种碳氢链是不饱和的，遇氧发生氧化反应，导致了钙的通透性增加，造成了膜的破坏。三是光照反应，光照反应的损伤是通过其加快氧化反应体现出来的。通过上述分析及实验表明：冻干角膜的最佳存储条件：氮气封装，$-20℃$存储，避光保存。

角膜在冻干过程中，大部分水分都被除去，要恢复其基本生理功能，必须进行复水。为给细胞创造一个与体内细胞生存环境基本相符的条件，每种复水液中应提供细胞生存最基本的营养成分，但其内各成分的含量有所差异，因而对细胞的生长有不同的影响。通过实验，以兔血清＋1640为复水液，在20℃下，复水15min的效果最好。1640是针对淋巴细胞培养设计的培养液，对其他种类细胞的培养液也适用，其中包含氨基酸、必要的维生素（如对氨基苯甲酸、生物素、肌醇等）、谷胱甘肽及葡萄糖、激素等对细胞有生生长作用的物质。

对按上述冻干工艺冻干贮存2个月的家兔角膜进行复水，对复水后的角膜进行台盼蓝、茜素红染色，通过在光学显微镜下观察细胞的形态来说明细胞的活性，如图5-19。可见内皮细胞大小较均匀，边界清晰，连接紧密，个别细胞核染色。

5.5.5 冻干-复水角膜的再植

王德喜的研究中还进行了冻干角膜的移植实验。将兔肌肉注射速眠新麻醉后，取下其左眼（待兔苏醒后，送回动物室喂养）的角膜进行冷冻真空干燥，干燥后充氮封装并做好标记（以保证移植的角膜为自体角膜）贮存在$-20℃$环境下，保存2个月然后进行移植手术。冻干兔角膜自体移植实验共进行了15例，并与新鲜角膜移植进行了对比。其中5例，术后1天植片部分上皮水肿，前房存在，虹膜粘连；术后1周，虹膜粘连，植片、植床均混浊。另10例，两周后，仍全层透明，虹膜前房清晰可见，术后3周，植片、植床开始出现混浊，与新鲜角膜移植的结果相同。图5-20为冻干角膜自体移植15天后的照片。

图5-19 台盼蓝、茜素红染色光学显微镜下的观察

图5-20 冻干兔角膜移植后15天照片

更多的研究表明，兔角膜冻干、贮藏与再植工艺，也适合猫眼角膜。按此工艺冻干的猫眼角膜，效果很好。图 5-21 为冻干猫角膜移植手术后 14 天的照片。可见植片与植床均透明，前房存在。

图 5-21   冻干猫眼角膜移植第 14 天的照片

5.6   心脏瓣膜的冻干

ALAIN C.[23]进行了心脏瓣膜的冻干研究。ALAIN 提出瓣膜冻干应具备三项功能：第一，应该能够提供多孔结构，以便当使用瓣膜将其悬在介质中复水时，能允许纤维原细胞迅速进入瓣膜内部；第二，杀死异源细胞；第三，保持胶原质结构以保证瓣膜的机械强度。ALAIN 的实验研究中用的是猪的瓣膜，来自屠宰场。猪的平均年龄和重量分别是 18 周和 80kg。心脏瓣膜是在猪死后 2h 以内从心脏上切下来的，瓣膜片在磷酸盐缓冲液里洗涤三次。叶片在 4℃下存储超过 24h。实验中总共用到了 76 个叶片。

5.6.1   心脏瓣膜玻璃化温度的测定

将质量为 20～30mg 的一块瓣膜叶片密封在铝制器皿中，使用装配有液氮低温附件的 Perkin-Elmer DSC2 仪器测量。以 1.25K/min 的速度冷却到 173K，在以 40K/min 的加热速度过程中，记录温度，得到温度-热流图如图 5-22 所示。由图中数据得出，玻璃化转变温度 T_g 为 $-83℃$。

图 5-22   瓣膜叶片的 DSC 温度记录图

5.6.2　冻干工艺对冻干心脏瓣膜性状的影响

心脏瓣膜的冻干实验是在一种实验型快速冻干仪器中进行的，其结构如图 5-23 所示。

图 5-23　实验型快速冷冻干燥仪器示意图
S—样品，SC—冻干室，CC—冷阱，VP—真空泵，TM—温度测量仪，VM——真空度测量仪

将冷阱浸在硅树脂油的冷浴中冷却到−70℃，用旋片泵维持真空度，用麦氏计来测量真空度，可以达到 0.005mmHg。

三个瓣膜叶片用一种单纤维尼龙丝系在一小块 PVC 塑料网上，装在一个 Falcon 塑料管中。大多数实验中，Falcon 塑料管浸在液氮或控制了温度的硅树脂油中，瓣膜叶片在冷空气环境下冷冻。冷却 Falcon 塑料管的冷浴的温度为−15℃、−40℃、−80℃或者−196℃。然后，将 Falcon 塑料管从低温液体中取出，快速地放入冻干机的冻干箱里；少数实验中瓣膜叶片被直接浸入−60℃或者−80℃的酒精浴冷冻。样品的冻结速率数据列于表 5-13 中。在叶片角落里粘有一个与图表记录器相连接 0.12mm 的铜镍合金，用于测量温度。冻干室初始温度为室温 22℃，然后通过浸在−20℃或−30℃的恒温浴里控制温度。之后，自然升温，此为非控制冻干。

表 5-13　瓣膜叶片典型的降温速率

冷冻方式	冷浴温度/℃	降温速率℃/min
Falcon 管	−15	1
	−40	5
	−60	12
	−80	20
	−196	100
直接浸入酒精	−60	140
	−80	300

真空干燥连续进行 3h，这时叶片温度稳定在室温（22℃）。通过 SEM 对这些叶片的部分进行检查显示出预期的多孔结构，如图 5-24 所示。孔是由冷冻中形成和干燥中驱除的冰晶体产生的。而且有一个规律，冷却速度越低孔越大［对比图 5-24（a）和（b）］，但不连续，每个样品也不一样［如图 5-24（b）的例子］。叶片的厚度与冷却速度有直接联系。因为大多数孔的尺寸显得比预期的要小得多，可以尝试着在干燥前对叶片熔化和再冷冻，这样可以提高冰孔的尺寸。其他更多的叶片以 6℃/min 的速度冷却，在温度为 37℃的水浴里熔化，然后以相同的速度再冷冻，三个以上再以 72℃/min 的速度冷却，但是它们产生了与仅仅经过一次冷冻的叶片相似的 SEM 外形。

另一个问题就是稠密层的出现，许多样品表面很显然没有孔［见图 5-24（b）；SEM 图片显示叶片表面是压实的，内部孔和外部很少连通［见图 5-24（c）］；在叶片物质内部同样出现了紧凑层［见图 5-24（d）］。这些现象显示了在干燥过程中发生了广泛的坍塌，可能是在干燥过程中温升较快造成的。在处理结束，叶片的含水量很少，很可能是发生了熔化和蒸发，而不是升华。因此后面进行了严格的控制冷冻干燥实验。

在控制冷冻干燥过程中，选择了两种冷冻方法：将 Falcon 试管放在−40℃的冷浴里

(a) 冷却速度为5℃/min　　　　　　(b) 冷却速度为300℃/min

(c) 冷却速度为25℃/min　　　　　　(d) 冷却速度为100℃/min

图 5-24　非控制冷冻干燥的肺瓣膜叶片的扫描电子显微照片

（平均冷却速度为 6.7℃/min），或者是放在 196℃ 的液氮里（平均冷却速度为 51℃/min）。将干燥烧瓶放在设定温度的冷浴里 6h，它的温度就被控制在 −20℃ 或 −30℃；6h 后关掉冷藏室，让浴温自动上升。测量的温升速度是 0.06～0.08℃/min，从 −20℃ 达到 0℃ 需要 5h，从 −30℃ 到达 0℃ 需要 6.3h。总的真空干燥时间需要 16h，最终温度为 5～11℃。每个实验方案冻干了三个叶片，然后经过 SEM 检验。从 8 个瓣膜里得到的 24 个叶片都经过相同的处理，在干燥处理过程中或结束后和再水化后测量水的含量。结果显示在 −30℃ 时的干燥速度是很慢的，20℃ 时尽管在那个阶段的最后将干燥时间从 6h 延长到 12h 可以保证水的含量很低，但是它对最后剩余水气没有影响。更多的研究是在为 −20℃ 或 −30℃ 温度下干燥 6h 的初始干燥后，再以 0.06℃/min 的加热速度进行第二次干燥，整个过程需要 16h。

　　SEM 照片（见图 5-25）显示，−20℃ 干燥的叶片有更好的外观，多孔基体更统一，没有坍塌的区域和厚的、稠密的边界层。孔的尺度比非控制冷冻干燥的叶片看上去大很多 [比较图 5-24（a）和图 5-24（b）与图 5-25（a）和图 5-25（b）]。冻结速率为 7℃/min 的叶片孔显得比 50℃/min 的叶片的孔稍大而且更均匀。−30℃ 干燥的叶片表面外壳更厚一些，显示了在第二个干燥阶段中已经发生了坍塌。这是由于在最初的温度为 −30℃ 干燥 6h 后，有更高的水含量。所以，起初干燥的温度最好是 −20℃。但是，在两种情况下，表面都缺乏明显的与内部多孔基体相连通的孔。

　　为了确定从 SEM 检查得到的压痕数量，测量了冻干叶片的厚度和孔的尺寸。图 5-26 显示了对两种冷却速度的数据比较，一种是非控制快速干燥，另一种是 −20℃ 的控制干燥。不

(a) 叶片在−20℃冻干，冷却速度7℃/min　(b) 叶片在−20℃冻干，冷却速度50℃/min

(c) 叶片在−30℃冻干，冷却速度7℃/min　(d) 叶片在−30℃冻干，冷却速度50℃/min

图 5-25　控制的冷冻干燥的肺瓣膜叶片电子显微镜扫描

考虑干燥方法的影响，快速冷冻后叶片变得更厚了；同样，不考虑冷却速度的影响，控制干燥的叶片也更厚了。假如避免了崩塌，对于两种冷却速度，沿着垂线方向从内流到外流表面的冰孔数量相似。对分别经过 1℃/min、5℃/min、25℃/min 冷却速度的冷冻，然后进行初始干燥温度为−20℃的冷冻干燥的叶片，通过 SEM 测量了其孔的截面积的分布。在两个垂直方向上进行了表面观察，第一个是半径方向，即从容器表面指向容器中心；第二个指定的切线方向与第一个方向成 90°，即它与容器表面的切线平

图 5-26　−20℃控制冷冻干燥或者自由冷冻干燥的叶片的厚度

行。结果如图 5-27 所示。可以看出冷却速度（1℃/min）低，冻干样品冰孔尺度分布广，而且在断面的两个方向上没有显著的差别；冷却速度快则冻干样品冰孔尺度分布窄，而且切线方向上比半径方向上孔径更大，也就是说，冰晶体形成于切线方向。经测量，在两种冷却速度下，大多数冰孔径方向上面积为 $100\sim350\mu m^2$，但是冷却速度为 5℃/min 的比 25℃/min 孔径稍长，样本的横断面积分别为 $400\mu m^2$ 和 $200\mu m^2$。冻干工艺为：以 5℃/min 的冷却速度，然后在−20℃真空干燥 6h，接着在缓慢的加热过程中进行二次干燥，得到的冻干多孔叶片残余水分为 8%～9%，内部孔的测量尺寸为 $100\sim350\mu m^2$。这对横断面积为 $150\sim200\mu m^2$

的纤维原细胞提供了足够的通道。因此，在后来的所有研究中都采用了上述叶片冻干工艺。

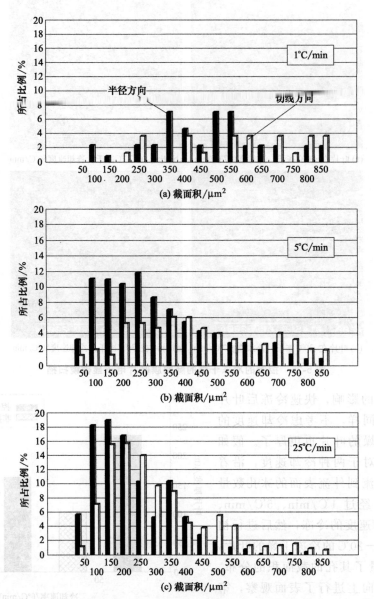

图 5-27　分别以 1℃/min、5℃/min 或 25℃/min 速度冷却在 -20℃ 时
冷冻干燥的叶片里的冰孔截面积

　　SEM 未能回答的问题："内部冰孔与孔之间是互相连通，还是它们是独立封闭的?"为了回答这个问题，干燥前对叶片涂上荧光素，然后再用甲基安息香酸盐进行清洗后对它进行显微镜共焦扫描（CSM），结果显示它的结构与开放的塑料泡沫相似。不过，SEM 和 CSM 都暗示内部的多孔结构很少与表面联通。图 5-28（a）和（b）显示了 SEM 的外观，流入表面上的凹陷很小（10~20μm），显得与内部的多孔结构不连通。CSM 同样揭示了表面的口袋状结构，尽管横向连通的可能性不能被完全排除，但是它们似乎是封闭。

　　然而，当叶片被放置在玻璃皿上，大部分流入表面朝上，用 1 根 8×20 号手术针就可以

图 5-28　冷冻干燥叶片的内部和外部表面扫描电子显微镜照片

创造出三角形的穿孔，直径尺寸为 $75\sim100\mu m$ ［见图 5-28 （c） 和 （d）］，穿透了流出表面，孔径小于 $10\mu m$。

ALAIN 的这项研究主要针对的是他提出的冻干瓣膜应具备的第一项功能：提供多孔结构，以便当使用瓣膜将其悬在介质中复水时，能允许纤维原细胞迅速进入瓣膜内部。

5.7　纳豆激酶的冻干

脉管栓塞、脑血栓中风、急性心肌梗死等心血管疾病，是当今社会中严重危害人们身体健康的主要疾病之一。纳豆激酶有很好的溶解血栓的作用，且在体内的半衰期长达 8 天，比目前盛行的纤溶酶类药品的半衰期长。此外，它还具有天然、无毒、无副作用，口服与注射同样有效，且作用迅速，可由细菌发酵生产等优点[24]，故而可望开发成为新型的防治血栓病的药物和保健品。纳豆激酶是纳豆菌经由大豆发酵制造出来的生物酶[25]，是由 275 个氨基酸残基组成的单链多肽[26]，在低于 40℃时活性相对稳定，高温时会失去活性[27]。冻干法是目前保存生物活性材料最方便有效的一种干燥方法[28]。通过开展纳豆激酶冻干研究，优化冻干工艺参数，可以减小冻干过程中纳豆激酶活性的损失，提高生产效率。西安工业大学的彭润玲博士完成了纳豆激酶的冷冻干燥研究[29]。

5.7.1 纳豆激酶物性参数的测定

5.7.1.1 含水率的测定

利用 OHAUS 公司生产的 MB45 型水分测定仪测定纳豆激酶的含水率，取 3 次测量结果的平均值，确定实验用纳豆激酶溶液的含水率为 95.57%。

5.7.1.2 共晶点和共熔点温度的测定

用电阻测定法，测量曲线见图 4-8~图 4-9，确定纳豆激酶溶液的共晶点和共熔点温度为 −23℃。

图 5-29　纳豆激酶溶液厚度对真空蒸发冻结的影响

5.7.2 纳豆激酶冻干的实验

5.7.2.1 纳豆激酶溶液的冻结

采用真空蒸发冻结的方法，将装有纳豆激酶溶液的料盘放在冻干箱的搁板上，只给捕水器制冷到 −40℃ 之后，开启真空泵直接抽真空。随着压力降低，纳豆激酶溶液内的自由水分蒸发加剧，外界不提供蒸发潜热，吸收物料本身的热量自然降温而实现冻结。

生物酶溶液装量厚度不同时，真空蒸发冻结过程中温度随时间的变化如图 5-29 所示，厚度小时，降温速率比较快，厚度较大时，降温速率较慢，但对最终冻结温度的影响不大，均低于 −34℃ 的共晶点温度。

纳豆激酶溶液的厚度与降温速率之间的关系如图 5-30 所示，图中离散点为实测值，实线为回归方程曲线。回归方程为

$$c = 11.41608 - 0.50899h$$

式中，c 为降温速率，℃/min；h 为物料厚度，mm。相关系数 $R = 0.99691$，拟合效果显著。根据回归方程可求出物料不同厚度（3~15mm）时的降温速率。

真空度降到 500Pa 左右时，物料温度迅速下降，同时可观察到物料会起泡，甚至产生飞溅现象。另外在物料厚度超过 10mm 时，还会有二次沸腾现象。这是因为在 500Pa 左右，物

**图 5-30　纳豆激酶溶液厚度对真空
蒸发冻结速率影响**

料表面蒸发速率非常快，物料上层会先冻结，物料下层来不及冻结，但之后冻结层上空压力还在继续减小，冻结层上下压差产生的压力大于冻结层的强度极限时，会引起二次沸腾，蒸发加速，造成降温速率又一次突然增加，这一点从图 5-29 中也可以看出来。实验过程中还发现若将搁板温度预先降到 −10℃，可大大减小因沸腾导致的飞溅现象。

5.7.2.2 纳豆激酶溶液冻结物的干燥

上述纳豆激酶溶液采用真空蒸发冻结方法冻结后，继续抽真空，并用隔板加热，以补充

升华热。图 5-31 中为装料厚度为 6mm 时，纳豆激酶溶液的抽真空冻结干燥过程典型的工艺曲线。

在纳豆激酶含水量为 95.57% 的条件下，采用表 5-14 所示四因素三水平的正交实验，得出的综合结果列于表 5-15 中。干燥后的纳豆激酶含水量最高为 4.64%。

从表 5-15 极差 R_1 可看出，冻干过程中几个影响纳豆激酶活力的因素主次顺序是：控制温度、冻结方式、真空室压力、物料厚度。试验 4 酶活力最高，工艺参数为控制温度 $-5℃$，

图 5-31　真空蒸发冻结纳豆激酶冻干曲线
1—搁板控制温度；2—冷阱温度；3,4—物料温度；5—真空度

装料厚度 6mm，真空蒸发冻结，真空室压力 10Pa，干燥时间 730min。从表 5-15 极差 R_2 可看出，冻干过程中几个影响冻干总时间的因素主次顺序是：物料厚度、冻结方式、控制温度、真空室压力，实验 3 时间最短，但酶的活性不高，且一次加载的干燥量少，综合考虑试验 4 工艺最好。

表 5-14　纳豆激酶溶液冻干正交实验表

水平	厚度/mm	压力/Pa	主干燥阶段控制温度/℃	冻结方式
1	3	10	−10	搁板
2	6	20	−5	冰箱
3	9	30	2	抽真空

表 5-15　纳豆激酶正交实验结果及极差分析

编号	厚度/mm	压力/Pa	控制温度/℃	冻结方式	酶活力 U/(10mg/mL)	总冻干时间/min
1	3	10	−10	搁板	150.3	580
2	3	20	−5	冰箱	137.5	450
3	3	30	2	抽真空	128.9	410
4	6	10	−5	抽真空	152.5	730
5	6	20	2	搁板	130.5	800
6	6	30	−10	冰箱	140.6	750
7	9	10	2	冰箱	138.2	1080
8	9	20	−10	抽真空	148.2	1410
9	9	30	−5	搁板	140.2	1320
k_1	138.200	142.633	145.667	138.967		
k_2	141.200	138.733	143.733	138.100		
k_3	140.867	138.900	130.867	143.200		
极差 R_1	3.000	3.9	14.8	5.1		
k_1	480.000	796.667	913.333	900.000		
k_2	760.000	886.667	833.333	760.000		
k_3	1270.000	830.000	763.333	850.000		
极差 R_2	790.000	90	150.000	140.000		

纳豆激酶物料厚度较小时，适合抽真空冻结干燥，抽真空冻结速率快，不仅酶活率高，还节省了预冻时间，且预冻时纳豆激酶溶液内的自由水开始蒸发，干燥（浓缩）即已开始，缩短了总的干燥时间，提高了生产效率。

研发合理的冻干添加剂，如添加甘油、丙二醇、牛血清蛋白、明胶、海藻酸钠等有利于提高酶的热稳定性，可进一步提高酶的存活率，升高控制温度，减少干燥时间。

5.8 人血液制品的冻干

我国低温生物学研究的创建人华泽钊教授曾指出[30]，如果能将人的细胞（如红细胞等）进行成功的冷冻干燥，那么人们就可以将自己的细胞，通过冷冻干燥成为粉末，密封在玻璃瓶内，放在室温或冰箱中安全地保存数年或数十年。待急需时，只要复水就能复活使用。如果这种技术能获得成功，将具有十分重要的应用前景，并可望给临床医学带来重大的变革。所以，人血细胞冻干保存的研究现在仍然是冻干领域的焦点之一。近年来，上海理工大学和浙江大学的师生在这方面做了许多工作。

5.8.1 红细胞冻干

20 世纪后期，Goodrich[31~33]连续报道了用含高聚物、碳水化合物和聚阴离子化合物的溶液做低温保护剂冻干红细胞的实验结果，验证了不同种类、不同相对分子质量、不同浓度的保护剂的保护效果。细胞悬液在温度-56℃，压力小于 13Pa 的条件下，冻干 6~24h 使残余水分含量小于 3%。在 37℃，用含 25.5%蔗糖的磷酸盐缓冲溶液复水，细胞恢复率达 65%，冻干复水后代谢酶维持正常的活性，血色素也维持正常的生理功能，与新鲜的红细胞类似。之后，Rindler[34,35]等探讨了冻结速率、干燥温度以及保护剂对红细胞冻干存活率的影响。他们采用 HES 和麦芽糖做保护剂，冻干搁板温度控制在-5~-65℃之间，结果发现在-35℃冻干效果最好，麦芽糖的保护效果比海藻糖、蔗糖和葡萄糖好。冻干复水后的最高恢复率达到 47.9%。但他的冻结速率为 4200℃/min。关于冻干保存的红细胞复水后的人体输注实验，Weinsteind 等做了初步报道。他们采集 4 名健康志愿者的静脉血 400mL，4℃存放过夜，然后冷冻干燥保存。给献血者回输的当天将冻干红细胞复水，用放射性同位素标记红细胞后，取 20mL 在 5min 内输完。结果表明，冻干复水后的红细胞回输后未见临床不良反应，24h 后红细胞体内回收率为 85.2%±2.79%，红细胞半寿期为 31.0d±8.19d。目前人们对红细胞冻干的研究主要聚焦于冻干保护剂的筛选、导入以及冻干工艺的优化等。

5.8.1.1 甘油对红细胞冻干的影响

吴正贞等人进行了甘油对冻干红细胞的保护作用的实验研究[36]。血液在 4℃下 1500r/min 离心 10min，弃上清，用等渗 PBS 缓冲液（9g NaCl，2g Na_2HPO_4，0.142g KH_2PO_4，定容至 1L，pH7.2）于相同条件下离心洗涤 3 次，最后用 PBS 缓冲液配制成压积比为 60%~65%的红细胞悬浮液，置入 4℃冰箱备用。

甘油溶液用等渗 PBS 缓冲液配制，按照预定的体积比加入到洗涤后的红细胞悬液中，并混合均匀，使甘油的最终质量浓度分别为 100g/L、200g/L、300g/L、400g/L。加完后平衡 30min，2000r/min 离心 5min，去甘油。

按质量分数分别为 20%蔗糖、20% PVP、7%柠檬酸钠、10%胎牛血清配制保护剂，使用时，将保护剂按预定的体积比加入到不同甘油浓度处理后的红细胞悬液中，并混合均匀，然后取 1mL 加入到 2.5mL 安瓿瓶中。

冻干实验是在经过改造的 Freez-one2.5 型冻干机中进行的，改造后搁板可以通过手控在冻干室和冷阱中移动，以控制搁板温度和充分利用冷阱的冷量。实验前，开启冻干机，使冷阱降温，通过升降装置将吊架降至冷阱底部，使搁板在冷阱中进行预冷，当搁板温度降低至 $-70℃$ 后，将样品放于搁板上降温至 $-60℃$，此时监测得到悬液的降温速率约为 1.5℃/min，保持 1h，使之完全冻结。启动真空

图 5-32　红细胞悬液冻干曲线

泵，待真空度稳定后，手动调节升降装置将吊架上移，保持一次干燥样品温度为 $-30℃$，真空度低于 10Pa，持续 30h。进入二次干燥后，进一步将吊架上移，使吊架离开冷阱，样品温度可保持在 10℃，持续 10h，冷阱温度为 $-84℃$。冻干曲线见图 5-32。实验中，不同甘油浓度对冻干红细胞回收率的影响关系如图 5-33 所示。

图 5-33　冻干红细胞回收率与甘油浓度之间关系

由图 5-33 可见，采用甘油处理后，冻干红细胞回收率均高于未采用甘油处理对照组的红细胞的回收率，这是因为作为渗透性保护剂，甘油能很快进入细胞内，在冰点下能与细胞内外游离水牢固结合，使电解质深度降低，减少或避免蛋白变性。从图中还可看到，红细胞回收率随着甘油浓度的增加逐渐提高，采用质量浓度

400g/L 的甘油处理的效果最好，红细胞的回收率达到 51.4%。实验过程中，用显微镜观察冻干前后的红细胞形态，如图 5-34 所示。

(a) 冻干前新鲜红细胞(×400)

(b) 冻干-复水后的红细胞(×400)

图 5-34　红细胞冻干前后显微镜照片

由图 5-34 可见，就红细胞的形态而言，冻干前红细胞形态规则，分布均匀，颜色透亮，细胞膜中包裹血红蛋白；冻干-复水后的红细胞虽然有部分聚集现象，但有部分红细胞具有

完整的形态。更高浓度的甘油处理效果、干燥过程中甘油是否被抽除、复水洗涤后红细胞内的甘油残余量等问题还有待于进一步研究。

5.8.1.2　海藻糖对红细胞冻干的影响

何晖等人研究了海藻糖载入的红细胞冻干[37]。全血在4℃下用0.9% NaCl溶液洗涤3次，收集红细胞，用等渗PBS缓冲液（pH 7.2）配制压积比为40%~50%的红细胞悬液。向红细胞中分别加入不同浓度的葡萄糖（20℃），静置20min后离心，测量上清液渗透压（作为胞内渗透压），向获得的浓集红细胞中加入最终浓度为4%的海藻糖，静置30min，计数和计算细胞平均体积，离心后测量溶液渗透压（作为胞外渗透压），检测海藻糖含量。

葡萄糖可以渗透进入细胞，红细胞在葡萄糖液中平衡后，胞内的渗透压溶液的渗透压相当，离心后在4%的海藻糖中平衡30min。测量胞内、外的渗透压及胞内海藻糖的浓度，结果如表5-16所示。从表中可以看出，胞内海藻糖的浓度取决于胞内外之间渗透压差。当胞内外之间渗透压差为295.8mmol/L或443.1mmol/L时，胞内海藻糖浓度均低于15mmol/L；当渗透压差为1369.8mmol/L时，胞内海藻糖增加到43.2mmol/L。继续增加渗透压差，胞内海藻糖浓度达到43.8mmol/L，这时渗透压差对胞内海藻糖浓度的增强作用已经不十分明显，表明海藻糖水平已达到饱含态势。高渗的葡萄糖使胞内的渗透压增加，细胞被压缩；当与低渗的海藻糖混合时，细胞在溶液重新达到平衡的过程中体积膨胀，并借助胞内外的渗透压差促使海藻糖渗透入胞内，这种现象与高渗情况下膜通透性变化有密切关系。

表5-16　渗透压差对胞内海藻糖浓度的影响

葡萄糖的浓度/%	胞内的渗透压/(mmol/L)	胞外的渗透压/(mmol/L)	胞内外之间渗透压差/(mmol/L)	胞内海藻糖的浓度/(mmol/L)
8	392.5	96.7	295.8	8.5
10	541.2	98.1	443.1	13.6
15	832.7	95.6	737.1	26.9
20	1149.8	90.4	1059.4	34.6
25	1462.4	92.6	1369.8	43.2
28	1526.1	97.4	1428.7	43.8

$T_g = -28.2℃$

玻璃化转变区域

图5-35　差示量热扫描热流曲线

选用30%聚乙烯吡咯烷酮、5%胎牛血清、7%檬酸钠以及15%海藻糖作为红细胞的保护液，将红细胞配制成冻干溶液，采用差示扫描量热仪（DSC）测定冻干溶液的玻璃化转变温度（T_g'）降温速率是150℃/min，升温过程中的扫描速率为20℃/min。图5-35是冻干溶液的差示量热扫描热流曲线，溶液的玻璃化转变温度为-28.18℃。

取混匀的冻干悬液1mL加瓶瓶中，在4℃下平衡20min；以10K/min速率降温至-60℃，恒温2h后快速置入冻干机中。升华干燥过程样品的温度低于-40℃，持续

30h。解析干燥过程样品的温度低于20℃，持续1h。干燥箱内的真空度低于10Pa。冻干过程结束后样品放入真空密封袋，并保存于4℃冰箱中。

对不同胞内海藻糖浓度红细胞冻干，检测其存活率，结果如图5-36所示。胞内不添加海藻糖时，细胞的存活率为31.6%；当胞内海藻糖浓度增大到8.5mmol/L时，细胞的存活率没有明显变化，说明胞内海藻糖浓度过低或仅有胞外海藻糖对细胞的保护作用有限。当海藻糖浓度为43.2mmol/L时，细胞的存活率增加到53.6%，与不添加海藻糖相比，细胞的存活率提高了22%。

图5-36　胞内海藻糖浓度对复水冻干红细胞活性的影响

细胞的存活率不同可以用胞内海藻糖浓度的不同来解释，细胞的存活率的升高说明胞内海藻糖浓度同细胞在冻干不利条件下的抗逆耐受力呈正相关关系。当胞内海藻糖浓度为43.8mmol/L时，细胞的存活率增加却不明显，说明胞内海藻糖达到一定的浓度后对细胞的保护作用有限。考虑到胞内海藻糖浓度继续升高的幅度有限，认为43.8mmol/L为较佳的添加浓度。

对冻干前后红细胞的SOD活力测定，结果如图5-37所示。从图中可以看出，胞内不添加海藻糖时，SOD活力只有新鲜对照的70%；胞内海藻糖浓度为43.8mmol/L时，SOD活力与新鲜对照比较差别不明显，其他浓度的保护效果相对较差，这可能与不同胞内海藻糖浓度对红细胞SOD活力的保护作用大小不一样有关。

图5-37　胞内海藻糖浓度对复水冻干红细胞SOD活性的影响

在冻结过程和干燥脱水过程中，红细胞膜是受到损伤的主要部位，复水后不能抵抗溶液渗透压急剧变化的冲击，易导致细胞膜破裂。以往的研究表明，红细胞首先

图 5-38　红细胞冻干复水后的形态 （200×）

在其 3～5 倍生理渗透压的溶液中平衡，逐渐过渡到等渗状态，可以有效地减小渗透压对膜的冲击。染色后光镜观察其形态，43.8mmol/L 的胞内海藻糖浓度的冻干红细胞复水后的形态如图 5-38 所示，从图中可以看到，细胞结构保持完整，表面均呈凹状，分布均匀。

5.8.1.3　预冻温度和搁板温度对红细胞

权国波等人研究了预冻温度和冻干机搁板温度对冷冻干燥红细胞的影响[38]。进行了两组实验，第一组预冻温度分别为：-20℃，-35℃，-45℃，-80℃和-196℃，预冻 2h，再移入冻干机内抽真空干燥，冻干机搁板温度设定为-35℃，压力为 200mbar；第二组-80℃下预冻 2h，再移入冻干机内，在搁板温度分别为-20℃，-25℃，-30℃，-35℃，-40℃和-45℃下进行抽真空干燥。整个实验中冷阱温度为-50℃，真空压力为 200mbar。

第一组实验结果表明，当预冻温度等于或低于-20℃时，冻干后红细胞和血红蛋白回收率之间无显著差异，但当预冻温度为-196℃时，上清游离血红蛋白含量显著高于其他各组。第二组实验结果表明，当搁板温度等于或高于-25℃时，样品无法冻干。再水化后，除了-35℃组的游离血红蛋白浓度显著高于-30℃、-40℃和-45℃组外，其他指标 4 组之间无显著差异。但当洗涤至等渗后，-40℃和-45℃组的红细胞回收率显著高于-30℃和-35℃组，而血红蛋白回收率 4 组之间无显著差异。另外，-40℃和-45℃组的游离血红蛋白浓度显著高于-30℃和-35℃组。当搁板温度等于或高于 25℃时，冻干时间延长到 40h 仍不能完全冻干样品；当搁板温度等于或低于-30℃时，在一定时间内样品可以完全冻干，但随着搁板温度降低，冻干时间也相应延长。

分析实验结果认为，上述实验中，当预冻温度为-20℃时，尽管预冻温度没有达到体系的固化温度，但冻干效果仍然较好，这主要是由于体系最终要处于搁板温度下冻干，可以通过二次冷冻实现完全固化。通常，冻干机搁板温度远远高于预冻温度。如果预冻温度很低，那么当样品从该温度下移入冻干机搁板时，温度上升幅度很大，有明显的复温现象，这可能会造成样品二次结晶，从而对细胞造成机械损伤。如果预冻温度较高，由于降温速率相应降低，渗透性保护剂可以充分进入细胞内，而又有研究认为良性内源冰晶可以通过防止细胞脱水增加细胞对冷冻伤害的耐受性[39]，而且由于预冻温度和搁板温度之间的温差变小，红细胞可免受复温所造成的伤害。固化温度是溶液真正全部凝成固体的温度，它对红细胞的冻干效果有重要影响。保护体系的结冰过程和纯液体不同，纯液体有一个固定的结冰点，而由于保护体系含有大量不同种类溶质，它不是在某一固定温度下完全凝成固体，而是在某一温度时，晶体开始析出，随着温度的降低，晶体的数量不断增加，直到最后，溶液才全部凝结，所以保护体系并不是在某一固定温度凝结，而是在某一温度范围凝结，最终保护体系全部凝结成固体的温度才是体系的固化温度。上述实验中采用的冻干体系固化温度为-20℃，如果要获得较好的冻干效果，必须使预冻温度低于-20～-80℃，而搁板温度等于或低于-30℃。

5.8.1.4　保护剂玻璃化状态对红细胞冻干的影响

权国波等人还研究了保护液的玻璃化状态对红细胞冷冻干燥保存后回收率的影响[40]。采用含有7%（体积分数）二甲亚砜和200g/L、300g/L、400g/L或500g/L聚乙烯吡咯烷酮（PVP）的缓冲液作为保护液，进行保护液的玻璃化测试和红细胞的冻干保存实验。首先检测溶液的玻璃化状态，如果冷冻和解冻过程中任一过程出现白色冰晶即为非玻璃化溶液；再将浓集红细胞和不同的保护液按比例混匀，预冻后移入冻干机内进行冻干处理；冻干完毕后，快速水化样品，测定红细胞回收率、血红蛋白回收率和上清游离血红蛋白浓度，然后对冻干后红细胞形态进行电镜观察。结果表明：20%PVP+7%DMSO和30%PVP+7%DMSO在冷冻和解冻过程中都出现白色冰晶；40%PVP+7%DMSO在冷冻过程中无冰晶出现，但在解冻过程中出现冰晶；而50%PVP+7%DMSO在冷冻和解冻过程中均无冰晶出现。冻干红细胞再水化后，40%PVP+7%DMSO的细胞回收率和血红蛋白回收率分别为81.36%和77.54%，显著高于其他3组；另外40%PVP+7%DMSO的上清游离血红蛋白浓度也显著低于其他3组。研究表明：随着溶液中PVP浓度的升高，溶液的玻璃化程度也随之增加，同时冻干-再水化后红细胞的各项指标也随之改善，当溶液中PVP度为40%时，达最佳效果；但当进一步提高PVP浓度至50%时，溶液为玻璃化溶液，但结果反而不佳。保护液的玻璃化状态对红细胞冰冻干燥保存后回收率的影响应该从两个角度来考虑。一是溶液玻璃化程度，随着溶液玻璃化程度的加深，避免了深低温保存时红细胞受到的冰晶伤害和由于局部离子浓度过高而造成的化学伤害；二是真空干燥，对于抽真空干燥而言，由于大分子物质具有很强的亲水能力，所以随着溶液玻璃化程度的加深，样品水分的蒸发也变得越困难，从而可能影响冰冻干燥后红细胞的质量。

5.8.2　血小板冻干

血小板是血液中的一种重要组成成分，它主要参与血栓形成和凝血过程[41]。在大量失血和化疗、放疗等处理后造成的血小板减少症患者的治疗过程中，需要进行血小板输注。因此，保证足够的血小板贮备和供应显得尤为重要。血小板的保存方式可以是：①常温（22℃±2℃）保存，此条件下保存的血小板由于部分活性的丧失和微生物的污染，根据美国药品监督管理局规定最多只能保存5天；②冰冻保存，这种保存方法可以大大延长血小板的保存时间，临床实验证明冻-融血小板聚集功能仅为新鲜血小板的50%~60%，而且需要笨重的存储设备。而冻干保存的血小板质量轻，便于储运，而且有望长期保存，有很好的应用前景。

早在20世纪50年代，人们就开始了对冻干血小板的研究。然而，在当时的研究中并没有得到人们所期望的实验结果。直到70年代末80年代初，Read等发展了这项技术，并利用固定后冻干血小板保持了vWF受体活性的特点对人和动物血浆中的vWF进行检测。从此，对冻干血小板的研究又焕发出新的生机。1995年Read等用多聚甲醛固定的方法提高血小板在冻干过程中的渗透稳定性[42]。这种方法的主要缺点是多聚甲醛与膜和蛋白质会发生不可逆的交联作用，改变血小板的化学结构，削弱正常的止血作用并导致免疫反应。此外这种冻干血小板必须反复冲洗以除去毒性固定剂，这会导致大量的恢复损失，因此这个方法目前还不能用于临床。2001年Wolkers等人在冻干血小板的研究中取得了突破性的进展[43]。他们发现血小板在37℃时，能通过液相内吞作用将不可渗透的海藻糖从细胞外环境有效地载入到细胞内部，4h内海藻糖的载入效率就超过50%。将载入海藻糖浓度大于15mmol/L的血小板重悬于含海藻糖和白蛋白作冻干保护剂的缓冲液中，冻干至残余水含量为3%~5%。经水蒸气预水合及复水后的血小板恢复率达到85%，对凝血酶（1U/mL）、胶原蛋白（2μg/mL）、ADP（20μmol）和瑞斯托菌素（1.6mg/mL）的收缩反应与对照组的新鲜血小板几乎相同。傅立叶变换红外光谱学分析表明冻干复水后血小板的膜以及膜蛋白成分与新鲜血小板相似。目前，Wolkers等已经将冻干复水的血小板浓度提高到$1 \times 10^9 mL^{-1}$，体积扩大到血库中标准血袋的单位，冻干的血小板在室温下至少保存6个月，复水后得到大于85%的恢复率。Bode等人将冻干复水后的人血小板输注到免疫抑制的血小板缺少的兔模型体内[44]，在输注1h后进行止血时间和体内循环回收率的评价。实验结果表明输注冻干复水后的人血小板1h后的止血时间为252s，与输注同样数量的新鲜人血小板后的止血时间没有统计学的差别。然而输注冻干复水后的血小板1h后体内循环的回收率为43%~61%，低于同样条件下新鲜血小板77%的恢复率。他们的一些研究结果表明冻干复水后人血小板在体内循环过程中依然保持了部分功能。

5.8.2.1　保护剂对血小板冻干的影响

刘景汉等人对冷冻干燥保存血小板进行了实验研究[45]。实验配伍设计为：5份血小板，各准备15mL。设对照组和2个实验组，对照组为新鲜富含血小板血浆，不进行任何处理。每份血小板分3个试管，2mL/管，分至各组，剩余的离心（2287g，15min），留取少量血小板血浆备用。冻干前进行了海藻糖负载处理。血小板中加入预处理液，实验组1含海藻糖45mmol/L和二甲基亚砜（DMSO）3%；实验组2含海藻糖45mmol/L，DMSO3%，保达新（PGE1）1μmol/L，左旋精氨酸（L-Arg）5mmol/L，植酸钠（Phy）0.5mmol/L和百维利肽（Bivaridin）0.5μmol/L。将各组样品混匀后，37℃水浴4h，每20min振摇1次。经预处理后，厚度<1cm的血小板悬液进行冻干。冻干的程序为：以5℃/min的速度从22℃降至-5℃；再以2℃/min从-5℃降至-60℃；-60℃以下维持1h以上；一级干燥，-30℃，1h，50mTorr；二级干燥，架上温度以0.2℃/min的速度从-30℃升至20℃，50mTorr。一级干燥和二级干燥之间采用快速直接升温，避免梯度升温。真空干燥完毕后，样品室温下在冻干机中至少放置24h，然后用于试验或封装保存室温或4℃放置。

冻干的血小板的预水化，在37℃湿度饱和的密闭环境中水浴4h，使水含量达25%左右。预水化处理后，再水化按1:4进入等渗的复水液/H_2O（3/1，体积比）中再水化。复水液含NaCl 116.0mmol/L，枸橼酸钠13.6mmol/L，Na_2HPO_4 8.6mmol/L，$KH_2PO_4$1.6mmol/L，EDTA 0.9mmol/L，葡萄糖11.1mmol/L，PGE1 1mol/L，L-Arg 5mmol/L，Phy 0.5mmol/L，Bivaridin 0.5μmol/L，DMSO 3%，pH=6.8。

经冷冻干燥、再水化后，两个实验组血小板回收率分别为53.67%和56.29%，实验组之间未见明显差异。凝血酶诱导的血小板聚集，冻干的血小板与新鲜血小板无明显差异；二磷酸腺苷（ADP）和丙基没食子酸propylgallate诱导的血小板聚集，冻干的血小板显著低于新鲜血小板，聚集抑制率均小于50%。再水化后的冻干血小板实验组1 CD62p表达率高达97.19%，实验组2 CD62p表达42.36%，均显著高于对照组（4.18±3.91）；实验组间CD62p表达差别显著，实验组2显著低于实验组1。实验组1 CD62p再表达率为0.31%，实验组2 CD62p再表达率为50.88%，显著高于实验组1。两个实验组血小板PAC-1表达均较低，与对照组相比较无显著性差异；凝血酶作用后的PAC-1再表达及再表达率均与对照组接近，无明显差异。冻干的血小板再水化后仍保留良好的促凝血活性，与新鲜血小板无显著性差异，实验组间也未见明显差异。

周新丽等人研究了糖的浓度和种类对人血小板冷冻干燥保存的影响[46]。实验中选择了三种糖类保护剂，对其中的海藻糖还考查了不同浓度的作用。实验结果列于表 5-17 中。

表 5-17　冻干复水后血小板的恢复率

保护剂配方	血小板冻干保存的数值恢复率/%	冻干保存的非活化血小板的恢复率/%
1%海藻糖	74.2±9.2	59.4±8.5
5%海藻糖	83.2±4.8	66.8±6.6
10%海藻糖	88.4±5.2	74.9±6.5
15%海藻糖	91.8±4.6	82.0±3.8
20%海藻糖	93.0±5.3	85.7±3.4
20%蔗糖	83.5±3.1	71.0±5.4
20%乳糖	89.1±3.4	78.3±5.9
20%麦芽糖	91.1±6.9	81.4±4.8
20%葡萄糖	90.5±5.1	80.5±4.3

表 5-17 中数据表明，冻干复水后血小板的数值恢复率随海藻糖浓度的增加而增加．海藻糖质量分数增加到 20% 时，冻干复水后血小板的最高数值恢复率达到 93.0%，非活化血小板的最高恢复率达到 85.7%，显著高于 1% 和 5% 海藻糖组；对于质量分数均为 20% 不同种类的糖保护剂，非活化血小板的恢复率都达到 70% 以上，20% 海藻糖略优于其他几种糖，但它们之间没有显著性差异。之前的文献强调过海藻糖在非理想条件下，如高温、高湿度的环境，具有稳定干燥生物材料的特殊性能．但是，在理想条件下生物材料的干燥和贮存，糖种类之间的差别逐渐减小，海藻糖也没有体现出明显的特殊性能。

经扫描电镜观测，冻干复水后的血小板保持了完整的细胞结构，但与扁平圆盘状的新鲜血小板相比略呈球形，有些相邻的细胞出现相互融合的现象；冻干复水后的血小板对 1U/mL 凝血酶有较好的聚集功能，但是其聚集速度比新鲜血小板慢。

5.8.2.2　冻结速率对血小板冻干的影响

周新丽等人也研究了冻结速率对血小板冻干保存的影响[47]。富含血小板的血浆在 480g 离心 15min，使血小板沉淀，弃去上层血浆。然后加适量生理盐水使之悬浮洗涤，在 480g 离心 10min 收集血小板，重复此操作两次。将洗涤后的血小板重悬于冻干缓冲液中，制成血小板浓度约 0.2×10^9 个/mL 的冻干悬液。冻干缓冲液以 9.5mmol/L HEPES，142.5mmol/L NaCl，4.8mmol/L KCl，1mmol/L $MgCl_2$ 做基准溶液，以 1% 牛血清白蛋白（BSA）和 20% 海藻糖做保护剂。

将血小板冻干悬液 1mL 等量分装至直径为 25mm 的玻璃瓶中，用如下三种冻结方式进行冻结，并通过布置在玻璃瓶底部中心的铜-康铜热电偶测量溶液的冻结速率。①梯度降温：玻璃瓶放在处于室温的冻干机搁板上，搁板以恒定的降温速率降至 -50℃，这种方法得到冻干悬液的冻结速率约为 0.5℃/min；②搁板预冷：玻璃瓶放在预冷至 -50℃ 的冻干机搁板上，这种方法得到冻干悬液的冻结速率约为 10℃/min；③液氮冻结：玻璃瓶直接浸入液氮中，这种方法得到冻干悬液的冻结速率约为 200℃/min。冻结溶液在冻结平衡温度下维持 1h 后进入干燥阶段。

干燥在自行研制开发的低温冷冻干燥装置中进行，开启冷阱制冷阀使冷阱温度降至−60℃以下，开启真空泵使冻干室真空度达到15Pa，搁板制冷停止，搁板温度升至−38℃，维持这样的一次干燥条件20h。此后，以0.2℃/min的加热速度使搁板温度升高至20℃并维持在此温度直到二次干燥过程结束，这个过程共持续8h。

三种冻结方法得到的降温过程曲线如图5-39所示。可以看出液氮冻结得到最快的冻结速率，完全检测不到冻结的相变阶段，说明它提

图5-39   三种冻结方式的降温曲线图

供了足够快的冷却速率，相变潜热一产生就立刻被除去。梯度降温是最慢的冻结方式，产生很大的过冷度。三种冻结方法之间的差别非常明显。

血小板冻干悬液在冻结固化后，冰晶通常镶嵌在蛋白质和糖类形成的保护剂浓缩基质中，干燥过程中冰晶完全升华，原来被冰晶占据的位置就成了孔状结构，而蛋白质和糖类形成的保护剂浓缩基质就成了网状结构，血小板细胞包裹在保护剂浓缩基质中。因此，冻干样品横截面上孔的大小，可以间接反映出冻结过程中形成冰晶的大小。为了研究冻结速率对细胞外形成冰晶大小的影响，用放大500倍的扫描电镜观察冻干样品的横截面，如图5-40所示。保护剂浓缩基质的成分是1％牛血清白蛋白（BSA）和20％海藻糖，且0.2×10⁹个/mL血小板的加入不会影响冻干后保护剂基质的结构。图5-40（a）显示梯度降温的样品形成约50μm的冰晶，冰晶的大小和形状不均匀且生长方向杂乱；图5-40（b）显示搁板预冷的样品形成约20μm的冰晶，冰晶的大小和形状比较均匀且生长方向一致；图5-40（c）显示液氮冻结的样品形成约10μm的冰晶，冰晶大小和形状均匀且生长方向一致。

(a) 梯度降温

(b) 搁板预冷

(c) 液氮冻结

图 5-40　冻干样品横截面的扫描电镜照片（500×）

　　三种冻结速率下冻干的血小板在室温保存 30 天后复水，将血浆（PPP）：水＝1：1 的复水溶液 1mL 在室温下直接加入每个冻干样品瓶中，轻轻振荡直到样品完全溶解于复水溶液中。冻干复水后的恢复率如图 5-41 所示。搁板预冷得到的恢复率最高为 93.02％，其次是液氮冻结的恢复率，为 83.59％，梯度降温的恢复率最低，为 73.76％。

图 5-41　冻结速率对血小板冻干复水后恢复率的影响（n＝6）

(a)　　　　　　　　　　　　　(b)

图 5-42　新鲜血小板（a）和冻干复水后血小板（b）的扫描电镜照片（5000X，比例标尺＝5μm）

　　将搁板预冷方式冻结并干燥并复水后血小板的形态用扫描电镜进行观察并与新鲜血小板对照，如图 5-42 所示。新鲜血小板呈扁平的圆盘状［图 5-42（a）］，复水后的血小板保持了完整的细胞结构，但在形态上有膨胀的趋势略呈球形，有些相邻的细胞出现相互融合的现象［图 5-42（b）］，这说明冻干保存使血小板的形态发生了一定的改变。

　　用对 1U/mL 凝血酶的聚集曲线评价搁板预冷方式冻结并干燥的复水后的血小板的聚集功能，如图 5-43 所示。新鲜血小板的最大聚集率为 62％，坡度为 158［图 5-43(a)］，冻干复水后血小板的最大聚集率为 52％，坡度为 68［图 5-43(b)］。这说明冻干复水后的血小板维持了较好的聚集功能，但是其聚集速度比新鲜血小板慢。

(a)　　　　　　　　　　　　　(b)

图 5-43　新鲜血小板（a）和冻干复水后血小板（b）对 1U/mL 凝血酶的聚集曲线

　　周新丽等人的这项研究说明，除了保护剂系统对血小板冻干保存效果的影响较为突出外，冻结速率也是影响血小板冻干保存有效性的关键因素。实验结果表明，梯度降温的冻结方式产生的细胞外冰晶最大，得到冻干血小板的恢复率最低；搁板预冷的冻结方式产生的细胞外冰晶较小，得到冻干血小板的恢复率最高；液氮快速冻结反而会产生负面效应使冻干血小板恢复率下降。这可能是因为过快的冻结速率引起了细胞内冰晶的形成，抵消了快速冻结所带来的优势。此外，液氮冻结的样品在冻结结束后，要经历从液氮温度加热到一次干燥操作温度的过程，细胞外小冰晶在此过程中发生一定程度的再结晶，也是冻干血小板恢复率降低的一个原因。因此，正如低温保存存在最佳冻结速率一样，冻干保存也存在最佳冻结速率，过快或过慢的冷却速率都会导致细胞的损伤，降低存活率。在上述实验条件下，对血小板的冻干保存来说，最佳冻结速度约为10℃/min。

5.8.2.3 超声波处理对血小板冻干的影响

2008年浙江大学的张绍志教授研究了超声波对海藻糖载入人血小板过程的影响[48]。将浓度约 1×10^9 个/mL 的人血小板在含 50mmol/L 海藻糖、100mmol/L NaCl、10mmol/L KCl，10mmol/L EGTA、10mmol/L 咪唑的溶液中孵化，温度为37℃，持续时间4h。孵化期间对各试样分别施加 800kHz、不同强度和不同时间的超声波辐射，以不施加超声波辐射的血小板样品为对照组。采用蒽酮硫酸法和分光光度计测量糖含量，并据此计算渗入血小板的海藻糖浓度。结果表明，在超声波辐射强度 $I = 0.8 \text{W/cm}^2$、辐射时间1h时海藻糖载入血小板的浓度最高，达（17.40±2.90）mmol/L，比对照组（11.27±2.53）mmol/L 高54.3%。在光学显微镜下观察经超声波法载入海藻糖后的血小板，发现形态保持完好，与新鲜血小板形态几乎无差别，合适的超声波辐射能够有效强化海藻糖载入人血小板的过程。在张绍志研究的基础上，范菊莉于2012年研究了超声波预处理对血小板冻干的影响[49]。首先将富含血小板的血浆以 480g 离心 15min，使血小板沉淀，弃上层血浆。然后加适量生理盐水重悬，再以 480g 离心 10min 收集血小板，重复洗涤3次。洗涤后的血小板用孵化保护液配制成浓度约 1×10^9 个/mL 的血小板孵化悬浮液。将此血小板孵化悬浮液置于37℃的恒温水浴中孵化4h，同时对样品施加超声波辐射以达到强化海藻糖载入血小板的目的。为防止血小板聚集，孵化时每隔半小时振荡样品。实验装置如图5-44所示。采取 25kHz，0.8W/cm^2 的超声波辐射 30min，并伴随37℃孵化4h，作为冻干前海藻糖载入血小板的预处理方案。经检测，此方案处理的血小板细胞内海藻糖浓度达到（28.9±4.48）mmol/L，与不施加超声波辐射的对照组的（13.2±1.27）mmol/L 相比，提高了118.9%，两者存在显著性差异。

图 5-44 实验装置示意图

载糖处理后的血小板细胞经洗涤后用血小板冻干保护液重悬，调整细胞浓度至 1×10^9 个/mL 左右。取 1mL 血小板冻干悬浮液装入直径为 25mm 的玻璃瓶中，放入 -60℃低温冰箱冷冻2h，将完全冻结的血小板样品取出，迅速置于冻干机的干燥箱内搁板上，冷冻干燥箱搁板预先冷却至 -40℃，冷阱预冷至 -80℃。加载样品后对冻干箱进行抽真空，整个干燥过程中冻干箱内真空度维持在 1Pa 左右。一次干燥开始，搁板温度控制在 -40℃，持续20h；然后搁板温度以 0.2℃/min 升温至 20℃，开始二次干燥，持续约 10h 以上。冻干结束利用自动压盖系统将血小板玻璃样品瓶用橡皮塞密封。

冻干后的血小板样品在25℃室温下用50%血浆溶液（体积比）直接复水。用 CELL-

DYN1700 型血球计数仪对冻干前及复水后的血小板溶液进行计数，并测定其血小板分布宽度，其结果见表 5-18 和图 5-45。

表 5-18 血小板数值减少率及 MPV 膨胀率

组别	血小板数值减少率/%	MPV 膨胀率/%
超声波处理组	9.1±2.41	6.5±0.98
对照组	8.0±0.98	6.3±1.94

(a) 孵化前

(b) 4h孵化后

(c) 30min超声波辐射并孵化4h后

图 5-45 血小板尺寸分布曲线

由表 5-18 可以看出，经 25kHz，0.8W/cm^2 的超声波辐射 30min 并孵化 4h 后的血小板数值减少率及 MPV 膨胀率与仅孵化的血小板无显著性差异。由图 5-45 可以看出，孵化后的血小板尺寸分布比孵化前血小板尺寸分布略宽，但仍较为集中，说明孵化对血小板尺寸分布宽度影响极小，而且，经超声波辐射的血小板与不加超声波辐射仅孵化的血小板相比，其尺寸分布宽度曲线基本相同，这表明 30min 超声波（25kHz，0.8W/cm^2）辐射对血小板尺寸分布宽度基本无影响。

将两组血小板进行冻干保存，复水后，对其进行血液学分析。表 5-19 给出了冻干复水后血小板的数值恢复率及血小板分布宽度值。由表 5-19 可以看出，经超声波辐射并孵化后冻干复水的血小板数值恢复率及 PDW 值与对照组无显著性差异。

表 5-19 冻干血小板数值恢复率及 PDW 值

组别	血小板数值恢复率/%	PDW/%
超声波处理组	83.3±4.88	18.9±1.55
对照组	80.8±4.54	18.1±1.15

尽管实验的超声波强化处理方法明显提高了海藻糖对血小板的载入量，但是，该处理后的胞内保护剂浓度的增加，并未显著提高血小板的冷冻干燥保存效果。这可能是由于冻干前血小板细胞内保护剂海藻糖的浓度存在一个最佳值，而并不是保护剂浓度越高越好。但这项

研究表明，超声波载糖法用于血小板冻干预处理可行。

5.8.2.4 复水条件对血小板冻干的影响

除了冻干工艺和冻干保护剂之外，复水条件对冻干血液制品效果的影响也是显著的。范菊莉等人进行了这方面的研究[50]。之前已经有研究表明预复水步骤能有效帮助血小板的恢复，两个预复水温度35℃和37℃并不存在显著差别，作为复水溶液，50％血浆溶液比PBS溶液具有更好的效果。范菊莉等人研究的是4种不同浓度（25％，50％，75％和100％）的血浆溶液作为复水溶液的影响，结果表明，对于这4种浓度的血浆溶液，75％浓度的血浆溶液效果最好。

这些研究证明，用冷冻干燥法长期保存血小板有一定的可行性和应用前景，但仍需在血小板耐冻耐干机制方面进行深入的研究，同时进一步改进冻干保护剂的配方和优化冻干过程参数，使冻干血小板能够最大限度保持新鲜血小板的生理功能，实现临床应用。

5.8.3 脐带血冻干

脐带血是胎儿娩出、脐带结扎并离断后残留在胎盘和脐带中的血液。近十几年的研究发现，脐带血中含有可以重建人体造血和免疫系统的造血干细胞，可用于造血干细胞移植，治疗多种疾病。因此，脐带血已成为造血干细胞的重要来源，特别是无血缘关系造血干细胞的来源。由于干细胞移植需要配型，非亲属之间的配型完全相同的概率极低，寻找供体非常困难，所以需要有大基数库存才有意义。婴儿出生时的脐带血须立即处理并保存，否则即成废物。目前，脐带血的保存采用的是低温冻存的方式。用深低温冰箱（−86℃）保存只能用于短期冻存，长久保存采用的方式是用程序降温后投入液氮中保存。用液氮保存程序繁杂，液氮消耗量较大，建立脐血库以及维持它营运的费用也高昂惊人。所以实现脐带血的冻干保存，意义远大于其他血液制品的冻干。

5.8.3.1 脐带血有核细胞的冻干

目前国外的报道中还没有脐带血的冻干文献，国内这方面的研究也是近几年才有的。首先是在2003年肖洪海完成了脐带血有核细胞冻干的实验研究[51,52]。将6％的羟乙基淀粉（HES）25mL加入100mL脐带血袋内完全混匀后经500r/min正置离心500min，用压浆板压出富含有核细胞的血浆至一血浆转移袋内，再经300r/min正置离心13min后用自动压浆板压出血浆后收集富集脐带血的有核细胞20mL。使用的冻干容器是容量约为2.5mL的安瓿瓶，每瓶中加入1mL有核细胞悬液，其配方如表5-20中所示。

表5-20 10种实验用的冻干保护剂配方

序号　浓度	PVP	HES	蔗糖	葡萄糖	海藻糖	麦芽糖
1	30％		20％			
2	30％			20％		
3	30％				20％	
4	40％		20％			
5	40％			20％		
6	40％				20％	
7	30％		40％			
8		20％	20％			
9		20％		20％		
10	40％					20％

注：1. 表中均为质量分数。
2. 按以上配置——PVP或HES 0.5mL与0.5mL糖类均匀混合后加入到1mL分离好的脐带血有核细胞当中。

按表 5-20 中配方配置好有核细胞悬浮液,之后将安瓿瓶均匀布置在实验型冻干机搁板上。预冻结过程直接在冻干机搁板上进行。搁板温度最低可降至-40℃。悬液的降温速率为 2~3K/min。预冻结过程持续 3h,此时细胞悬液温度降低至-38℃。冷阱温度达到-40℃后,开启真空泵进入一次干燥过程,在整个一次干燥过程中搁板温度维持在-30℃。当升华界面完全消失并且细胞悬液温度达到-30℃,说明一次干燥已完成。此后提高搁板温度到 15℃,开始进入二次干燥阶段,直至整个冻干过程结束。一次干燥过程持续 30h,二次干燥过程持 11h,整个冻干过程持续时间为 52.5h,冻干曲线示于图 5-46。

图 5-46　脐带血有核细胞悬液冻干工艺曲线

冻干后在每组样品中加入 1mL 的 PBS 复水,发现冻干后的有核细胞在 30s 内能够完全复水,复水性极好。复水后的细胞经 400 倍光学显微镜多次观察确定保护剂配方为 40% PVP+20%蔗糖的实验组 4 冻干保护效果最好,其冻干后观察到的细胞数目约为新鲜样品细胞数目的 15%。选取实验组 4 的两个复水后样品,经 2000r/min 多次离心后分别在流式细胞仪上进行 PI 染色活性鉴别和 CD34+ 抗体跟踪检测 CD34+ 细胞。复水后有核细胞进行 PI 染色活性检测,有核细胞存活率为 55.67%,CD34+ 抗体跟踪检测得到 CD34+ 细胞占淋巴细胞的比率为 3.61%。

5.8.3.2　脐带血全血的冻干

考虑到对脐血的分离会造成有核细胞的大量流失,习德成等人在 2006 年对脐带血全血的冻干进行了初步探讨[53]。实验中以聚乙烯吡咯烷酮(PVP)、海藻糖等为冻干剂进行冻干实验,通过改变脐带血中冻干保护剂组分及浓度,比较冷冻干燥后全血中有核细胞的恢复率。保护剂的配方如表 5-21 所示。

表 5-21　冻干保护剂溶液的配方

序号	PVP	蔗糖	海藻糖	甘露醇	胎牛血清
1					
2	40%		20%		
3	40%	20%	20%		
4	40%	20%		10%	
5	40%		10%	5%	
6	40%		10%	10%	
7	40%		20%	5%	
8	40%		20%	10%	
9	40%		20%	10%	10%
10	40%		30%	5%	
11	40%		30%	10%	

注:表中均为质量分数。

预冷在搁板上进行，冻干悬液的降温速率为 0.4～0.5K/min，整个冻结过程持续 2.5h，预冻到 −38℃。一次干燥时将搁板温度控制在 −30℃，当升华界面完全消失并且维持 1h 后，将搁板温度设定在 15℃，开始进入解析干燥阶段。当物料的温度恒定不变且持续一段时间后，整个干燥过程结束。一次干燥时间持续 15h，二次干燥时间持续 7h。冻干过程工艺曲线如图 5-47 所示。

图 5-47   脐带血全血悬液冻干曲线

每瓶样品中注入 1mL 磷酸盐缓冲液（PBS），轻轻摇晃直至样品完全溶解。样品复水速度较慢，复水时间大约在 3～8min 左右。血液呈暗黑色，可能是由于血液当中的部分红细胞在冻干过程中发生破裂，产生血红蛋白的缘故。

图 5-48 是用细胞计数板计数的冻干前和不同冻干保护剂配方冻干-复水后有核细胞的数量和恢复率，全血样品冻干复水后的有核细胞恢复率最高为 68.392％，最低为 12.858％，未加入冻干保护剂的脐血样品冻干复水后的有核细胞恢复率仅为 8.047％。

图 5-48 表明，按照 40％PVP、30％海藻糖、10％甘露醇的配方配制保护剂，冻干脐带血全血，复水后有核细胞的恢复率能够达到 68.392％。样本在室温下

图 5-48   不同冻干保护剂下脐血全血冻干复水后有核细胞的恢复率情况

放置三周后 PI 活性检仍然能够达到 89.08％，细胞的外形在显微镜下观察也比较完整。与肖洪海的实验结果相比，按同样的保护剂配方做分离后的有核细胞的活性检测，则只有 52.68％。这说明全血中的其他成分在冻干的过程中可能会给有核细胞提供以往习惯的环境，血清等可能会给有核细胞提供营养，使得有核细胞的活性能够较大程度地保持。

5.9   精子的冻干

精子的长期保存在临床生殖医学、低温生物学、濒危物种保存、动物基因等研究中具有重要意义。深低温保存是目前最常用的精子保存方法，但该方法需要长期使用液氮和低温保存设备，这在一些地区是难以实现的，而且运输困难。冷冻干燥法由于样品能在 4℃ 下或室温中长期保存，不需液氮和低温装置，便于运输，近年来已成为精子长期保存研究的新热点。

冻干精子的成功受孕表明冻干过程对精子并不会产生毁灭性破坏[54~58]，部分干燥后的精子仍保留受精能力和染色体完整性。到目前为止，关于鼠、猪、牛、兔以及人类精子冻干的研究都有报道。老鼠和兔子的精子冻干复水后注射到卵细胞中能发育出后代来，而牛和猪等动物的精子冻干实验中，通过注射到卵细胞中能发育到胚泡状态。人的精子冻干后在4℃下保存12个月后，注射到地鼠卵细胞中仍能形成雄原核。这些结果表明冻干过程对精子并不会产生毁灭性破坏，部分干燥后的精子仍保留受精能力和染色体完整性。

图5-49 冻干封口保存的猪精子

5.9.1 猪精子冻干

孟祥黔研究了猪精子的冻干[59]。将新鲜种猪的稀释精液离心处理分离，加入冷冻保护剂，调节精子浓度为 $3 \times 10^8 \text{mL}^{-1}$。将上述精子分装于1.5mL离心管中，放入-40℃的冰箱中冷冻6h。冻结后的精液在7Pa下冻干，温变速率为0.03℃/min，温升-40~-20℃，在-20℃保持1h，温升-20~4℃，在4℃保持1h。然后真空封口（见图5-49），于4℃或-20℃下保存。

冻干保存的精子经复水、孵育后，经检测得到的精子被分为4个等级，如图5-50所示。

图5-50 冻干、复水、孵化后的猪精子分级

A级：顶体完整与尾部完整型

B级：顶体膨胀与尾部完整或出现部分断裂

C级：顶体破损、顶体脱落，尾部完整或出现部分断裂

D级：只剩精子头部

孟祥黔的研究中使用了两种保护剂：海藻糖和EDTA（乙二胺四乙酸）并与未添加保护剂的进行了对照实验。其实验结果表明添加0.2mol/L海藻糖和50mmol/LEDTA保护剂的均好于无保护剂的，添加海藻糖者略优于添加EDTA者，见图5-51~图5-53。

冻干猪精子也在显微镜下进行了卵胞浆内单精子注射（ICSI）试验，如图5-54所示。

添加不同保护剂的冻干猪精子对ICSI后胚胎发育的影响的研究结果表明，加海藻糖保护剂冻干者雄原核形成率为68.52%，高于EDTA的64.59%，更显著高于未添加保护剂的35.36%。

研究还表明，冻干前猪精子是否经过液氮急冻处理，与冻干结果没有显著影响；冻干后的猪精子在4℃或-20℃下保存，无明显差异；保存时间的影响也不显著。这项研究没有研究具体冻干参数对猪精子冻干结果的影响。

图 5-51　用海藻糖做保护剂冻干的猪精子图像

（帽状结构清晰可见，染色质颜色均一）

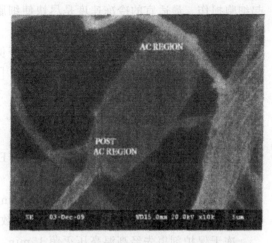

图 5-52　用 EDTA 做保护剂冻干的猪精子图像

（顶体清晰可见，颈部部分损伤）

图 5-53　无保护剂冻干的猪精子图像（顶体脱落）

图 5-54　冻干猪精子 ICSI 实验

5.9.2　人精子冻干

舒志全进行了人精子冻干实验研究[60]。将四组加有保护剂的精子悬浮液分装到冻干瓶中，每瓶中加入 $250\mu L$。将冻干瓶浸在液氮中 30s，然后迅速放置到冻干机中已预冷至 $-60℃$ 的隔板上，开始冻干。冻干程序为：初级干燥隔板温度为 $-50℃$，时间为 420min，压力设定为 6.7Pa；次级干燥对应参数为 10℃，45min，6.7Pa，冷凝器温度为 $-85℃$。冻干结束后在氮气环境下将冻干瓶封盖并密封，然后放入 4℃ 冰箱中保存。冻干样品保存 4~5 周后检测。样品在 10℃ 下恒重，得出样品的残余含水量为 2%~3%。

温度降至大约 $-10℃$ 的临界值时，细胞内的水分结冰，冰晶形成引起的机械损伤会致细胞结构改变。$-5℃$ 左右，细胞内外的水分皆处于非结冰的超冷却状态；$-5 \sim -10℃$ 之间，细胞外结冰，细胞内仍处于超冷却状态。结冰使得细胞外渗透压增高，细胞脱水。此阶段降温要避免细胞内结冰，以保证细胞脱水的发生，又要避免细胞长时间暴露高渗环境，引起过度脱水。严重的脱水会产生溶液效应，导致细胞损伤。其原因是胞内大分子降解，细胞极度皱缩致膜不可逆的塌陷。此外，冰晶形成将细胞局限一个狭窄的空间内，其机械压力也会引起细胞损伤。最适宜的冷冻速度是尽快使细胞外结晶而细胞内不结晶。适宜的冷冻速率因物种而异，人精子冷冻以 $1\sim10℃/min$ 为宜。

实验中在精子标本中分别加入四组冻干保护剂。

A 组——ETBS 组：50mmol/L EGTA［乙二醇双（2-氨基乙基醚）四乙酸］，10mmol/LTriS-HCl，0.5%（体积分数）二甲亚砜，50mmol/L NaCl；

B 组——ETBS＋海藻糖组：50mmol/L EGTA，5mmol/L TriS-HCl，0.5%二甲亚砜，0.2mol/L 海藻糖；

C 组——ETBS＋蔗糖组：50mmol/L EGTA，5mmol/L TriS-HCl，0.5%二甲亚砜，0.2mol/L 蔗糖；

D 组——ETBS＋海藻糖＋蛋黄组：50mmol/L EGTA，5mmol/L TriS-HCl，0.5%二甲亚砜，0.1mol/L 海藻糖，10%（体积分数）蛋黄。

冻干保护剂事先经高温高压灭菌 15min，D 组灭菌后加入新鲜蛋黄。

用 DSC 法对四组保护剂进行的检测结果列于表 5-22。

表 5-22　四种精子冻干保护剂相变温度的 DSC 检测结果

项目		A 组/℃	B 组/℃	C 组/℃	D 组/℃
结晶峰	起始点	−10.6	−11.0	−17.6	−11.1
	终止点	−17.8	−18.4	−21.9	−19.3
融化峰	起始点	−3.8	−5.6	−6.0	−4.5
	终止点	2.8	2.1	0.5	3.2
玻璃化转变	起始点	无玻璃	−42.4	−44.3	−46.6
	终止点	化转变	−39.5	−41.4	−43.4

以四步等体积法向每个冻干样品中加入 37℃ 的等渗 Tris-HCl 缓冲液（pH 为 8.2）进行复水，每步加入 250μL，轻摇样品使分散混匀（第一步加入后 10s 内样品即复水完全），每步之间间隔 3min 以使得渗透平衡。将悬浮液移至离心管中离心 10min，去除上清液后再加入 1mL 等渗 TriS-HCl 缓冲液重悬浮，再离心，如此洗涤三次。

冻干复水后精子的低渗膨胀实验显示，不同保护剂冻干的精子复水洗涤后低渗膨胀率差别较大，ETBS 组膨胀率为 4%，ETBS＋海藻糖组为 12%，ETBS＋蔗糖组为 14%，ETBS＋海藻糖＋蛋黄组为 36%。新鲜对照组精子为 96%。

沈大庆也进行了类似的实验研究[61]。沈大庆的冻干精子彗星实验表明，冻干后的各组精子 DNA 损伤情况和新鲜精子相比较差异无统计学意义，即以 ETBs、ETBS＋海藻糖、ETBs＋海藻糖＋蛋黄为冻干保护剂的均能有效保护人精子的 DNA 免受冻干过程的损伤。

冻干复水后精子形态的电镜照片如图 5-55 所示。由电镜照片可看出：三组保护剂中 ETBS 对精子结构的保护效果最差［图 5-55（a）］，多数精子尾部断裂并与头部分离，头部膜破损，部分精子头部膜破损非常厉害，胞内部分被裸露在外。在 ETBS＋海藻糖组中［图 5-55（b）］，部分精子头部保存较好，尾部虽未断裂，但部分包被剥落，轴丝露出。在 ETBS＋海藻糖＋蛋黄组中［图 5-55（c）］，由于蛋黄难以完全洗涤，所以仍有部分蛋黄残留，可以看到精子一般被包裹在蛋黄中。精子表面虽局部毛糙，但基本保存较好，尾部未发生断裂。图 5-55（d）为新鲜精子。

研究结果表明，在 ETBS 的基础上加入海藻糖能显著减小冻干精子膜和尾部破损比例，而将海藻糖和蛋黄结合使用时能更好地避免冻干后精子形态的破坏，提高低渗膨胀率。其中蛋黄不仅能减小精子在降温时受到的损伤，同时作为一种大分子物质，能为精子冻干提供框架结构，形成多孔介质。所以，用海藻糖和蛋黄修正的 ETBS 保护剂能更好防止精子结构在冻干过程中产生损伤。

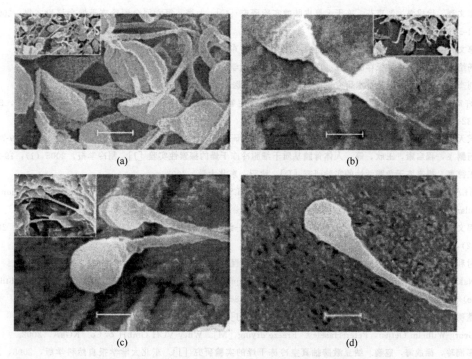

图 5-55　不同保护剂冻干保存洗涤后精子和新鲜精子扫描电镜照片（图中标尺为 $2\mu m$）

　　舒志全的研究中进行了 ICSI 实验。将复水并洗涤后的冻干精子注射到雌性老鼠卵母细胞中，然后将注射了精子的卵母细胞转移到 CZB 溶液中 37℃ 下培养，24h 后检测，认为卵母细胞受精。

参 考 文 献

[1]　黎先发. 真空冷冻干燥技术在生物材料制备中的应用与进展 [J]. 西南科技大学学报，2004，19（2）：117-121.

[2]　孙企达. 冷冻干燥超细粉体技术及应用 [M]. 北京：化学工业出版社，2006：219.

[3]　方之杨，吴中立，高学书，等. 烧伤理论与实践 [M]. 沈阳：辽宁科学技术出版社，1999：74.

[4]　张兆祥，晏继文，徐成海. 真空冷冻干燥与气调保鲜 [M]. 北京：中国民航出版社，1996：151.

[5]　王永成，李安娜. 冷冻干燥保存对布氏菌株性状及其毒力影响的观察 [J]. 中国地方病防治杂志，1989（6）：370-371.

[6]　邵伟，熊泽，唐明. 醋酸菌菌种的冷冻干燥保藏研究 [J]. 中国酿造，2005（11）：7-8.

[7]　朱东升. 乳酸菌冻干保活关键技术研究 [D]. 杭州：浙江大学，2010：19-23.

[8]　刘丹，潘道东. 瑞士乳杆菌冷冻干燥保护剂的研究 [J]. 食品科学，2006（9）：73-75.

[9]　朱红，孙福在，张永祥. 菌种保存方法对冰核细菌冰核活性的影响 [J]. 微生物学通报，1993（3）：137-139.

[10]　郑星铭，王丽. 鼠疫菌种的真空冷冻干燥保存 [J]. 地方病通报，1997（3）：11-13.

[11]　徐斌，王彧，周园，等. 麻疹减毒活疫苗冻干工艺的优化 [J]. 中国生物制品学杂志，2010（12）：1343-1346.

[12]　李六金，贾满民，陈慧茹，等. 猫泛白细胞减少症弱毒冻干疫苗原子研制与探索最佳冻干曲线的研究 [J]. 中国动物检疫，2002（7）：23-25.

[13] 李六金，朱德生，贾满民，等. 解析"犬四联"弱毒疫苗质量与最佳冷冻干燥曲线的关系 [J]. 中国兽药杂志，2003（4）：47-49.

[14] 李光谱，刘景晔，王鹏富，等. 甲型肝炎减毒活疫苗冻干保护剂的研究 [J]. 中国生物制品学杂志，2002（6）：361-362.

[15] 郑文利，徐成海，邹惠芬. 冻干大鼠皮肤的实验研究 [C]. 上海：第六届全国冷冻干燥会议论文集，2000，11：51-53.

[16] 郑文利. 真空冷冻干燥理论及实验研究 [D]. 沈阳：东北大学，1999，12：78-91.

[17] 杨维. 皮肤组织干燥保存的研究 [D]. 西安：西北大学，2009，5：28-42.

[18] 刘杰，许建中. 骨冻干技术研究进展 [J]. 华南国防医学杂志，2008，22（2）：60-62.

[19] 许亦权，胡敏. 冷冻/冷冻干燥处理对犬下颌骨生物力学性能的影响 [J]. 口腔医学研究，2006，22（3）：232-235.

[20] 侯天勇. 冻干组织工程骨与组织工程骨成骨活性比较研究 [J]. 中国修复重建外科杂志，2010（7）：779-784.

[21] 杨鹏飞，程启康，王欣，等. 人体骨髓基质干细胞冷冻干燥的探索性实验 [J]. 制冷学报，2005（1）：19-23.

[22] 王德喜. 提高冻干角膜活性的实验研究 [D]. 沈阳：东北大学，2003.

[23] ALAIN CURTIL, DAVID E. PEGG, ASHLEY WILSON. Freeze Drying of Cardiac Valves in Preparation for Cellular Repopolation [J]. CRYOBIOLOGY, 1997, 34：13-22.

[24] 郭文秀，邓承远，冯谦，等. 一种潜在的溶栓药物—纳豆激酶的研究进展 [J]. 中国微生态学杂志，2006，18（2）：156-158.

[25] 付利，杨志兴. 纳豆激酶的研究与应用 [J]. 生物工程进展，1995，15（5）：46-49.

[26] Nakamura, T., Youher, Y. Eiji, I. Nucleotides equence of the Subtilisin NAT, aprN, of Bacillus subtilis (natto) [J]. Biosci Biotech Biochem, 1992, 56 (11)：1869-1871.

[27] 董明盛，江晓，刘诚，等. 纳豆激酶稳定性的研究 [J]. 食品与发酵工业，2000，27（4）：13-14.

[28] Georg-Wilhelm Oetjen, Peter Haseley. Freeze drying [M]. Wiley-VCH GmbH & Co. KGaA, 2002.

[29] 彭润玲，徐成海，寇巍. 纳豆激酶抽真空冷冻干燥的实验研究 [J]. 东北大学学报自然科学版，2008，29（8）：116-119.

[30] 华泽钊. 人体细胞的低温保存与冷冻干燥 [J]. 制冷技术，2007（2）：16-19.

[31] Goodrich R P, Williams C M, Franco R S, et al. Lyophillization of red blood cells [J]. US Patant, 1989 (4)：874-890.

[32] Sowemimo-Coker S O, Goodrich R P, Zerez C R, et al. Refrigerated storge of lyophilized and rehydrated lyophilized human red cells [J]. Transfusion, 1993, 33：322-329.

[33] Goodrich R P, Sowemimo-Coker S O, Zerez C R, et al. Preservation of metabolic activity in lyophilized human erythrocyte [J]. Proc Natl Acad Sci USA, 1995, 89：967-971.

[34] Rindler V, Luneberger S, Schwindke P, et al. Freeze-drying of red blood cells at ultra-low temperatures [J]. Cryobiology, 1999, 38：2-15.

[35] Rindler V, Heschel I, Rau G. Freeze-drying of red blood cells：How useful are freeze/thaw experiments for optimization of the cooling rate [J]. Cryobiology, 1999, 39：228-235.

[36] 吴正贞，刘宝林，华泽钊. 甘油对人的红细胞冷冻干燥保存效果的影响 [J]，真空，2006（1）：59-61.

[37] 何晖，刘宝林，华泽钊，等. 海藻糖载入红细胞及其冷冻干燥的实验研究 [J]. 细胞生物学杂志，2006，28：907-911.

[38] 权国波，韩颖，刘秀珍. 预冻温度和冻干机搁板温度对冷冻干燥红细胞的影响 [J]. 2004（3）：368-371.

[39] Acker JP, McGann LE. Protective effect of intracellular ice during freezing [J]. Cryobiology, 2003, 46：197-202.

[40] 权国波，韩颖，刘秀珍，等. 保护液的玻璃化状态对红细胞冷冻干燥保存后回收率的影响 [J]. 中国实验血液学杂志，2003（3）：308-311.

[41] 曹伟，韩颖. 冷冻干燥保存血小板的研究进展 [J]. 中国输血杂志，2003（5）：361-363.

[42] Read M S, Reddick R L, Bode A P, et al. Preservation of hemostatic and structural properties of rehydrated lyophilized platelets：potential for long-term storage of dried platelets for transfusion [J]. Proc Natl Acad Sci USA, 1995, 92：397-401.

[43] Wolkers W F，Walker N J，Tablin F，et al. Human platelets loaded with trehalose survive freeze-drying [J]. Cryobiology，2001，42：79-87.

[44] Bode A P，Blajchman M A，Bardossy L，etal. Hemostatic properties of human lyophilized platelets in a thrombocy-topenic rabbitmodel and a simulated bleedingtime device [J]. Blood，1994，84：464.

[45] 刘景汉，周俊，王冬梅，等. 冷冻干燥保存血小板的实验研究 [J]. 中国实验血液学杂志，2007（5）：1098-1101.

[46] 周新丽，刘宝林，张绍志. 糖的浓度和种类对人血小板冷冻干燥保存的影响 [J]. 上海理工大学学报，2007（6）：534-538.

[47] 周新丽，祝宏，张绍志，等. 冻结速率对血小板冷冻干燥保存的影响 [J]. 细胞生物学杂志，2006，28：481-485.

[48] 张绍志，朱发明，范菊莉，等. 超声波用于海藻糖载入血小板. 细胞生物学杂志，2008（1）：121-124.

[49] 范菊莉，张绍志，徐梦洁. 超声波预处理的人血小板冻干保存实验 [J]. 南京航空航天大学学报，2012（3）：420-424.

[50] 范菊莉，许先国，张绍志. 冻干人血小板复水过程的优化研究 [J]. 科学通报，2010，17：1738-1743.

[51] 肖洪海，李军，华泽钊. 人脐带血有核细胞冷冻干燥保存实验初步研究 [J]. 细胞生物学杂志，2003，6：389-393.

[52] 肖洪海，谷雪莲，高才. 不同冻干保护剂对冷冻干燥脐带血玻璃化转变温度和冻干质量的影响 [C] //上海：中国工程热物理学术会议，2003：761-764.

[53] 习德成，陶乐仁，肖鑫. 人脐带血全血冷冻干燥保存的初步研究 [J]. 真空，2006（2）：44-47.

[54] Hara H，Abdalla H，Kuwayama M. Procedure for bovine ICSI not sperm freeze-drying impairs the function of the microtubule-organizing center [J]. The journal of Reproduction and Development，2011（3）：428-432.

[55] Li M W，Willis B J，Griffey S M. Assessment of three generations of mice derived by ICSI using freeze-dried sperm [J]. Zygote，2009（3）：239-251.

[56] Trainor Amanda，Djan Esi，Koehne Amanda. Mutant mice derived by ICSI of evaporatively dried spermatozoa ex-hibit expected phenotype [J]，Reproduction，2012（4）：449-453.

[57] Kaneko T，Kimura S，Nakagata N. Importance of primary culture conditions for the development of ratI CSI em-bryos and long-term preservation of freeze-dried sperm [J]. Cryobiology，2009（3）：293-297.

[58] 朱锦亮，严阿勇，陈学进，等. 用冻干精子生产 ICSI 小鼠 [J]，农业生物技术学报，2007（1）：177-178.

[59] 孟祥黔. 猪精子冷冻干燥保存技术建立及显微注射受精的研究 [D]. 雅安：四川农业大学，2010：17-27.

[60] 舒志全. 人的红细胞与精子冷冻干燥保存实验研究 [D]. 合肥：中国科技大学，2006：110-114

[61] 沈大庆. 冷冻干燥保存法对人精子形态结构基 DNA 的影响研究 [D]. 青岛：青岛大学，2008.

[13] Maltini E, Walte R, et al. An non-inhibitor food water sorption phenomena [J]. Food Res Int, 2003, 36: 1282.

[14] Li C K, Zuh X Y, Hael. ... ... Hesperetin pressurize s layer lyophilization s ... ... International Journal of Pharmaceutics ... ... 83 ... ...

6

药用材料及原料的冻干技术

为了制剂或进一步加工的需要，大部分药用材料或药用原料都要经过干燥这一重要的加工过程。常用的药用材料或原料的传统干燥手段有：日晒、风干、烘干、红外线干燥、微波干燥、真空干燥、太阳能集热器干燥等等。药用材料及原料的干燥，除了与其他物料的干燥一样要求较彻底地除去水分，便于长期保存及运输以外，还要求干燥过程中不造成药材污染和成分损失及发生利于制药的变化。目前在实际生产中，除了生物制品药用材料如酶、疫苗、菌种等采用冷冻真空干燥技术进行加工之外，大部分药用材料及原料的干燥仍然采用上述传统干燥技术。与传统干燥方法相比，药用材料及其原料的冷冻真空干燥具有非常突出的优点：首先，冷冻真空干燥是在低温下干燥，能使被干燥药用材料或原料中的热敏性物质被保留下来，而这些热敏性物质可能恰恰是发挥药效的关键性物质，能使药材发挥最大的作用；其次，冷冻真空干燥是在低压下干燥，被干燥药材不易氧化变质，同时能因缺氧而灭菌或抑制某些细菌的活力，保证药品的安全性并可能更大程度地延长药用材料及原料的贮存保质期；第三，冷冻真空干燥是在保证物料冻结的前提下物料被真空干燥，冻结时被干燥的药用材料及原料可形成"骨架"式结构，干燥后能保持原形，形成多孔结构，能保持药材颜色基本不变，而且复水时，由于多孔机构的存在，冻干药材可迅速吸水还原成冻干前的状态，这将可能使药材的进一步加工变得更为方便或更有利于药效的发挥。为此，经冷冻真空干燥的药用材料及原料可能完全不同于传统加工技术处理的药材的化学成分、物理性状和生物功能等，这或许将彻底颠覆传统干燥技术加工的药材的制剂方法、贮存及运输方式、药理作用以及评价标准，甚至需要改变传统药剂的配方、配比。所以药用材料及原料冻干有值得研究的问题，也有被广泛看好的应用前景。

目前对药用材料及其原料的冻干研究包括：注射用丹参[1]、双黄连[2]、艾迪[3]、复方参芍[4]、天麻[5]、金银花[6]、白术[7]、连花粉针剂[8]、林蛙油[9,10]、通脉粉针剂[11]、生脉饮颗粒剂[12]、人参[13]、山药[14]、螺旋藻[15]、冬虫夏草[16]、鹿茸、枸杞、铁皮石斛、三七、黄芪[17] 以及各种脂质体等。

与其他物料的冷冻干燥一样，药用材料的冻干也存在设备昂贵、生产成本较高的现象。但是随着冷冻真空干燥技术水平的提高，设备的日益完善及国产化，药用材料冻干的生产成本也在逐渐降低，而其产品的高品质所附带的高价值也得到了市场的认可。在国际市场上，冻干的中草药的价格比传统干燥产品要高 4 倍左右。1998 年，我国冷冻真空干燥的东北吉林人参售价高达 6000～6500 美元/t，仅日本进口就达 5000t[18]。

6.1 人参的冻干

人参为五加科多年生草本植物人参的根。人参古人曾称为"神草"，因为它功能神奇，能"起死回生"。主产于吉林、辽宁、黑龙江、朝鲜半岛等地，而以吉林抚松县产量最大，质量最好，因而称为吉林参。目前，人参有野生和栽培两种。野生人参以支大、浆足、纹细、芦（根茎）长、碗密，有圆芦及珍珠点者为佳。这种人参功效卓越，但生长时期长，价格也昂贵。人工栽培的人参，一般也要6～9年才能采收。比起野山参来，作用虽较弱，但价格要便宜得多。深受广大群众的喜爱。

现代研究表明，人参含有人参皂苷Ⅰ～Ⅵ，人参根部含有人参酸（系软脂酸、硬脂酸、油酸和亚油酸的混合物），植物甾醇，胆碱（0.1%～0.2%，是人参中降低血压的成分），各种氨基酸和肽类、葡萄糖、果糖、麦芽糖、蔗糖，几种人参三糖，果胶等糖类，维生素B、烟酸、泛酸等[19]。

对于经常服用人参的人来说，人参的贮藏方法是个难题。因人参含有较多的糖类，容易受潮，久放易生霉变和虫蛀，从而影响其药用价值，给食者带来诸多的麻烦。因此，科学地贮藏人参十分重要。

人参的品种与加工方法：

红参：以优质鲜人参为原料，经刷洗、蒸制、烘干而成。

全须生晒参：以鲜人参为原料，刷洗后晒干或40～50℃烘干。

保鲜参：以优质鲜人参为原料，洗刷后经过保鲜剂处理而成。

活性参：以优质鲜人参为原料，采用冷冻真空干燥技术加工而成。

除了活性参之外，其他传统的加工方法干燥的人参，药效受到影响，外观不好。红参用水蒸气蒸煮，人参中的挥发性物质——人参萜烯类等物质有70%挥发掉。用冷冻真空干燥技术干燥人参，可使人参中的人参萜烯等其他挥发性成分不受损失，从而保全人参的全部有效成分。采用冷冻真空干燥方法加工人参，其成品参不仅形、色、气味优于生晒参和红参，而且可使生物性状和组织中内含物保持完整，有效成分含量高，因此，冷冻真空干燥法加工的人参有"活性参"之称。东北大学徐成海教授开展了人参冷冻干燥研究[13]。

6.1.1 人参的共晶点温度测定

根据阿伦尼乌斯（S. A. Arrhenius）的溶液电离学说，自制的共晶点温度测量装置。测量的方法是：将人参切去芦头和须根，切成长100mm、直径22mm的试件，将两块大小相等的铜电极插入人参中，插入的深度相同，在其附近插入电阻温度计探头，放入低温箱冻结最低温度为−30℃，数字电阻表不断显示电阻值的变化，温度显示仪给出同时的温度。经数据处理，可得出阻值随温度的变化曲线图6-1。根据图中曲线，取人参的共晶点温度为−10～−15℃。

图 6-1 人参电阻-温度曲线

6.1.2 人参冻干的工艺

人参真空冷冻干燥的工艺流程包括前处理、预冻、升华干燥、解析干燥、后处理。

6.1.2.1 人参冻干前处理

在人参冻干前，将人参洗净、整形，选直径相当的人参，在人参上用银针穿孔。实验表明，这样处理的人参干燥彻底，外形美观，干燥时间短，节省能源。

6.1.2.2 预冻

根据测得的人参共晶点温度为−15℃，搁板温度控制在0～−25℃。实验证明，当温度高于此值时，冻干人参的表面有鼓泡、抽沟、收缩等不可逆现象。预冻时间与人参直径大小有关，与冻干机性能有关。东北大学在自制 ZLG-1 型冻干机上，采有直冷直热式、复叠式制冷机组，最低温度可达−60℃，最高加热温度为80℃。空载真空度为15Pa。冻干面积为0.216m²。实验中选用的是直径30mm左右六年生圆参，经多次实验观察，将人参从室温（约为15℃）降到−20℃左右，人参的预冻时间为3～4h，效果较好。

6.1.2.3 升华干燥

人参在升华干燥过程中，由于需要不断补充升华潜热，在保持升华界面温度低于共晶点温度的条件下，不断供给热量。随着干燥层的增厚，热阻增加，供给的热量也应有所增加。这时应注意人参的已冻干部分的温度必须低于人参的崩解温度，否则，产品将会熔化报废。实验认为人参的崩解温度在+50℃左右。

冰层
升华界面
已干层
竹帘
搁板

图 6-2　人参冻干过程的状态模型

人参的升华干燥时间受许多因素的影响，是一个传热、传质同时进行的复杂过程。在此过程中，传热处于控制地位，干燥时，人参冻干过程的状态模型如图 6-2 所示。热量从加热器传至人参表面以对流和辐射为主，因此，压强对传热量有影响。从人参表面到升华界面热量以热传导形式传入。

干燥过程中的传热传质具有相似的物理机理，热传导的推动力是温度差，传质的驱动力是压强差传质符合Fick 定律：

$$G=-\frac{DM}{RT_m}\times\frac{\partial p}{\partial r} \tag{6-1}$$

式中，G 为扩散速率；D 为扩散系数；M 为冰晶的摩尔质量；T_m 为人参的升华界面温度；R 为普适气体常数。

干燥过程中的传热、传质过程是相互影响的，随着升华的进行，多孔干燥层的增长，不仅要降低传质的效率，而且也延缓了冰界面上升华水蒸气逸出的速率。

根据上述分析，可建立起人参真空冷冻干燥的数学模型，再经数学推导，可整理出升华阶段所需要的时间 t 为 19.2h，经实验测得，升华干燥时间为20～22h比较合适。

6.1.2.4 解析干燥

在升华干燥结束后，人参内部的毛细管壁还吸附了一部分水，这些水分是没冻结的，这些吸附水的吸附能量高，如果不给予足够的热量，它们不能解吸出来，因此这个阶段的物料温度应足够高，人参的最高温度是50℃。为使水蒸气有足够的推动力逸出，应在人参内外形成较大的压差。因此，这阶段箱内应该有较高真空度。解析干燥时间控制在8h左右较好。

6.1.2.5　后处理

干燥结束后，应立即进行充氮或真空包装，因干燥后的人参吸水性强，应防止产品吸潮而变质。

根据以上的分析、计算、实验，得出人参冷冻真空干燥的工艺曲线如图6-3所示。

图6-3　人参冻干曲线

6.1.3　影响人参冻干的因素

上述冻干曲线是直径约为30mm的六年生人参的典型工艺曲线。对于不同大小的人参和不同性能的冻干机，冻干工艺曲线是有变化的，不能生搬硬套，应根据具体情况修正。为提高人参的冻干速率，还常采用预冻前用银针穿孔法。这里进一步研究一下影响人参冻干的因素。

6.1.3.1　传热方式的影响

人参经过前处理后，分别放在冻干室的搁板与搁板上的竹帘之上，然后进行冻结、干燥处理。在干燥相同时间后取出观察，直接放在搁板上的人参，在靠近搁板侧抽缩已干，另一侧则未干透，折之不易断，断面上有糊精存在。放于竹帘上的人参干燥彻底，外形完美，和鲜参相差不大，折断有脆声，断面蜂窝状且洁白。造成这种现象的原因是人参的热导率近于绝热材料，直接放于搁板上，与搁板接触侧受热量大，热量传不上去，造成这部分冰晶融化，产生抽沟现象，而人参上部受热少，整个人参的热量分布不均匀，干燥速率亦不均匀。放于竹帘上靠对流和辐射供热量，四周热流均匀，分布在人参上的温度均匀，传热传质都比较均匀，所以干燥效果好。

6.1.3.2　人参直径的影响

不同直径大小的人参，干燥时所需升华时间不同，随着半径的增大，时间呈平方曲线上升，因为人参的直径越大，所含冰的体积越大，不考虑人参长度影响，体积与半径 r 的平方成正比，由此可见，进行人参冷冻干燥时，需要选择直径相当的人参同时干燥，不然在相同的升华时间内，有的已干燥完毕，有的升华还未完成，造成质量差异或不必要的能耗升高。因此，干燥不同直径的人参时，应调整升华阶段时间，选用不同的冻干曲线。

6.1.3.3　冻干室内真空度的影响

人参冻干时的传质过程是水蒸气从冰表面升华，通过已干燥层的孔道，向真空室内逸出的过程。因此，冷冻界面与真空室内压差 Δp 越大，则水蒸气的逸出速率越快。但真空室内压强太低，对于空间热对流不利，传给人参的热量减少，升华速率下降。如果真空室内的压强太高，Δp 减小，传给人参的热量增多，会造成界面融化，干燥失败。权衡传热、传质的平衡关系，经过实验，冻干人参时冻干箱内的压强选择在 13～133Pa 之间为好。采用循环压力法可提高人参的冻干速率。

6.1.3.4　水汽冷凝器表面温度的影响

升华过程中产生的大量水蒸气是由水汽冷凝器排出的，水汽冷凝器的表面温度直接影响着冻干室内的真空度，影响人参的干燥速率。实验发现，水汽冷凝器的表面温度与升华界面的温度有关。水蒸气的流动取决于这两个温度所对应的饱和蒸汽压力之差，降低水汽冷凝器表面的温度可以提高水蒸气的凝结速率，但是会增大设备的能耗和成本。实践证明水气冷凝器表面温度取-30℃是经济可行的。

采用冷冻真空干燥技术加工的活性人参，经鉴定，活性参无论在质量和外形上都优于用传统方法加工的红参、生晒参、糖参等制品。在低温条件下加工而成的活性参，其组织细胞内含物保留较完整，可利用度较高。将活性参用低浓度醇白酒或蒸馏水浸泡，待具活性的细胞吸收水分后，可恢复鲜参状。由于活性参是在冷冻真空低温条件下脱水干燥的，鲜参所含酶未遭破坏，服用后易于消化吸收，可发挥更大的药效。采用冷冻真空干燥加工的活性参与烘干参成分对比见表6-1。

表 6-1 活性参与烘干参成分对比[19]

加工参种类	人参总皂苷含量/%	氨基酸总量/%	挥发油/%	酶活性淀粉水解成麦芽糖 /(mg/5min)
烘干参	3.82	6.2353	0.046	6.78
活性参	3.96	6.7046	0.063	7.21

6.2 山药的冻干

山药别名怀山药、山芋，四川称白苕，湖南叫野白薯，杭州学名为白药子。山药是著名的薯蓣科药用植物。山药每百克鲜品中含水分82.6g，碳水化合物14.4g、蛋白质1.5g，维生素C 4mg、胡萝卜素0.02mg，以及钙、铁、胆碱、黏液汁、酶、薯芋皂苷等。山药的黏液富含糖、蛋白质，内有消化酵素，可增强人体的消化能力，但易受高温破坏而丧失其作用[20]。

山药贮存过程中要防止发霉变质，传统贮存方法主要是用硫黄粉熏后，晒干或炭火烘干。

传统的加工工艺会造成山药营养成分损失大，而且经硫黄熏蒸后，含硫化学物质残留在产品中，会引起食品安全问题。冻干山药的目的是得到营养丰富，药效不变，能长期贮存运输的山药。这种山药除药用以外，可用作为保健食品和功能食品的添加剂，制成各种糕点、休闲食品供老人、儿童食用。

近年来，随着药用、保健食品和功能食品用量的增加，对山药原粉的需求量日渐增长，尤其是山药粉出口创汇，更引起有识之士的注意。为保持山药的药效和营养成分，便于长期贮存和运输，东北大学的徐成海教授等[14]在自行设计制造的ZLG-0.2型真空冷冻干燥机上进行了山药原粉冷冻真空干燥的实验研究。

6.2.1 山药粉的冻干实验

6.2.1.1 冻干山药粉的工艺

冻干山药的目的是得到营养丰富新鲜的山药粉。冻干山药粉的工艺包括：前处理、预冻、升华干燥、解析干燥和后处理。前处理工序是选取新鲜优质山药，经清洗和去皮后切片。切好的山药片直接摆放在冻干箱的搁板上。冷冻、升华干燥和解析干燥全在冻干箱内进行。

6.2.1.2 预冻

预冻可分速冻和慢冻两种。为使预冻过程中形成较大冰晶，以便给升华干燥创造良好的传质条件，实验中采用慢冻。将厚8mm左右的山药片铺放在冻干箱的搁板上，将一电阻温度计插入山药片中心，另一电阻温度计放在搁板表面上，关上冻干箱门，启动制冷系统，将山药片冷冻到共熔点温度以下（测得山药共熔点温度为－18～－20℃），保持一定时间，预冻即结束。预冻时间为2.5h，效果较好。

6.2.1.3 升华干燥

升华干燥时，将制冷系统切换到水气凝结器上，待水气凝结器温度降至－20℃左右，即可开真空泵，对冻干箱抽真空。冻干箱真空度达到20Pa左右即可开始加热，这时一定要注意控制加热速率，应保持山药片内的温度在共熔点以下，以防止加热过快造成制品熔化。实验证明，真空度控制在50Pa左右时，传热、传质效果较好，升华速率较快。升华干燥时间为8h。

6.2.1.4 解析干燥

为保证产品质量，在解析干燥阶段搁板温度不要超过50℃，山药片温度不要超过40℃。解析干燥时间为2.5h。曾试验提高搁板温度到80℃，以便提高干燥速率，缩短干燥时间，试验结果发现有少量硬结小块，颜色变黄，似有烧焦现象，造成质量下降。实验得出较好的冻干曲线如图6-4所示，总计冻干过程耗费时间13h。

6.2.1.5 冻干山药的传热传质模型

山药冻干的传热、传质模型采用传统的冰界面均匀退却模型（简称URIF模型），如图6-5所示。图中Q为传热；m为传质；1为干层；2为移动冰界面；3为冻结层，4为搁板。由于山药片是通过垫一些小薄木片放在搁板上的，与URIF模型中假定下搁板（$x=b$）处是绝热的相近似，忽略了下搁板通过冰界面的冰层的导热。这种模型可采用直角坐标系来分析计算。

图6-4 山药粉的冻干曲线

图6-5 冻干山药粉 URIF 模型示意图

冰界面在任意时刻的位置（单位：m）

$$s(t) = \{4\alpha\lambda(T_w - T_s)t / [2\alpha\rho\gamma\varepsilon + \lambda(T_w - T_s)]\}^{1/2} \tag{6-2}$$

冰界面移动速度（单位：m/s）

$$ds/dt = \{\alpha\lambda(T_w - T_s) / [2\alpha\rho\gamma\varepsilon + \lambda(T_w - T_s)]\}^{1/2} t^{-1/2} \tag{6-3}$$

完成升华干燥的时间（单位：s）

$$t = b^2\rho\gamma\varepsilon / [2\lambda(T_w - T_s)] + b^2/(4\alpha) \tag{6-4}$$

式中，b 为山药厚度，实验中 $b=0.008$m；ρ 为冷冻层冰的密度，$\rho=800$kg/m³；γ 为冰升华潜热，$\gamma=2.8\times10^6$J/kg；ε 为冻干物料孔隙率，定义为冻干物料孔隙体积与总体积之比，

$\varepsilon=0.7$；λ 为已干层热导率，$\lambda=0.03\text{W}/(\text{m}\cdot\text{℃})$[即 $0.03\text{J}/(\text{s}\cdot\text{m}\cdot\text{℃})$]；$T_w$ 为干层外表面温度，$T_w=40\text{℃}$；T_s 为升华界面温度，$T_s=-18\text{℃}$；α 为已干层导温系数，m^2/s。

$$\alpha=\frac{\lambda}{c\rho} \tag{6-5}$$

式中，c 为已干层比热容，$c=1800\text{J}/\text{kg}$；ρ 为已干层密度，$\rho=350\text{kg}/\text{m}^3$。经计算得 $\alpha=4.7\times10^{-8}\text{m}^2/\text{s}$，$t=8.09\text{h}$。计算结果与实验值基本相符。

从式 (6-4)、式 (6-5) 计算可知，山药的铺底厚度对升华干燥时间的影响很大。在其他参数相同的情况下，厚度从 8mm 增加到 10mm 时，所需升华干燥时间从 8.09h 增加到 12.65h。厚度仅增加 2 mm，升华干燥时间却增加了 4.5h。厚度从 8mm 减少到 5mm 时，所需升华干燥时间从 8.09h 减少到 3.17h。厚度减少 3mm，时间却减少了近 5h。此计算值与实验结果基本相符。随着厚度的增加，预冻时间和解析干燥时间也有所增加，但不如升华干燥时间增加得多。其主要原因是厚度对传热的阻力比传质的阻力小。

为减少传质阻力，可将山药片放置在带网的托盘里，从山药片的两侧同时抽除水蒸气，相当于山药片的厚度减小 1/2，升华干燥时间缩短 1/2，既提高了生产效率，又实现了节能。

6.2.1.6 冻干山药粉的后处理

鲜山药经冻干后，不必人工粉碎，自动成粉。冻干后的山药极易吸潮，特别是山药粉，吸潮后能捏成团，压成块，容易变质。因此，冻干山药粉的贮运价值与冻干后处理密切相关。通常冻干产品出箱后，应该采用真空包装或真空充干燥氮气包装。在实验过程中没有及时真空包装的冻干山药在一夜之间就回潮了。采用磨口玻璃瓶，瓶中放入袋装干燥剂后存放，效果很好。

6.2.2 微波加热冻干山药片

河南省农科院农副产品加工研究所的王建安等人[21]完成了山药片的冻干，真空干燥过程中采用的是微波加热技术。

山药片冻干实验是在郑州升华科技有限公司生产的真空微波冻干实验机上进行的。冻干工艺流程为：前处理→速冻→真空微波冷冻干燥→包装→检验→成品。

6.2.2.1 冻干山药片的前处理

前处理过程包括选料、去皮、清洗、切片、护色、漂烫和冷却。选择未经浸水捆扎且无病虫害、无损伤、无斑疤的新鲜山药，去皮，修去斑疤，用清水漂洗干净，然后切片。切片时斜切，厚度在 2.5～3.5mm。

由于酶促褐变是导致山药漂烫及冻干加工过程中色泽变化的主要原因，所以在漂烫前要对山药片进行护色处理。护色是将山药浸入 0.3％维生素 C、0.5％柠檬酸、0.6％氯化钠溶液中浸泡，实验证明，山药在上述溶液中浸泡 2～3h 左右可得到色泽良好的产品。

冻干产品中的水分一般在 4％左右，而酶的活性在水分降到 1％以下时才会完全消失，所以冻干产品中酶仍然具有活性，所以在冻干前要进行灭酶处理。将护色后的山药片放入沸水中漂烫 3～5min，即可达到灭酶目的。把漂烫好的山药捞出放入盘中，均匀摊开，快速冷却并沥干水分。

6.2.2.2 速冻

将沥干水并冷却后的山药片放入速冻库，在 -38℃ 以下温度进行速冻 2～3h，直至山药片的中心温度达 -30℃。冻结时速冻越快，冻结溶液内溶质的分布往往越趋均匀，产生的冰晶颗粒越小，干燥后的复水性越好。把速冻后的山药片均匀地装入真空罐中，封闭罐口（在物料装罐前，提前半小时开启罐内制冷设备，使罐内温度降低）。

6.2.2.3 微波真空干燥

打开真空泵，经 30min 左右，罐内真空室压强达 90Pa 左右，物料温度降至 -30℃，开启微波源，调节电场强度 E 到 220V/cm，持续 3.5h，当物料内部水分已经除去 80% 时，逐渐降低微波功率，经 4~5h，物料内部水分降至 5% 以下，冻干结束。在微波加热过程中，物料温度不能超过山药的共晶点温度 -20℃。

影响微波冻干速率的因素主要有三，一是山药片的厚度，随着物料厚度的增加，其冻干速率稍减慢；二是电场强度 E，在微波加热过程中，物料吸收的微波能量与电场强度 E 的平方成正比，增大电场强度可明显提高物料的干燥速率，但是过分增大电场强度会导致物料升温过快，超过物料共晶点温度，引起冰晶局部融化，导致冻干失败；三是真空室压力，实验研究表明，在其他条件相同时，较高的真空室压力，可使冻干时间略有缩短。

对冻干前后山药的营养成分分析表明，微波冻干法加工的山药在保留营养成分上明显优于常规干燥加工的山药（见表 6-2）。冻干后的山药片为白色，而且色泽基本一致。在口感方面，冻干山药片无异味、无纤维感觉，酥脆、爽口。在外观形态上，冻干山药片大小均匀，形态完整，不收缩。冻干山药片含水率小于 5%，复水时间 3min，复水率可达 90% 以上。微波冻干工艺还具有杀菌消毒功效，经检测，冻干山药片细菌总数 ≤105cfu/g，大肠菌群 ≤100cfu/g，致病菌不存在。冻干山药片可以在常温下贮运，保质期 18 个月。

表 6-2 冻干山药与常规干燥山药性质比较

序号	名称	微波冻干产品	现有常规干燥产品
1	各种营养成分的保留量	97%	10%
2	形状	外观完整、不收缩	收缩、外观严重变形
3	辅料	不需添加任何辅料	需加抗氧化剂等
4	复水性	复水率可达 90% 以上	复水率 30% 左右
5	适口性	香脆可口	生硬难咽、口感差

6.3 螺旋藻的冻干

东北大学的彭润玲博士进行了螺旋藻的冻干研究[15]。螺旋藻是一种具有完整细胞的微藻，是目前所发现的最优秀的纯天然蛋白质保健药品源之一，其内含有多种对提高人体免疫功能有效的生理活性成分，其中 γ-亚麻酸含量是已知生物中含量最高的，具有重要的保健功能，可作为治疗多种疾病的辅助药物。螺旋藻细胞表面及细胞体内含有大量水分，其有效成分多为热敏性物质，同时对氧也很敏感，因而干燥方法直接影响其干燥质量的好坏。目前较多采用的干燥方法有自然干燥、玻璃房温室晒干、热风循环烘箱干燥、喷雾干燥等，这些干燥方法干燥温度较高，导致蛋白质在高温时变性。研究螺旋藻的冻干，以提高其干燥品质，保持其干燥后的营养成分，并提供保存螺旋藻藻种的新方法，对于螺旋藻的应用具有重要意义。彭润玲博士的研究，关注螺旋藻形态结构的变化，从降低干燥过程中的细胞损伤，提高螺旋藻干燥质量的角度出发，探索螺旋藻的冻干工艺参数。

6.3.1　用DSC测定螺旋藻的共晶点

实验前将其用去离子水在 TDL-5A 低速大容量离心机中清洗，得含水量为 93.91％螺旋藻。用 NETZSCH DSC 204 F1 型差示扫描量热仪在 N_2 气氛下，以 5.0K/min 的速率从 18℃冷却到－60℃，再以 5.0K/min 的速率从－60℃升温到 20℃，得含水量为 93.91％螺旋藻的 DSC 曲线如图 6-6 所示。

图 6-6　螺旋藻 DSC 曲线

分析图 6-6 得螺旋藻共晶点温度约为－16℃，熔融点温度约为－1.5℃，凝固潜热和熔化潜热分别为 260J/g 和－268J/g。

6.3.2　螺旋藻冻干保护剂

糖类保护剂对微生物细胞的冻干脱水具有显著的保护作用，主要以"水置换的作用"达到保护膜系统的完整性；天然保护剂，如脱脂牛奶、血清、卵黄可以防止微生物细胞在预冻过程中膜脂蛋白分解变性[22]。使用适当比例的牛奶和糖类保护剂可使假丝酵母菌细胞的存活率从 0.2％提高到 30％～40％。因此，研究中选脱脂牛奶和葡聚糖为螺旋藻冻干保护剂进行了实验研究。

准确称量脱脂奶粉各 10g、5g、2.5g，按比例分别配置成浓度为 20％、10％、5％的脱脂牛奶保护剂；准确称量葡聚糖各 2g、1g、0.5g，按比例分别配置成浓度为 10％、5％、2.5％的葡聚糖保护剂；螺旋藻培养液（主要成分为 NaCl，浓度为 0.5mol/L）和按 1∶2 比例稀释的稀培养液（NaCl 浓度 0.25mol/L）。分装在直径为 60mm 的玻璃皿中，各装 5mL。

分别取 2mL 离心清洗后新鲜螺旋藻放入分装好的各种保护剂中，摇匀；将准备好的各种物料用冰箱预冻到－30℃，在 GLZ-0.4 冷冻干燥机上干燥，冻干过程冷阱温度、搁板温度、物料内部温度以及干燥室压力随时间的变化如图 6-7 所示。

冻干后的螺旋藻真空封装，常温保存 10 天后，复水 10min，然后在 Matic AE31 倒置显微镜下观测其形态结构。

图 6-8 为用脱脂牛奶为保护剂冻干螺旋藻后的形态结构。当用不同浓度的脱脂牛奶为保护

剂时，对螺旋藻的细胞形态结构都有一定的保护作用，特别是用浓度10％的脱脂牛奶为保护剂时螺旋藻的螺距不发生变化，完整性好，与新鲜螺旋藻的基本一致，但直径方向存在缩水。

图 6-7   不同保护剂冻干螺旋藻工艺

1—冷阱温度；2—搁板温度；3—纯螺旋藻表面温度；4—5％葡聚糖保护剂的物料表面温度；
5—5％脱脂牛奶保护剂的物料表面温度；6—干燥箱压力

(a) 5%   (b) 10%   (c) 20%

图 6-8   用不同浓度脱脂牛奶为保护剂时冻干后螺旋藻的显微照片

图 6-9 为用葡聚糖为保护剂冻干螺旋藻后的形态结构。可以看出，葡聚糖在冻干过程中对螺旋藻细胞没有明显的保护作用，不适宜作为螺旋藻的冻干保护剂。

(a) 2.5%   (b) 5%   (c) 10%

图 6-9   用不同浓度葡聚糖为保护剂时冻干后螺旋藻的显微照片

图 6-10 (a) 为纯螺旋藻冰箱冻结冻干后的形态结构。与新鲜螺旋藻相比直径方向有明显的收缩，且破碎严重，完整性差。图 6-10 (b) 为 0.5mol/L 的 NaCl 培养液作为保护剂时

螺旋藻冻干后的形态结构，完整性较好。图 6-10（c）为 0.25mol/L 的 NaCl 稀培养液作为保护剂时螺旋藻冻干后的形态结构，直径方向的收缩明显减少，几乎没有收缩，与新鲜螺旋藻的差不多，完整性也很好。

图 6-10　纯螺旋藻和带培养液的螺旋藻水箱冻结冻干后的显微照片

通过实验分析得出，10％脱脂牛奶和稀培养液可作为螺旋藻的冻干保护剂。

6.3.3　螺旋藻冻干工艺

为了进一步研究保持螺旋藻形态结构不变，减少螺旋藻细胞结构的损伤和冻干总时间的冻干工艺，就保护剂和干燥工艺参数对螺旋藻形态结构和冻干总时间的影响进行正交实验。

衡量冻干产品的指标包括：螺旋藻体积收缩比、整体形态结构完整性系数和冻干过程总时间。

① 螺旋藻体积收缩比为 $S = d/d_0$，其中 d_0 干燥前螺旋藻的直径，μm；d 为干燥后螺旋藻的直径，μm。这里用直径比近似代替体积比，直径是用显微镜测得的，取 3 点平均值。体积收缩比越接近 1，说明冻干过程中螺旋藻细胞形态结构的变化越小，对细胞结构的损伤越小。

② 干燥后螺旋藻整体形态结构完整性系数，通过显微测量螺距和整体形态结构的变化给出，完整性系数为 0～1 之间的数，螺旋藻越完整，系数越接近 1，否则，相反。

③ 冻干过程总时间（min）。包括冷冻时间和干燥时间，总时间越短越好。

影响螺旋藻冻干过程的因素很多，取主要因素保护剂、冻结方式、物料厚度和主干燥阶段控制温度进行了四因素三水平的正交实验。实验设计如表 6-3。

表 6-3　螺旋藻正交实验表

因素名称	冻结方式	保护剂	厚度/mm	控制温度/℃
水平 1	抽真空自冻结	无	3	−10
水平 2	冰箱冷冻	稀培养液	5	−5
水平 3	搁板降温	10％脱脂牛奶	10	0

螺旋藻装料厚度在 3～15mm 的范围内，当采用抽真空自冻结时，对最终冻结温度的影响不大，都在 −30℃ 以下，远低于其共晶点温度，且螺旋藻在抽真空自冻结过程中没有爆沸现象，非常适合抽真空自冻结，所以冻结方式水平不仅采用了常用的冰箱冻结和搁板冻结，还采用了抽真空自冻结。

物料按装料厚度为 3mm、5mm、10mm 分装在直径为 60mm 的玻璃皿中。在 GLZ-0.4 冷冻干燥机上进行冻干实验，干燥箱工作压力为 15Pa。冰箱冻结的物料待物料温度冻结到 −30℃ 以后放入冻干箱，搁板冻结的物料直接在冻干机上冻结，冻结到 −30℃ 以后，开始抽

真空。冻结后继续抽真空，直接进入升华干燥阶段，适时用搁板加热，以补充升华热。图
6-11 为螺旋藻抽真空自冻结干燥过程典型的工艺曲线。对应下面表 6-4 中的实验 2。

图 6-11　螺旋藻抽真空自冻结干燥工艺曲线

表 6-4　螺旋藻冻干实验结果直观分析表

因素	冻结方式	保护剂	厚度/mm	控制温度/℃	实验结果		
					收缩比	完整性	总冻干时间/min
实验 1	真空	无	3	−10	0.85	0.86	240
实验 2	真空	稀培养液	5	−5	0.93	0.95	380
实验 3	真空	10%脱脂牛奶	10	0	0.86	0.90	820
实验 4	冰箱	无	5	0	0.72	0.81	590
实验 5	冰箱	稀培养液	10	−10	0.89	0.87	1100
实验 6	冰箱	10%脱脂牛奶	3	−5	0.86	0.91	430
实验 7	搁板	无	10	−5	0.80	0.70	920
实验 8	搁板	稀培养液	3	0	0.83	0.68	330
实验 9	搁板	10%脱脂牛奶	5	−10	0.81	0.87	540
收缩比极差 R_1	0.067	0.093	0.030	0.060			
完整性极差 R_2	0.153	0.103	0.060	0.070			
冻干总时间极差 R_3	226.667	20.000	613.334	50.000			

　　正交实验结果见表 6-4。冻干后的螺旋藻真空封装，常温保存 30 天，常温复水 10min，
然后在 Matic AE31 数码显微镜下观测其形态结构，图 6-12 分别对应实验 1～9 的检测结果，
用 Motic Images Advanced3.2 软件精确测量螺旋藻细胞的直径和螺距等，确定其完整性系
数和收缩比。

　　利用正交设计助手，对各衡量指标的检测结果进行数据处理和各因素的效应分析。根据
表 6-4 中级差 R_1 可知，影响冻干后螺旋藻细胞收缩比的因素主次顺序是：保护剂，冻结方
式，主干燥阶段搁板控制温度，物料厚度。根据各因素的效应曲线可知采用稀培养液为保护
剂时，平均收缩比较大，收缩小；采用抽真空自冻结时，平均收缩比最大，收缩最小，控制
温度为−5℃和 0℃时，对收缩比的影响不大，但当温度超过 5℃时，收缩比明显减小，细胞
收缩严重，由此可知主干燥控制温度不应该超过 0℃，厚度的影响不明显。

图 6-12　正交实验 1～9 冻干螺旋藻的显微照片

　　根据表 6-4 中级差 R_2 可知，影响冻干后螺旋藻完整性的因素主次顺序是：冻结方式，保护剂，主干燥阶段搁板控制温度，物料厚度。根据各因素的效应曲线采用抽真空自冻结时，完整性最好，其次是冰箱，而采用搁板冻结完整性普遍不好；不同保护剂对完整性的影响是用 10％脱脂牛奶时完整性普遍好，其次是稀培养液，不用保护剂时，完整性最不好；主干燥阶段控制温度越高，完整性越不好；装料厚度为 5mm 时，完整性最好，太薄或太厚都会影响其完整性。

　　通过以上分析可知实验 2 冻干后的螺旋藻细胞收缩比和完整性都比较好，有利于保存螺旋藻细胞的活性。对应的工艺参数：抽真空自冻结，稀培养液为保护剂，装料厚度为 5mm，搁板控制温度为－5℃。

　　根据表 6-4 中级差 R_3 可知，影响螺旋藻冻干总时间的因素主次顺序是：厚度，冷冻方式，搁板控制温度，保护剂。当厚度增加时，干燥总时间急剧增加，且非线性增加。采用冰箱冻结时，冻干所用总时间最长，采用抽真空自冻结方式时，总时间最短；当搁板控制温度升高时干燥时间减少。用不用保护剂对干燥时间的影响不大。

　　通过冻干实验检测得知，冻干后螺旋藻蛋白质的含量比烘干的高 19.1％，比晾干的高 17.3％；10％脱脂牛奶和稀培养液在冻干过程中对保持螺旋藻形态结构的完整性有明显的保护作用；当螺旋藻采用稀培养液为保护剂，装料厚度为 5mm，抽真空自冻结，主干燥阶段搁板控制温度为－5℃时，真空室压力 15Pa，冻干后螺旋藻细胞收缩小，完整性好，有利于保存其细胞活性；生产螺旋藻藻粉较好的工艺为：装料厚度为 5mm，抽真空自冻结，主干燥阶段搁板控制温度为 −5℃时，真空室压力 15Pa，干燥时间为 380min。

6.4 脂质体药物冻干

脂质体是由脂质双分子层组成的、内部为水相的闭合囊泡，具有生物膜的功能和特性。自 20 世纪 60 年代中期被命名以来，在推动生物膜的研究进展中，起着非常重要的作用。进入 20 世纪 70 年代，它开始作为药物等多种分子的载体，尝试用做临床诊断、治疗的研究。20 世纪 80 年代它进入了新型的生物工程领域，给市场提供了实用的脂质体产品。近 20 年来，对载药脂质体在药物传递系统中的研究有了较迅速的发展，已将脂质体用做抗癌药物的靶向载体，皮肤局部给药的载体，以及用做化妆品的添加剂[23]。

也有人称脂质体为类脂小球或液晶微囊。类脂双分子层厚度约 4nm。根据脂质体所包含类脂质双分子层的层数，脂质体可分为单室脂质体和多室脂质体。含有单一双分子层的泡囊称为单室脂质体或小单室脂质体，粒径约 0.02∼0.08μm；大单室脂质体为单层大泡囊，粒径在 0.1∼1μm 之间；含有多层双分子层的泡囊称为多室脂质体，粒径在 1∼5μm 之间。

液态的脂质体是一种混悬液乳剂，在贮存过程中可能发生化学和物理的变化，如磷脂会氧化和水解，生成短链的磷脂，并在膜中形成具有溶解性的衍生物；同时由于温度、光线等影响产生乳析、凝聚、融合、粒径变大等现象。为了延长贮存期，使脂质体物理、化学稳定性增加，可用冷冻干燥方法，把脂质体悬浮液制成冻干品。

1978 年 Vanleberghe 等首次报道采用冷冻干燥法提高脂质体的贮存稳定性。制成冻干脂质体可显著降低磷脂和药物的水解和氧化速度，同时，冻干保护剂也保持了脂质体膜结构的完整性，克服脂质体聚集、融合及药物渗漏等不稳定因素，显著提高贮存稳定性。目前，该法已成为较有前途的改善脂质体制剂长期稳定性的方法之一。脂质体冷冻干燥包括 3 个过程，即预冻、初步干燥及二次干燥。冻干脂质体可直接作为固体剂型如喷雾剂使用，也可用水或其他适宜溶媒水化重建成脂质体混悬液后使用。但预冻、干燥和复水等过程均不利于脂质体结构和功能的稳定。在冻干过程中，冰晶的形成、渗透压的改变、相分离及相转变等因素均可导致脂质体膜折叠、融合、破裂及药物渗漏。如在冻干前加入适宜的冻干保护剂，采用适当的工艺，则可大大减轻甚至消除冻干对脂质体的破坏，复水后脂质体的形态、粒径及包封率等均无显著变化[24]。

脂质体在冷冻干燥过程中损伤是不可避免的，特别在冻结过程中，冰晶的生长将损伤脂质体囊泡，从而影响冻干脂质体的质量。为了提高冻干品的质量，首先必须减少冻结过程中的冷冻损伤。一般而言，脂质体只有当悬浮物冻结在水的玻璃相中时，才能被冻结而不损坏。这要求加入冻干保护剂，例如甘露醇、葡聚糖、海藻糖等；还要求快速冻结（例如用液氮以 10℃/min 的速度降温）[25]。

6.4.1 脂质体溶液冻干过程中结晶对冻干品质的影响

刘占杰和华泽钊等人进行了脂质体溶液冻干过程中结晶对冻干品质影响的研究[23]。

6.4.1.1 实验装置

图 6-13 为实验装置示意图，主要由三部分组成：实验段（如图 6-14 所示）、低温显微镜系统；摄录像及计算机数据采集系统。

图 6-13　低温显微实验装置示意图

　　氮气瓶中的高压氮气经减压阀减压后，经置于液氮中的换热器冷却；当冷却的氮气拂过样品表面时，使样品降温冻结。通过调节氮气的流量可以获得不同的降温速率，由低温显微镜和摄录像机得到样品在不同降温速率下的结晶过程图像。试验样品被放置于二层载玻片之间，这样保证被冻结的试样厚度均匀，当低温氮气吹过上层载玻片表面时，试样即被降温而冻结，整个过程由摄像机捕捉并由录像机记录、电视机播放。同时利用贴在上层载玻片面上的热电偶可以得到相应的温度和降温速率。

　　实验段如图 6-14 所示。矩形框架由胶木材料加工制成，其上下两面是由光学玻璃构成以保证光束的通过。将样品置于载玻片上，盖上另一块载玻片，以防止样品被吹走，然后将其放于实验段中。在两块载玻片之间垫有直径为 0.05mm 的康铜丝（图 6-15），从而使载玻片之间形成一层均匀的厚度为 0.05mm 的样品薄膜。

图 6-14　实验段示意图　　　　　　　图 6-15　样品的放置

6.4.1.2　不同降温速率对脂质体悬浮液结晶的影响

　　利用自己研制的低温显微镜研究脂质体冻结过程中的冰晶生长图像。图 6-16 是海藻糖浓度为 0.05g/mL 的脂质体悬浮液的慢速降温过程的冰晶生长图像，从图中可以清晰地看出在此速率下形成的冰晶颗粒。图 6-17 是快速降温情况下的结晶图像，与图 6-16 相比，此时冰晶生长的速率非常快，在 1s 的时间内，冰晶已占据了显微镜的整个视野，冻结几乎是在一瞬间完成的。可以看到此时形成的冰晶非常细腻，用肉眼已看不到冰晶颗粒。

　　结晶过程可以认为是由晶核形成和晶粒生长两个过程组成的，分均相成核和异相成核。经乳化后的水溶液可避免发生异相成核，因此脂质体悬浮液的结晶属均相成核。均相成核的晶核形成是由于温度的下降，在液相内的热起伏即能量和密度的随机涨落，使其内的分子聚集而生成晶核，对于较稀的脂质体悬浮液则是水分子的聚集形成冰晶晶核。在通常的过冷度

(a)　　　　　　　　　(b)　　　　　　　　　(c)

图 6-16　海藻糖浓度为 0.05g/mL 的脂质体悬浮液的慢速降温过程的冰晶生长

范围内，随着过冷度的增大，成核概率是随着增大的，在较高的冷却速率下，样品的温度下降快，样品的冻结前已经达到了较低的温度，因此具有较大的过冷度，成核概率高，生成了比慢速降温时更多的晶核；同时由于在单位体积内的晶核数量多，冰晶的生长空间变得相对狭小，这样就形成了图 6-17 所示的快速降温时的细腻的冰晶结构。

(a)　　　　　　　　　(b)　　　　　　　　　(c)

图 6-17　海藻糖浓度为 0.05g/mL 的脂质体悬浮液的快速降温过程的冰晶生长

6.4.1.3　冻干保护剂浓度对脂质体悬浮液结晶的影响

图 6-18 是海藻糖浓度为 0.15g/mL 的脂质体悬浮液冻结时冰晶的形成过程。冻结过程

(a)　　　　　　　　　(b)　　　　　　　　　(c)

图 6-18　海藻糖浓度为 0.15g/mL 的脂质体悬浮液的快速降温过程的冰晶生长

的降温速率与图 6-17 所示的海藻糖浓度为 0.05g/mL 的脂质体悬浮液相当，由图可见这时晶体的生长速率明显低于图 6-17 所示的海藻糖浓度为 0.05g/mL 的脂质体悬浮液。显然高浓度对冰晶的生长速率产生减慢的影响。

从冰晶生长的动力学过程来说，晶体要生长，则水分子必须要穿过固液界面加入到晶格中。为达到这个目的，水分子就需要有适当的空间指向、位置及能量。对于水这种强极性分子，大部分是以水分子链的形式存在的，因此在固化时，冰晶的生长不仅存在单个分子的集合，同时还包含有水分子集团叠合，这就要求水分子集团也能有一个理想的状态，使其能加入到晶格中而不会在晶格内产生应力。如果大部分的水分子集团具有这种理想状态，冰晶就能快速生长。在高浓度的脂质体悬浮液中，大量的溶质分子的存在极大地干扰了水分子集团获得这种理想状态的能力，特别是在此时水分子较难获得理想的空间指向，产生的结果就是降低了晶体生长的速率。比较图 6-17 与图 6-18 所示的冰晶生长图像，可以看出随着脂质体悬浮液中海藻糖浓度的增大，冰晶生长速率降低。

6.4.1.4 冻结过程的冰晶生长与冻干品质量之间的关系

利用程序降温仪分别以 20℃/min 和 1℃/min 的降温速率把海藻糖浓度为 0.1g/mL 的脂质体冻结到−65℃，然后在冻干机中冻干。上述不同降温速率的脂质体的冻干参数基本相同。冻干过程中真空度保持 10Pa，在第一阶段干燥过程中通过控制加热板温度防止脂质体温度过高；同时由于脂质体中的自由水比较容易除去，此时冷阱温度不需过低，在−60℃左右即可。在第二阶段干燥过程中，脂质体中的结合水较难除去，为了缩短冻干时间，必须适当提高加热板温度，并降低冷阱温度到−100℃左右，这样便可增加脂质体与冷阱表面间的水蒸气压力差，水蒸气的凝结速率也就越大。从图 6-19 所示不同降温速率的冻干脂质体外观可以看出，降温速率为 1℃/min 的冻干脂质体产生塌陷和断裂，而降温速率为 20℃/min 的冻干脂质体外观较好。将不同降温速率的冻干脂质体复水后，利用 TSM 超细颗粒粒度分析仪测试冻干前后脂质体粒径，如图 6-20 所示。降温速率为 20℃/min 的冻干脂质体粒径变化较小，而降温速率为 1℃/min 的冻干脂质体粒径比冻干前增大，并且分布范围变宽。

图 6-19　不同降温速率的冻干脂质体照片

（左：降温速率为 20℃/min；右：降温速率为 1℃/min）

图 6-20　不同降温速率的脂质体冻干后粒径变化

理论上在冻干过程中，样品中大的冰晶不仅能加快热量的传递，而且由于冰晶升华后形成大的孔洞，将有利于水蒸气的逸出。但在相似的加热板温度和冷阱温度下，在冻干过程中降温速率为 1℃/min 的脂质体冻干时间比降温速率为 20℃/min 的脂质体的冻干时间延长约 40min。一方面是由于慢速降温形成的表面浓缩层较厚，而在快速降温过程中，冰晶细且生长速率快，浓缩的脂质体来不及移动就被冻结，因此表面没有形成浓缩层。另一方面由于随着冻干过程的进行，大的冰晶升华后留下的孔洞较大，形成的网状骨架不能支承其本身的重量而塌陷，在表面形成硬壳，阻止水蒸气的逸出，从而恶化了传热传质，使冻干时间延长，同时也使脂质体的粒径增大，降低了冻干脂质体的临床应用效果。

　　快速降温的脂质体的冰晶比较细腻，表面没有浓缩层，并且冰晶升华后形成致密的网状结构，能够支承本身的重量而不塌陷，水蒸气能顺利逸出，因此快速降温不仅能减少冻干时间，而且冻干脂质体复水后囊泡的粒径变化较少。

6.4.2　冷冻方式和冻干保护剂对脂质体冻干药物粒径和包封率的影响

　　刘占杰等人[26]还研究了冷却方式对冻干脂质体药物的粒径和包封率影响。表 6-5 和表 6-6 是不同保护剂和两种不同的冷冻方式对水溶性药物喃氟啶脂质体的包封率的影响。

表 6-5　喃氟啶脂质体药物冻干前后包封率的变化（一）

（以 20K/min 的降温速率直接冷却冻至 −65℃，再进行干燥）

保护剂	冻干前包封率/%			保护剂	冻干后包封率/%		
	第一次	第二次	平均		第一次	第二次	平均
10%葡萄糖	44.2	42.8	43.5	10%葡萄糖	26.9	23.1	25
10%蔗糖	49.8	52.8	51.3	10%蔗糖	44.5	49.3	46.9
10%甘露醇	50.2	48.4	49.3	10%甘露醇	45.8	45.0	45.4
10%海藻糖	60.6	57.8	59.2	10%海藻糖	58.2	55.8	57

表 6-6　喃氟啶脂质体药物冻干前后包封率的变化（二）

（先在冰箱内冻结至 −18℃，然后以 20K/min 降至 −65℃，再进行干燥）

保护剂	冻干前包封率/%			保护剂	冻干后包封率/%		
	第一次	第二次	平均		第一次	第二次	平均
10%葡萄糖	41.2	45.8	43.5	10%葡萄糖	19.8	21.0	20.4
10%蔗糖	52.6	50.0	51.3	10%蔗糖	31.9	29.3	30.6
10%甘露醇	48.7	49.9	49.3	10%甘露醇	37.2	42.2	39.7
10%海藻糖	58.1	60.3	59.2	10%海藻糖	38.4	43.0	40.7

　　到目前为止，除了最简单的细菌及微生物以外，绝大多数物质冻结时为了防止损伤都必须采用保护剂，如甘油、二甲亚砜（DMSO）、甲醇、乙二醇、二甲基乙酰胺、聚烯吡酮、羟乙基淀粉（HES）、聚乙二醇（PEG）、糖类物质等。冻结不同物质需要不同类型的保护剂，而且浓度也不相同，但至今还没找到普遍的规律。对于脂质体的冻干，一般用糖类物质做保护剂。糖类保护剂在冻结过程中主要在以下几方面对脂质体具有保护作用：①通过冻干保护剂减少囊泡与囊泡之间的接触附着可以阻止融合，并可减少药物的泄漏。随着脂质体悬浮液的冻结和冰晶的生长，保护剂逐渐浓缩，并分布在脂质体囊泡周围，阻止囊泡之间的融合和药物的泄漏。②保护剂可以抑制冰晶的生长，从而减少冰晶对脂质体囊泡的损伤。③保护剂可以提高脂质体悬浮液的玻璃化转变温度，并在一定的降温速率下，使脂质体悬浮液实

现部分玻璃化，避免了晶态固化，减少了在通常的平衡冻结方法中由于冰晶生长而引起的各种损伤。④在脂质体悬浮液冻结过程中，糖类保护剂使溶液的黏性增加，从而弱化了水的结晶过程，达到了保护的目的。不同种类和不同浓度的糖类保护剂对冻结过程中脂质体的保护效果不同。在葡萄糖、蔗糖、甘露醇、海藻糖四种保护剂中，海藻糖的保护效果最好，葡萄糖的保护效果最差。冻结前以海藻糖做保护剂的脂质体囊泡的粒径较小，并且冻结融化后脂质体囊泡的粒径变化小；冻结前以葡萄糖做保护剂的脂质体囊泡的粒径最大，并且冻结融化后脂质体囊泡的粒径变化也最大。出现这种情况的原因可能与保护剂的化学结构和物理特性有关，如糖类保护剂中羟基的数量、保护剂的黏度都可能影响脂质体囊泡的粒径。

表 6-5 是把喃氟啶脂质体以 20K/min 的降温速率直接冻结到 −65℃ 再干燥；表 6-6 中是把喃氟啶脂质体先在冰箱中冻结到 −18℃，恒温 12h，然后再按 20K/min 的降温速率冻结到 −65℃ 再干燥。比较看出，表 6-5 的脂质体包封率变化小，而表 6-6 的脂质体包封率变化大。其机理是在冻结过程中快速降温，能使喃氟啶脂质悬浮液最大程度实现玻璃化，从而减少冰晶对脂质体膜的破坏，降低了脂质体包封药物的泄露。而习惯上常用的方法是表 6-6 所示的方法，这种方法需做改进。上述实验也看出不同保护剂对包封率的影响也不同，这是与它们的玻璃化转变温度有关的。由于葡萄糖、蔗糖、甘露醇、海藻糖做保护剂的 5%～15% 的脂质体，它们的悬浮液的玻璃化转变温度都低于 −18℃，因此在此冻结过程中，不能使喃氟啶脂质体悬浮液实现部分玻璃化，喃氟啶脂质体双分子层结构受到了较大破坏，包封的药物泄漏量大，尽管后来也以 20K/min 的降温速率在杜瓦瓶中冻结到 −65℃，但由于脂质体双分子层结构已经受到破坏，因此并不能减少药物的泄漏。

冻干前的脂质体囊泡平均粒径为 281nm，降温速率为 1K/min 的冻干脂质体重新复水后囊泡平均粒径为 456nm；而降温速率为 20K/min 的冻干脂质体的平均粒径为 298nm；粒径分布曲线如图 6-21 所示；冻干前后脂质体的粒径变化如表 6-7 所示。

图 6-21　冻干前后脂质体粒径分布的变化

表 6-7　冻干前后脂质体粒径变化

粒径	冻干前	降温速率为 20K/min 冻干后	降温速率为 1K/min 冻干后
平均粒径/nm	281	298	456
最大分布粒径/nm	1300	1400	1600

6.4.3　苦参碱脂质体注射剂的冻干制备

郑建伟[27] 研究了苦参碱脂质体注射剂的冻干制备，其工艺流程为：

实验中以包封率、外观、粒度分布、平均粒径等作为考察指标，对冷冻干燥的预冻温度、预冻时间、冻干最终真空度等分别进行了考察。实验结果表明，预冻温度、预冻时间、到达真空度的时间及最终真空度等对包封率、外观、复水性、粒度分布、平均粒径等都有不同程度的影响。

6.4.3.1 冷冻干燥预冻温度

实验中选择两个预冻温度：−18℃和−70℃。按相同的处方、相同的制备条件、不同的预冻温度制备苦参碱冻干脂质体注射剂，对产品包封率进行检测。实验结果见表6-8。

表6-8 不同预冻温度对苦参碱冻干脂质体注射剂制备的影响

因素 预冻温度	色泽	形状	复水性	稳定性	包封率
−18℃	乳白色	饱满，疏松粉状	良好	不稳定，易分层	42%
−70℃	乳白色	饱满，疏松粉状	良好	稳定，不分层	82%

表6-8中实验结果表明，在−70℃预冻温度条件下，其所得包封率明显高于−18℃。有文献研究表明，一般不同浓度蔗糖等作为保护剂的脂质体悬浮液其玻璃化转变温度范围都在−30～−45℃之间。所以，选择预冻温度应低于−45℃。实验中−18℃预冻温度制得的脂质体包封率大大低于−70℃预冻温度下制得的脂质体，是由于−18℃预冻温度高于一般脂质体溶液的玻璃化转变温度，在预冻时不能形成玻璃态，致使预冻时产生较多结晶而破坏脂质体膜，从而大大降低了包封率。

6.4.3.2 预冻时间

根据预冻物料的厚度，一般预冻时间都需要3～4h才能使冻结完全。实验中按相同的处方、相同的制备条件制得脂质体悬浮液，分成三份，分别预冻30min、6h、12h到−70℃，再冷冻干燥制得冻干脂质体。其结果见表6-9。

表6-9 不同预冻时间对苦参碱冻干脂质体注射剂制备的影响

因素 时间	色泽	形状	复水性	包封率
30min	乳白色	饱满，疏松粉状，有喷壁	还好，但仍有粘壁	58.0%
6h	乳白色	饱满，疏松粉状	良好，无粘壁	82.5%
12h	乳白色	饱满，疏松粉状	良好，无粘壁	81.3%

表6-9中实验结果表明，预冻时间为30min，样品冻结不完全，冰晶形成不稳定，易融解破裂，导致对脂质体膜的损伤，且冻干时易导致喷瓶，影响包封率及外观。而预冻6h和12h的样品包封率没有明显的区别，都相对较高。从经济成本较多考虑，选择6h的预冻时间比较合理。

6.4.3.3 冻干真空度

脂质体冷冻干燥的效果还与两方面的因素有关：一是冻干机效率。冻干机的功能主要依赖于两个方面，即冷阱所能达到的最低温度和一定时间内冷阱的最大捕水能力；二是真空泵的工作效率。它也主要依赖于两个方面，即排气速度和最终真空度。表 6-10 是最终真空度对脂质体冻干的影响实验的结果。

表 6-10　最终真空度对苦参碱冻干脂质体注射剂制备的影响

真空度 ＼ 因素	色泽	形状	复水性	稳定性	包封率
<10Pa	乳白色	饱满,疏松粉状	很好,不粘壁	稳定,不分层	55.6%
>10Pa	乳白色	饱满,疏松粉状	还可,偶粘壁	不稳定,易分层	82.3%

实验结果表明，在相同的处方条件下，包封率与真空泵的工作效率和所达到的真空度有关。若最终压强达到 10Pa 以下，包封率相对较高，能制得包封率符合药典要求的样品；若最终压强大于 10Pa，则包封率明显下降，样品包封率不符合药典要求。

6.4.3.4 表面活性剂的影响

由于所制备的是注射用药，所以实验中选用普流罗尼作为表面活性剂。在相同处方、相同制备条件下，分别选择表面活性剂在脂质体悬浮液中的质量百分含量依次为 0%、0.3%、0.6% 来考察表面活性剂对冻干脂质体制备的影响。实验结果如表 6-11。

表 6-11　表面活性剂对苦参碱冻干脂质体注射剂制备的影响

活性剂用量 ＼ 因素	制备难易度	色泽形状	复水性
0	制备时没有气泡	乳白色　疏松饱满粉状	一般,易絮凝,分层
0.3%	制备时气泡很少	乳白色　疏松饱满粉状	良好,很少气泡
0.6%	制备时有大量气泡	乳白色　疏松饱满粉状	一般,气泡较多

6.5　冬虫夏草和林蛙油的冻干

6.5.1　冬虫夏草的冻干

冬虫夏草（又名蛹虫草）是我国名贵中药材之一。其主要成分有蛋白质、氨基酸、多种维生素，还含有微量元素，虫草酸、虫草素、虫草多糖和 SOD 酶等生物活性物质，具有增强肌体免疫能力和抗疲劳，抗肿瘤，以及补肾壮阳，润肌美容，延年益寿等明显医疗保健作用。

野生虫草的分布有其独特的气候条件和地理环境，生长区域和产量受到极大限制。野生虫草产量明显不能适应日益增长的虫草保健品开发的需求。因此，通过人工驯化，我国北方成功地养育了北冬虫夏草，其药用成分与冬虫夏草接近。

人工栽培的北冬虫夏草产量增大了，贮存和运输都成了问题。如果不及时加工，会很快腐烂变质。于是能保持其药效和营养成分，便于长期贮存和运输的真空冷冻干燥技术就成了加工北冬虫夏草的重要手段。东北大学的徐成海教授和张世伟教授进行了北冬虫夏草的冷冻真空干燥的实验研究[16]，取得了成功。实验装置采用的是自行设计制造的 ZLG-0.2 型冷冻干燥机。

冬虫夏草用测量电阻值变化的方法很难测出其共晶点温度。所以采用试探法，实验观测。经实物切片观测，北冬虫夏草的共晶点温度大约在 −15～−10℃。为保证冬虫夏草的组织不被破坏，采用速冻的方法，先将冻干室内搁板温度降至 −20℃，再将北冬虫夏草放入冻干箱内的搁板上，待 1h 后，搁板温度达 −36℃，制品温度为 −19℃。这时开真空泵，冻干箱停止制冷，水气凝结器继续制冷。经过 1.5h 后，对冻干箱搁板进行加热，控制其加热速度，直至搁板温度与物料温度相接近时认为冻干过程基本结束，停止加热，停真空泵，停制冷机，打开放气阀，取出冬虫夏草。整个冻干过程历时约 13h，其冻干试验曲线如图 6-22 所示。

图 6-22　冻干北冬虫夏草试验曲线

每根冬虫夏草直径大约 1～3mm，干燥时可将若干根捆在一起，形成大约 10mm 直径的圆柱体，也可以分散铺放在搁板上，但厚度不要超过 15mm，太厚不利于干燥过程的传热传质，干燥速率下降。

升华干燥时间可用下式计算：

$$t = \frac{1}{2} \frac{\rho_0 r_0^2 \varepsilon L}{k(T_w - T_s)} \tag{6-6}$$

式中，ρ_0 为干燥层密度，kg/m^3；r_0 为圆柱形冻干物料的半径，mm；ε 为冻干物料孔隙率，定义为冻干物料孔隙体积与总体积之比；L 为冰升华潜热，大约为 $2.8 \times 10^{-6} J/kg$；k 为已干层热导率，$W/(m \cdot K)$；T_w 为干燥层外表面温度，K；T_s 为升华界面温度，K。

北冬虫夏草的前处理和后处理都比较简单。前处理只要从培养基上采摘下来，即可放入冻干箱；后处理主要是真空包装或充氮气包装，甚至纸箱包装也耐贮藏。

根据计算，北冬虫夏草升华干燥时间可控制在 5h 之内，预冻需要 2h，第二阶段干燥需要 2h，整个工艺是时间在 9h 内即可完成。上述实验干燥时间长，是由于同时还干燥了其他物料。

沈阳大学的刘军教授研究了快速冻干北冬虫夏草的工艺[28]。用 GLZ-0.4 型冻干机，干燥 100g 鲜北虫草。具体工艺过程为：用 15℃清水将新鲜北虫草漂洗 2 次，去除杂物和灰尘，并在水中浸泡 5min。在冻干箱内的搁物板上铺上竹片作为隔热层，将北冬虫夏草从水中捞出，直接摆放在竹片上。为冷阱制冷，冷阱温度为 −40℃时，开启真空泵，为冷阱和冻干箱抽真空。10min 后，北冬虫夏草完成真空蒸发冻结，物料温度达约 −29℃。继续抽真空，冻干箱内压强为 20Pa，5 分钟后物料温度达到最低温度 −31.6℃。温度维持在 −31.6℃，10min 后开始逐渐上升。1h 后，为搁物板加热，控制冻干箱内搁板温度为 5～20℃，冻干箱内压强 10～25Pa。干燥 6h 后结束。测量冻干北虫草的含水率约为 2%。

6.5.2 林蛙油的冻干

中国林蛙是一种经济价值很高的药、食两用的珍贵两栖动物。林蛙油（林蛙的输卵管）具有滋阴补肾、强身益精之功效，被古今医家视为药效明显、营养滋补之佳品。

林蛙油中总磷脂含量为 0.96％。含有 12 种脂肪酸，其中 5 种为不饱和脂肪酸，占总含量的 58.22％，7 种为饱和脂肪酸。含粗蛋白质 13.33％，其中有 15 种氨基酸，10 种为人体必需的氨基酸。原糖的含量为 6.8％，多糖含量为 6.18％，总酸含量为 12.98％。林蛙油中还含有多种激素（雌二醇、孕酮、睾酮等）和多种脂溶性维生素（如维生素 A、维生素 D 和维生素 E 等）。

冻干林蛙油的目的是保证林蛙油的质量，提高其商品等级，便于长期贮运，增长货架寿命。一等林蛙油呈金黄色或黄白色，块大而整齐，有光泽而透明，干净无皮膜，无血筋及卵等其他杂物，干而不湿。东北大学的徐成海教授主持完成了林蛙油的冻干实验研究[10]。

林蛙油的冻干曲线如图 6-23 所示。冻干的前处理是将活蛙放在流水操作台上，去头后直接剥取输卵管，防止输卵管被血污，防止输卵管上的血管破裂，防止灰尘污染。冻干林蛙油的后处理可采用传统的真空充氮包装，以免回潮变色。

图 6-23 林蛙油的冻干曲线

6.6 鹿茸的冻干

鹿茸系梅花鹿或马鹿雄鹿未骨化密生茸毛的幼角。鹿茸是中药材的珍贵品种，每年在国际上单项贸易量很大，其中我国鹿茸出口占据重要地位。由于野生鹿是法定保护动物，所以，食用和药用的鹿产品都来自于人工养殖鹿。在中国、加拿大、新西兰等国家，都有规模化的养殖场。仅在我国东北地区，干燥鹿茸年产量就有几百吨。养鹿取茸业最先起源于我国。第二次世界大战后，首先在我国开展鹿取茸，20 世纪 70 年代形成有相当规模的鹿产业群体出现。20 世纪 80 年代末期国际鹿茸市场形成，我国已为鹿茸出口做好了有效准备，一路领先，无竞争对手出现。到了 21 世纪初，国际市场竞争激烈，新西兰、加拿大、俄罗斯的鹿茸成为赢家。我国鹿茸失利的一个重要原因是产品结构存在老化，加工水平较低，因而削弱了竞争力[29]。

鹿茸的价格较为昂贵，内含丰富的蛋白质、糖分及其他营养成分，贮存稍有不慎，极易发生虫蛀、霉烂和变质,轻则降低药效,重则失去药用价值。因此必须妥善处理和贮存。没有干透或是受了潮的鹿茸,会受虫蛀,使质地变轻,残缺不全。干燥后的鹿茸有利于保存、运输和利用。

鹿茸加工的主要目的是脱水、干燥、防腐、消毒、保形、保色,提高质量,利于保存。长期以来,我国鹿茸加工一直采用沸水煮炸和高温烘烤技术,一般需要20~30d甚至更长的加工时间[30,31],还造成茸内有效成分活性物质遭到不同程度的流失和破坏[32,33],使产品质量下降,常常出现破皮、空头、酸败、焦化、腐败变质等缺陷,影响药效,造成重大经济损失,影响我国鹿茸产品在国际市场上的竞争力。

研究表明,冻干鹿茸中营养成分含量和活性均好于传统方法加工的鹿茸。和传统的加工方法相比,鹿茸的冻干加工提高了鹿茸有效药用成分的含量,提高了鹿茸的药用价值,加工周期短,冻干茸具有更高的经济和药用价值,因此鹿茸冻干技术的完善和推广就显得十分迫切了。东北大学张世伟教授、研究生武越和沈阳大学刘军教授选用辽宁省铁岭市西丰县养殖梅花鹿的鲜鹿茸,进行了鹿茸冷冻干燥工艺的研究[17,34]。

为更好地开展鹿茸的冻干实验研究,首先对鹿茸的相关物性参数进行了实验测量。为了防止鹿茸中的血水等成分流失,保证实验数据的准确性,鹿茸被锯下来后,经过简单的封口处理即放入冰箱中冷冻保存,测量时样品的制备是在鹿茸冻结的情况下进行的。

6.6.1 水分测量

鹿茸的不同部位(顶部、中段、根部,见图6-24)具有不同的组织结构、生物成分和药用价值,鹿茸的外部皮层组织与其内质组织也有很大差别,而且皮层组织是干燥过程中脱水阻力的主要来源,因此,实验中分别对皮层和内质的不同部分做了测量。

水分测量使用的是卤素水分测量仪(MB45,OHAUS Ltd. USA),设定的最终加热温度为80℃。水分测量结果见表6-12。实验数据表明,水分在一只

图6-24 鹿茸的部位分区
1—顶部;2—中段;3—根部

鹿茸内部的分布是不均匀的。比如,鹿茸皮层含水率明显低于其内质部分。内质部分除了根部的含水率与其骨化程度有关以外,中段和尖端的平均含水率与该段组织结构、含血量有直接关系。不同形状和尺度的鹿茸,其平均含水率也有明显差别。

表6-12 鹿茸不同部位的含水量

鹿茸的部位		含水量/%
内质	顶部	74.02~77.85
	中段	73.41~76.36
	根部	69.98~72.11
皮层		68.81~71.02

6.6.2 共晶(熔)点温度测量

在冻干过程中,中段是决定鹿茸冻结与否的关键部位,为此,实验中对鹿茸的中段进行了共晶(熔)点温度测量。共晶(熔)点测量采用了两种方法。第一种方法是用自制的电阻

共晶点温度测量仪。鹿茸冻结和融化过程的电阻温度曲线见图 6-25。

图 6-25   鹿茸中段电阻-温度曲线

鹿茸共晶点温度测量的第二种方法是差式扫描量热仪（DSC，—Q100，TA，USA）法。使用专业软件（Universal Analysis，TA）处理测量的数据，得到热流温度曲线，见图 6-26。以上两种测量方法得到的结果基本吻合。由图 6-26 中曲线可知，鹿茸共晶点温度在—18～—12℃之间，确定平均值为—15℃；而共熔点温度确定为—13℃。

图 6-26   鹿茸共晶（熔）点 DSC 测量的热流曲线

6.6.3 鹿茸的冻干实验

根据实际需求分别开展了切片茸和整枝茸的冻干实验，很明显，切片茸的冻干节能省时，适用于直接用户；而整枝茸冻干更适合于商业化产品。冻干实验在 GLZ-0.4 冻干机中进行。鉴于在过高和过低的温度下，蛋白质容易变性，酶可能失活[35]，在冻干过程中限定了较低的升温速率，并确定干燥工艺中物料的温度不低于—25℃、不高于 45℃，没有考虑节能和节时的工艺优化问题。

6.6.3.1 切片鹿茸冻干工艺

切片鹿茸冻干的工艺流程包括：鲜茸清洗→切片装盘称重→预冻结→真空冷冻干燥→真空包装。

首先将鲜茸清洗。清洗时注意要将鲜茸锯口向上，用柔软的毛刷蘸温碱水（40℃）反复刷洗，再用清温水刷洗 2 次，最后用灭菌纱布擦干。清洗后将鹿茸切成厚度约为 4mm 的薄片，放入灭菌干燥的玻璃器皿中，对其进行称重。称重后的鹿茸片平铺在钢制方盘中，并送入冻干室置于搁板上，见图 6-27。

图 6-27　鹿茸在冻干机的搁板上冻干的照片

由于鹿茸的共晶点温度为−15℃，而搁板与物料间的温度差为 10～15℃，所以搁板的温度被设定为−30℃。冻结阶段耗时 1.5h，冻结的鹿茸片的温度约−25℃。鹿茸的预冻结完成后，给冻干机的捕水器制冷。当捕水器的温度降低到−40℃后，开启真空泵。当冻干室的压力降低到 40Pa 时，为搁板加热。此后，搁板的温度分段升高并保持一段时间，由冻干机按设定温度自动控制。具体温度与时间的关系见图 6-28 中的冻干曲线。当物料的

图 6-28　鹿茸片的冻干曲线

图 6-29　真空封装冻干鹿茸片

温度持续升高，并接近搁板最终温度 45℃时，认为达到了冻干终点。此时关闭冻干室与冷阱之间的阀门一段时间，观察冻干室的压力。若压力不再明显变化，则可以进一步证实冻干终点的达到。达到冻干终点后，为冻干室放气，开启箱门，取出干燥的鹿茸片，并称重和计算脱水率。顶部和中段鹿茸的脱水率分别为 81.5% 和 73.5%。经测量，冻干后鹿茸片的含水率约为 2%。将冻干后的鹿茸片真空包装，防止回潮，见图 6-29。真空包装的鹿茸片在常温下存放 3 年，没有变质。

6.6.3.2 整枝鹿茸的冻干

整枝鹿茸的冻干是在 LGS-2 型冻干机上进行的。其工艺路线包括：鲜茸清洗→整支称重→预冻结→真空冷冻干燥→真空包装。

选择品相好而且适度尺寸的整枝鹿茸并用软毛刷将其刷洗。考虑到整枝鹿茸冻干过程中，脱水阻力主要来自于鹿茸的皮层，所以在冻结的鹿茸顶部及中间段用钢针扎孔。孔深大

于 2mm，孔距约 1cm，控制孔径小于 0.5mm 以防止影响产品的外观。经预处理后的鹿茸放回冰箱中冻结备用。

在冻干室的搁板上放置一个底面有绝热层保护的电子秤，并在电子秤盘的上表面铺一层竹片。当搁板的温度低于 −30℃ 时，将冻结的鹿茸摆放在竹片上，防止鹿茸与任何金属件接触。冷阱温度低于 −40℃ 时，开启真空泵，使冻干室的压力降低至 20～40Pa。冻干过程中，鹿茸的受热主要来自其上层搁板的热辐射。为防止鹿茸过热致使营养成分变质、失活和防止鹿茸内部的融化，严格控制了搁板的温度。搁板的温度以每 3.5h 升高 10℃ 的速率，由 −30℃ 升高到 80℃。由于在物料下面垫加了具有隔热作用的竹片，所以鹿茸的温度始终未高于 45℃。在此期间，为强化传热，当压力低于 10Pa 时，采用了循环压力法。循环周期内，压力升幅为 40～50Pa，保持 10～15min。共进行了约 10 个循环周期。冻干终点的判断是称重法。当电子秤的读数在 30min 内的变化值小于 1g 时，冻干终止。总的冻干时间为 40～60h，整枝鹿茸的脱水率为 50%～60%，因鹿茸的品种、成熟程度，贮存时间以及物理因素而各异。

6.6.4 冻干鹿茸性质检测及对比

为与传统方法干燥的鹿茸进行比较，并使比较的结果具有说服力，将同时采自同一只梅花鹿上的两枝鹿茸分别进行冷冻真空干燥和传统的煮炸、热风相结合干燥，分别得到两个干燥样品，依次标记为样品 FD（冻干）和 TD（传统干燥）。二者分别都进行了物理性状观察和化学成分检测，并比较了观察和检测结果。

6.6.4.1 样品化学成分分析与对比

分别用紫外分光光度计对样品中蛋白质含量、用氨基酸自动检测仪对样品中氨基酸含量进行定量分析。分析结果表明，样品 FD 中的水溶性蛋白质、醇溶性蛋白质和各种氨基酸的含量都不同程度地高于样品 TD 中的相应值，见表 6-13。

表 6-13 两种干燥鹿茸样品化学成分检测数据

成 分	含量/%		成 分	含量/%	
	样品 FD	样品 TD		样品 FD	样品 TD
水溶性蛋白质	19.27	12.49	丙氨酸	3.79	1.78
醇溶性蛋白质	4.17	4.59	亮氨酸	3.36	1.46
甘氨酸	8.00	4.18	丝氨酸	2.59	1.33
精氨酸	5.56	4.03	酪氨酸	2.53	1.12
谷氨酸	4.89	3.18	苯丙氨酸	1.77	0.54
脯氨酸	4.17	3.18	苏氨酸	1.14	0.61
天门冬氨酸	4.08	3.01	异亮氨酸	0.82	0.38
赖氨酸	4.01	2.15	组氨酸	0.71	0.35
缬氨酸	3.91	1.97			

6.6.4.2 样品物理形貌观察与对比

从外观上看，样品 FD 的内质部分颜色是乳白的，组织结构密实且均匀。样品 TD 的内质部分是棕黄色的，有明显的孔隙和黑色的凝血点。对样品 FD 和 TD 的切片用生物显微镜（AP300，Motic Ltd.）进行了显微观察，图 6-30 是样品 FD、TD 相同放大倍数的显微图像照片，图中标尺长度为 507μm。图像显示，样品 FD 的内质是均匀的，没有明显的大孔隙，而样品 TD 的内质是多孔结构，孔的尺度为 100～500μm，且有许多凝血块（图中深色的小点，尺寸几十微米）。

(a) 样品FD   (b) 样品TD

图 6-30   样品 A 和 B 显微照片

通过显微观察和成分分析可知，冻干鹿茸与传统方法干燥的鹿茸在物理形貌和化学成分上均有明显差异，在常规观测和分析项目中前者优于后者。

上述完成的冻干实验中，出于保证鹿茸成分不发生变质的考虑，一直采用较低温度干燥，因此整个冻干时间比较长。更加节能节时的鹿茸冻干优化工艺正在开发；与之配套的、既可以干燥鹿茸片也可以干燥整枝鹿茸（包括较大体积的马鹿茸）的专用冻干机正在研制之中，其冻干箱内可变工件架的设计已经完成，申报了国家发明专利并获得授权[36]。

需要指出的是，冻干鹿茸的化学构成及生物活性可能与传统干燥鹿茸之间有较大差异，所以应该开展冻干鹿茸新成分的生物化学分析和药理实验，并重新研究冻干鹿茸的药理作用、药用方案（用法、用量）和评价标准。比如，冻干鹿茸中的生物酶仍可能保持着较高的活性，所以在贮藏方法、保质期限、使用方法上应予以重新考虑。

6.7 三七的冻干

三七为五加科人参属植物，主产于我国的云南和广西，其中含有的三七总皂苷（PNS）和三七素是主要的活性成分，分别具有良好的活血化瘀、祛瘀生新和止血凝血、保护神经系统的作用。

昆明理工大学的刘胜男[37]应用 SCIENTZ-10ND 型冻干机，选用云南文山三年生新鲜三七，进行了冷冻干燥工艺条件对主要活性成分（PNS 和三七素）影响的实验研究。研究表明，三七切片在 5mm 厚度时，冻干三七片中活性成分含量相对令人满意；研究结果还表明，真空冷冻干燥过程中，搁板温度和压强是影响冻干三七片中 PNS 和三七素含量的主要因素，比较理想的工艺是搁板温度为 45.2℃、冻干室压强为 56.9Pa。冻干加工能够很好地保存三七中的活性成分，这是由于 PNS 和三七素主要分布于细胞质等液体环境中，随着干燥环境的变化，细胞中液体质量分数和 PNS 成分逐渐减少，PNS 活性成分降低；三七素是一种水溶性非蛋白质氨基酸，相对温度较高时易受到破坏。真空冷冻干燥加工过程在低温且基本隔绝空气的条件下进行，能够有效地保护三七的活性成分，同时避免细胞的机械破坏，减少细胞内成分的损失。

采用上述优化工艺进行冻干的三七片与其他干燥方法得到的三七结构对比见图 6-31。图 6-31 表明，新鲜三七有清晰可见的组织结构和排列有序的细胞；自然干燥的三七出现了

图 6-31 新鲜和不同方法处理后的干燥三七的 SEM 图

图 6-32 市售冻干三七照片

一定程度的氧化，导致颜色加深；热风干燥三七片内部出现了严重的组织收缩变形和细胞塌陷；冻干三七内部细胞和组织结构没有或发生了较小程度的热损伤。从宏观上看，热风干燥的三七片表现出严重的氧化变色和皱缩变形，硬度最大。一般热风干燥的三七由于硬度大，使用时必须用专门的粉碎机打粉入药。而目前市售的冻干三七（见图 6-32）表面饱满，结构相对疏松，硬度小，可用普通家用食物料理机轻易粉碎。

参 考 文 献

[1] 关昕. 注射用丹参化学对照品的制备、提取工艺及所用药材丹参质量标准研究 [D]. 沈阳：沈阳药科大学，2005.

[2] 钮旭升. 注射用双黄连指纹图谱的研究 [D]. 沈阳：沈阳药科大学，2005.

[3] 李清. 注射用艾迪（冻干）药学研究初探 [D]. 沈阳：沈阳药科大学，2006.

[4] 崔亚男. 复方参芍注射剂的初步研究 [D]. 沈阳：沈阳药科大学，2006.

[5] 王立群，徐蓓，校合香. 天麻不同加工方法的红外光谱指纹特征分析 [C] //厦门：第十三届全国分子光谱学学术会议，2004：123-124.

[6] 彭菊艳. 采收时间和加工方法对金银花品质的影响 [D]. 咸阳：西北农林科技大学，2006.

[7] 敬应春，单俊杰，徐小军. 从白术总多糖中抗肿瘤有效成分的变化试论 GAP 的重要性 [J]. 中国新药杂志，2004 (6)：511-514.

[8] 余超. 连花芳粉针制备工艺及质量标准研究 [D]. 北京：北京中医药大学，2004.

[9] 魏小川，马艳梅，王建富. 林蛙油真空冷冻干燥工艺研究 [J]. 食品科技，2006 (9)：134-136.

[10] 徐成海，张世伟. 几种物料的冷冻干燥实验 [J]. 真空与低温，1998 (3)：161-164.

[11] 王玉兰. 通脉粉针剂质量的化学研究 [D]. 北京：北京中医药大学，2004.

[12] 范玉玲，李淼，孙黎. 冷冻干燥法和高速搅拌法制备生脉饮颗粒剂的研究 [J]. 科学技术与工程，2006，20：3272-3275.

[13] 徐成海，李春青，张树林. 真空冷冻干燥人参的物性测量 [J]. 武汉化工学院学报，1992 (3/4)：47-51.

[14] 徐成海，张世伟，胡天玉. 山药真空冷冻干燥的实验研究 [J]. 真空科学与技术学报，1996 (6)：449-452.

[15] 彭润玲. 几种生物材料冻干过程传热传质特性的研究 [D]. 沈阳：东北大学，2007，12：47-65.

[16] 徐成海，张世伟，喻漫陆. 冬虫夏草真空冷冻干燥的实验研究 [J]. 真空，1994 (6)：34.

[17] 刘军，张世伟. 鹿茸冻干新工艺及性质 [J]. 真空科学与技术学报，2011 (2)：229-233.

[18] 任迪峰，毛志怀，和丽. 真空冷冻干燥在中草药加工中的应用 [J]. 中国农业大学学报，2001 (6)：38-41.

[19] 李树殿，崔淑娟，罗维莹，等. 活性人参有效成分的分析 [J]. 特产研究，1989 (3)：43-45.

[20] 李树和. 蔬菜药用 70 例 [M]. 天津：天津科学技术出版社，2005，1：52.

[21] 王建安，黄纪念，王玉川. 微波真空冻干怀山药生产工艺的研究 [J]. 食品工业，2007 (5)：35-36.

[22] 华泽钊. 冷冻干燥新技术 [M]，科学出版社，北京：科学出版社，2005：407-409.

[23] 刘占杰，华泽钊，陶乐仁，等. 脂质体悬浮液结晶对其冻干品质影响的研究 [J]. 青岛海洋大学学报，2001 (4)：612-618.

[24] 王健，李明轩. 冷冻干燥对提高脂质体稳定性的研究概况 [J]. 中国医药工业杂志，2005 (9)：576-580.

[25] 徐成海，彭润玲，刘军，等. 冷冻干燥 [M]. 化学工业出版社，2005，4：313.

[26] 刘占杰，肖洪海，苏树强，等. 冷却方式对冻干脂质体药物的粒径和包封率影响的实验研究 [J]. 工程热物理学报，2002 (5)：599-601.

[27] 郑建伟. 苦参碱冻干脂质体注射剂的制剂学研究 [D]. 广州中医药大学，2005.

[28] 刘军，张世伟. 一种快速冻干冬虫夏草的方法：中国，201110070964. X [P]，2012-08-29.

[29] 周桂琴. 鹿茸 [M]. 天津：天津科技出版社，2005，1：47~51，183~184.

[30] 徐滋，于振清. "三倒"带血鹿茸加工方案和操作 [J]. 特种经济动植物，2003 (11)：38-40.

[31] 张荣，霍玉书，李永吉. 鹿茸的加工工艺与研究述要 [J]. 辽宁中医药大学学报，2007 (3)：59-60.

[32] 田再民，张利增，龚学臣，等. 不同温度和时间对鲜鹿茸中 GSH 活性的影响 [J]. 湖北农业科学，2009，48 (6)：1461-1463.

[33] 田再民，冯莎莎，武玉环，等. 不同温度和时间对鲜鹿茸中 SOD 活性的影响 [J]. 河北北方学院学报，2009，25 (1)：49-52.

[34] 武越. 鹿茸冻干过程的特性研究 [D]. 沈阳：东北大学，2008.

[35] 陈立，马稚昱，许仲祥. 血粉蛋白质热变性温度变化规律的研究 [J]. 农业机械学报，2004，35 (3)：102-108.

[36] 刘军，张世伟. 一种用于冻干鹿茸的冷冻干燥机可变工件架：中国，2010105786385 [P]. 2012-06-27.

[37] 刘胜男，王承潇，杨野，等. 三七真空冷冻干燥工艺优化及其对活性成分影响的研究 [J]. 华东理工大学学报. 2020，8：517-525.

食材冻干技术

食品的冻干技术起源于 20 世纪 30 年代[1]。1930 年 Flosdorf 开始了食品冻干实验，1940 年英国的 Fikidd 提出了食品冻干技术，1961 年英国 Aberdeen 实验工厂开始了工业生产，几乎在同一时期，美、日、德、荷兰、丹麦等国家相继建立了食品冻干加工厂。到了 21 世纪初，美国每年消费冻干食品 500 万吨，日本 160 万吨，法国 150 万吨。日本每年需花 1000 亿日元进口冻干食品。可见冻干食品的国际市场很大，而且正成为国际食品贸易的大宗贸易。全球的冻干食品产量已经从 70 年代的 20 多万吨上升到 21 世纪初数千万吨[2]。

我国食品冻干事业起步较晚，20 世纪 60 年代后期才在北京、上海等地开始实验研究，20 世纪 70 年代中期在上海等地建立了食品冻干车间。80 年代开始，食品冻干技术受到了国际市场的影响，渐渐热起来。21 世纪初，国内的冻干生产线已经拥有几十条，年产量约 2 万吨。目前，冻干食品在国内市场的交易量连年增加，年产量在千吨级以上的冻干食品加工基地在辽宁、吉林、黑龙江、内蒙古、河南、甘肃、陕西、宁夏、云南、山东、安徽、贵州、北京、上海等地纷纷建立。我国冻干食品的发展前景极其广阔，是大家的共识。据估计 2020 年我国冻干食品市场规模可达 473 亿元[3]，用最低的成本加工出更优质的产品成为食材冻干技术的发展方向。

食品冻干与其他食品加工相比，具有许多独特的优点：

第一，食品是在真空且低温条件下干燥，食品不会发生氧化变质，并且因缺氧和冷冻会杀灭一些细菌或抑制某些细菌的活力；

第二，食品在低温下干燥，使食品中的热敏成分能保留下来，可以最大限度地保存食品成分、味道和芳香；

第三，食品在冻结时能形成稳定的形状，干燥后能保持食品原有形状；

第四，食品在干燥过程中，由于内部冰晶升华，留下许多微孔结构，因而冻干食品可以迅速吸水复原，即复水性好，且复水速度快，多数在几秒至几十秒钟即可完成，复水后其品质与鲜品的形状、颜色、外观质地基本相同；

第五，冻干食品脱水彻底，重量轻，适合长途运输和长期保存，无须防腐剂，在常温下保质期多者可达三至五年。

随着人民生活水平的提高和生活节奏的加快，人们对食品的要求趋向营养、安全、快捷。同时一些从事特定工作，如航天、航海、登山、野外作业、各种考察队的人员也对食品有特殊的要求，加上对旅行食品、休闲食品的需求，因此，各类天然绿色食品、保健食品和方便食品应运而生。而冻干食品由于具有上述优点，能够满足人们对食品安全化、营养化和方便化的需求，从而受到现代社会各个层次人们的青睐。

随着社会的发展，新一代年轻人逐渐成为食品消费的主力军。多数年轻人由于对工作和照顾子女投入的精力较多，对生活的品质追求更高，不擅长厨艺的他们，希望能够从日复一日的繁杂烹饪劳作中解放出来，比外卖食品能够更加快速地满足餐饮需求的方便食品愈来愈受到青睐，方便面等已经不能满足人们对饮食多样化的要求，因此简单地用热水冲泡就能食用的复合类冻干食品，诸如冻干糯米方便粥、冻干高汤粉、冻干酸奶粉、冻干方便饭、冻干饺子、冻干馄饨、冻干叉烧肉、冻干鱼香肉丝等便应运而生。冻干食材已经不仅仅是食品的添加成分，也可以是简单复水后即可食用的完整成品。另外，作为食品原料的农牧渔等行业的产品，在进行冷冻干燥加工后，可大大增加收益。例如真空冷冻干燥技术加工农产品利润可达60%以上。由此可见，食材冻干技术能够使生产者和消费者双方都受益。随着社会的发展和人们餐饮、消费习惯的改变，冻干食材的市场将进一步增大。

食材冻干技术的研究与食品市场的繁荣相互促进，对冻干食材的研究方兴未艾。被研究的冻干对象已经从高价值的贵族食材扩展到了普通寻常食材，主要包括：

① 植物属食材：蔬菜、水果、坚果、谷类、豆类、藻类，等；
② 动物性食材：肉类、蛋类、海产类、乳品类，等；
③ 菌类食材：各种菌类；
④ 复合类食品成品：冻干馄饨、冻干水饺、冻干高汤粉、糯米方便粥、方便饭等。

其中许多食品的冻干技术已经成熟，被广泛应用于实际生产中。食品冻干的生产流程主要有：前处理、速冻、真空干燥和后处理。前处理的工作分粗处理和精处理，对于蔬菜粗处理主要是对原料进行挑选、去皮、洗泥等；而精处理主要是进一步清洗、切割或粉碎、漂烫、甩干、装盘等。冻干过程有3个阶段：物料冻结、升华干燥和解析干燥。后处理主要是挑选、筛选、包装入库。

7.1　植物性食材冻干

植物性食材，包括水果，蔬菜，谷类等。新鲜植物性食材由于含水量高，长期储存可能会面临挑战。因此，对此类食材进行干燥可以使其易于处理、方便运输和长期存储。

常规的干燥脱水方式中的氧化、高温和机械损伤作用，经常会影响植物性食材中有价值的生物活性物质成分的稳定性和保留率。例如由于多酚氧化酶的活性，酚类化合物可能容易被酶降解。另外，由于类胡萝卜素具有高度不饱和性，使其易于被氧化和热过程降解。而且，维生素C和类胡萝卜素的损失尤其受干燥过程中的温度和水分含量影响。而酚类化合物、维生素C和类胡萝卜素是植物性食材中比较典型的生物活性营养成分。

显然，在较低温度、缺少氧气和液态水的条件下进行的真空冷冻干燥处理工艺能够有效地避免上述活性成分的损失，能够保持最终产品中最佳的生物化合物含量。尽管干燥时间长且过程昂贵，但与其他干燥技术相比，由于最大限度地保留了食材的质量，因此冷冻干燥被广泛用于植物性食材的加工中。在众多的植物性食材中，各种蔬菜、水果采用冷冻干燥技术的加工者最多。冻干加工的蔬菜、水果，可以作为休闲食品直接使用，如苹果脆片、萝卜脆片等，也可以作为制作方便食品的原料、辅料，如方便面、方便汤中的蔬菜干、蔬菜片、蔬菜粒、蔬菜纸，制作糕点的水果干等。

7.1.1　典型蔬菜——菠菜的冻干

目前在实际生产和实验研究中，已经有很多种蔬菜，如胡萝卜、竹笋、香葱、香菜、菠菜、甘蓝、西芹、油豆角、蕨菜、马铃薯、绿豆芽等作为冻干对象，获得了成熟的蔬菜冻干工艺。本书以典型的蔬菜——菠菜为例，介绍蔬菜的冻干工艺。

菠菜采收后仍然有呼吸，其对 CO_2 的呼吸强度为 269.8mg/（kg·h），呼吸强度随温度而变化，其温度系数在 0.5～10℃范围内为 3.2，在 10～20℃范围内为 2.5。菠菜和其他蔬菜一样，在贮存过程中要放出呼吸热，一般按产品呼吸释放 CO_2 的毫克数来计算，每产生 1mg CO_2 相当于释放 10.67J 的热量。因此菠菜是一种容易腐烂，难于保存和运输的蔬菜。因此，在边远的山区、远洋航行、长途旅行中都难于吃到新鲜菠菜。

从上述特性我们可以看到，菠菜的呼吸强度高，含水量大，即使在低温下也难于贮运。然而，菠菜产量大、产地广，比较容易加工干燥。虽然干燥后仍呼吸释放 CO_2 而放热，但放热量降低了。将菠菜加工成真空冷冻干燥的产品后，采用小型真空贴体包装，开水一冲即可食用，可大大方便食用、贮存和运输，显著提高了菠菜的商品价值，有利于促进菠菜生产，促使农业增效，农民增收。

东北大学的徐成海教授[4] 最早在国内进行了菠菜的冷冻干燥研究。由于当时的冻干设备功能有限，没能给出菠菜的冻干曲线，但详细描述了冻干过程并给出了菠菜冻干的模型，比较了冻干与真空干燥菠菜的性状。

之后，刘玉环[5]、马青[6] 以及 Mark Lefsrud[7] 先后分别进行了菠菜和菠菜片段的冻干实验。

7.1.1.1　菠菜的冻干工艺流程

鲜菠菜→挑选→清洗→切段→烫漂→冷却→沥水→装盘→冻结→升华干燥→解析干燥→检查→真空包装→成品入库。

7.1.1.2　菠菜段冻干的前处理

选用叶片肥大的鲜嫩菠菜，剔除黄叶、病斑叶及虫蛀叶。将挑选好的原料在气泡清洗池中进行清洗，洗去表面的泥土及其他杂质，之后沥去表面的水分，用切菜机切成 1cm 长的段。将切段后的菠菜浸在 80～85℃ 的热水中漂烫 1～2min，目的是破坏菠菜中氧化酶的活性，以便保持菠菜的原有色泽和营养成分，同时消灭原料表面的微生物、虫卵，除去原料组织内的空气，有利于减少维生素和胡萝卜素的损失。漂烫还可以破坏蔬菜表面的蜡质，使蔬菜中的水分更易于挥发，有利于蔬菜的冷冻干燥。漂烫结束后，立即将菠菜取出，再浸入冷水中快速冷却至室温，以保持其脆度。

经冷却捞出后的菠菜表面会滞留一些水滴，这对冻结是不利的，容易使冻结后的菠菜相互黏结，不利于进一步的干燥。在振动沥水机上进行振动沥水或在流动空气中自然风干，除去表面水滴后将菠菜均匀摊放在不锈钢料盘上，装料厚度约 20～25mm。菠菜冷冻干燥时，热量通过干燥层向内传导，蒸汽通过干燥层向外逸出。因此，料层过厚受热不足，物料不能完全均匀地干燥；而料层厚度过小，干燥的时间虽短，但受热过量，物料部分融化使产品变味变形，营养成分损失，影响产品的质量和产量。

7.1.1.3　菠菜段共晶点测定

为确定菠菜的真空冷冻干燥工艺，首先要知道菠菜的共晶点温度。用电阻法测定菠菜的共晶点温度，随着温度的降低，电阻在不断增大（见图 7-1）。

图 7-1　菠菜冷冻温度与电阻的关系

由图 7-1 可知，漂烫的菠菜共晶点为 $-8℃$，非漂烫的菠菜共晶点为 $-7℃$。经过漂烫的菠菜比没有漂烫的共晶点低。

7.1.1.4 菠菜冻结

掌握了菠菜的共晶点，在冷冻时温度只需比共晶点低 $4\sim5℃$，保证蔬菜内部液体完全冻结，而不必过分冷冻，这样可以节省能源。

将菠菜段放进冰箱，或放在冻干机的干燥室中降温，保持低温一段时间，就可以冻结。从冷冻干燥的效果来看，采用慢速冷冻物料中水的结晶体小，在干燥过程中有利于水分的挥发。速冻容易使物料中水分结晶体增大，不易蒸发，干燥速率减慢。慢速冷冻时间长，会造成设备利用率低，同时，经过切割后的蔬菜如果冷冻时间太长，易因酶促而发生褐变，而速冻缩短了冷冻时间，有利于提高产品质量。因而蔬菜在 $0℃$ 以上时，宜采用速冻，在接近结晶区时要采用慢速冷冻，使晶体细小，尽量减少蔬菜内部组织结构的破坏，从而提高冻干蔬菜的质量。

另一种冻结方式是利用大型冻干机（GLW-50 型冷冻干燥机），将洗涤干净的菠菜直接放置在冻干机的干燥室中，铺料厚度 $8\sim9mm$，密闭后开启主真空阀抽真空 $30min$，使干燥室的真空度逐渐升高。由于菠菜中的水分在低压环境中直接升华变成水蒸气被排出，菠菜的温度下降而冻结。

7.1.1.5 菠菜升华干燥和解析干燥

菠菜在冻干机的干燥舱内冻结后，真空度经抽空 $10min$ 后，维持在 $70\sim100Pa$ 之间，利用加热板辐射的热量进行加热，使物料的表面结晶水，通过吸收升华潜热而升华为水蒸气，由表及里地向外逸出，使物料中的自由水脱出，为常速干燥阶段。此阶段升华的速率最大可达到 $0.2℃/min$，一般在 $0.1℃/min$ 左右较为合适，时间在 5h 左右。此时菠菜的含水量为 $8\%\sim12\%$。

解析干燥阶段，传质（水汽通过干燥层逸出的过程）是通过升华时对应的饱和蒸气压与环境真空度的压差来实现扩散的。渗透压差越大，传质的动力越大，传质的速度越快，但需要补充的升华潜热也要相应加大。所以，适当提高升华的温度和传热系数，减少水汽逸出时的阻力至关重要。因此，通过调节系统加热板温度，提高适宜的升华潜热，保持舱内真空度在 $60\sim80Pa$ 之间，料温按 $0.1℃/min$ 升高，持续 2h 左右，这时调节系统加热板温度至 $55℃$，物料温度可达到 $40℃$，经 1h 后物料温度上升到接近加热板温度，干燥基本结束。菠菜冷冻干燥曲线见图 7-2。

图 7-2　菠菜冻干曲线

需要指出，菠菜经过切割成 1cm 长的段片时，将出现叶、菜茎等不同密度、不同大小和形状的情形，有的还带有菠菜根，在这种情况下，为了达到最终含水均匀，需要在解析干燥后期进行"匀化"处理。在解析干燥后期，一般菜叶中的水分在6％左右，而根茎水分在10％左右，这时菠菜基本干燥，形状基本确定，为尽快除去根茎中的水分，可采用真空度在400Pa左右，加热板温度控制在55℃左右，时间为20min，这样可迅速除去根茎中残留的高水分，达到叶茎根同时干燥的目的，缩短干燥时间。

7.1.1.6　冻干菠菜的后处理

干燥结束后，立即进行称量包装。根据产品的等级、保存期限、客户要求等进行拣选、计量、检查等处理后，及时将合格的菠菜用聚乙烯复合塑料袋迅速进行抽气或充氮密封包装。同时若需要压块的，一般在解析干燥的最后阶段，温度为50℃时，可不经过回软立即压块。否则脱水菠菜转凉变脆。压缩后的压缩比为5.9，即每千克体积，压缩前为8.9，压缩后为1.5。冻干菠菜吸水性极强，为防止产品吸潮而变质，要求包装环境中相对湿度在35％以下，包装好之后，立即入库，贮藏库要避光、干燥、清洁卫生、相对湿度控制在30％～40％之间。

7.1.1.7　冻干菠菜的性状

脱水菠菜一般需复水后才可烹调食用，其复水后恢复原来新鲜状态的程度是衡量产品品质的重要指标之一。冻干菠菜在70～80℃热水中浸泡50s即可烹调或直接食用，其复水后的形状、颜色与新鲜菠菜基本一样，并能保持新鲜菠菜原有的风味。

冻干菠菜的营养成分保持不变。从表7-1可以看出，不同的加工方法菠菜保存维生素C的含量不同，且差异非常显著。

表 7-1　干菠菜中维生素 C 含量

品　　名	冻干	热干	阴干	晒干
维生素 C／%	93	59	7	4

从菠菜不同加工方式来分析，冻干菠菜的复水时间短，仅需50s，而热风干燥则需要2h。另外，冻干蔬菜复水性强，能吸收冻干蔬菜质量6倍多的水，而热风干燥只能吸收本身质量2倍多的水，见表7-2。

表 7-2　菠菜的复水性

加工方式	菠菜(干基)$m_干$/g	复水时间	复水菠菜质量 $m_复$/g	复水比 $R_复$
冻干菠菜	5.00	50s	37.8	7.56
热风干燥菠菜	5.00	2h	19.3	3.86

7.1.2　典型水果——香梨的冻干

水果中丰富的营养物质为我们的机体提供了所需的营养和能量，但一般水果的保质期较短，容易发生腐烂变质。这是由于水果采摘后，其内部的生理活动并不会马上停止，它们会继续呼吸，多数水果会产生乙烯，而乙烯具有催熟作用。在乙烯的作用下，果实内部会发生一系列变化，淀粉水解，有机酸分解，果胶分化，果肉变软，果实衰老、腐烂。水果干燥后，可延长保质期。但传统的干燥方式，会使水果皱缩变形、氧化变色，失去爽脆的口感和香甜的口味。

水果冻干产品能够很好地保持水果的形、色以及口感、口味。冻干的苹果片、草莓块、香蕉片、菠萝片等，作为休闲食品深受消费者青睐。水果冻干的研究与水果冻干市场的繁荣相互促进，使水果冻干的研究方兴未艾。杨梅、柿子、荔枝、哈密瓜、桃、山楂、无花果、蓝莓等水果的冻干，逐渐进入人们的研究领域。这里以库尔勒香梨为例，介绍典型水果的冻干工艺。

香梨分布于天山南麓，以库尔勒所产为最佳。香梨肉白质细，脆甜渣少，汁液特多，香气浓郁。果实含有果糖、葡萄糖、蔗糖等，总糖含量 10.04%，维生素 C 每百克含 4.4mg，含水量 85.5%[8]。

香梨在贮藏期间，因贮存温度较高或二氧化碳浓度过高等原因，易发生黑心病。香梨若采收早，则品质不佳，耐藏性差；若采收晚，则成熟度高，贮期易衰老，引起黑心病[9]。库尔勒香梨的冻干，可以延长其保质期，减轻重量，便于运输。香梨冻干制品可作为休闲食品，也可作为多种保健食品和药品的原料，具有很高的经济价值。东北大学张世伟、张茜[10]进行了香梨冷冻干燥的研究。

7.1.2.1 香梨冻干前处理

香梨的前处理工序是挑选质量较好，成熟度一致的香梨，先清洗、待沥干后去皮、去核，称重，测水分含量，再切成厚度一致的薄片，然后直接铺在托盘上。

7.1.2.2 库尔勒香梨含水量

库尔勒香梨的含水量用由 OHAUS 公司生产的 MB45 卤素水分测定仪测量。香梨的含水量经过仪器多次测量取平均值，香梨的含水量为 87%。

7.1.2.3 库尔勒香梨共晶点和共熔点

采用电阻法测量物料的共晶点。用 DT98 系列数字万用表做电阻计，热电偶做测温元件，冷冻在冻干机的冻干室中完成。在测定过程中，为防止直流电通入使物料局部融化，应使两电极柱间距大一些，并且测量过程尽量间断进行，缩短测量时间。−5℃时用万用表测物料电阻值，以后每降 1℃测一次阻值，直到电阻变得无穷大为止，重复操作数次然后取平均值。香梨电阻随温度变化如图 7-3 所示。

由图 7-3 可知，香梨的共晶区为−17～−23℃，取香梨的共晶点温度为−20℃，为验证测定的准确性，将香梨速冻至−20℃并保温 2h，剖分香梨后，证明其内部已完全冻透。从热力学数据表查知共晶区下限−23℃下水的饱和蒸气压为 77.31Pa，即在高于此真空度条件下可以直接升华除去水分，实际操作中干燥箱压强控制在低于 75Pa。

用电阻法测定香梨共熔点。先将物料冷冻至−30℃，然后开始升温，并测其电阻值，见图 7-4。可知香梨的共熔点为−15℃，所以升华时物料冰晶的温度不能超过此温度。

图 7-3 香梨共晶点测量的电阻-温度的关系曲线

图 7-4 香梨共熔点测量的电阻-温度的关系曲线

7.1.2.4 冻干香梨片厚度

香梨片厚度的确定是在装料量和冻干时间之间取得平衡。理论上讲，物料厚度越薄，越有利于冻干过程的进行，所需时间越短，但一次产量也低。实验中对厚度分别为 2mm、4mm 和 6mm 的香梨片进行冻干实验研究，不同厚度物料的冻干实时曲线如图 7-5，所需时间如表 7-3 给出。比较而言，由于升华和解析干燥时间基本与厚度成正比，辅助时间基本相同，所以梨片厚度 6mm 的生产效率最高。但厚度增大使工艺过程控制的难度增大，制品质量不易保证；同时，香梨实际尺寸的大小决定了切割制取 6mm 厚梨片的成品产出率远低于 4mm。因此，采用 4mm 厚梨片的冻干工艺更切合生产实际。

图 7-5 不同厚度香梨片的冻干曲线

表 7-3 香梨物料厚度对冻干时间的影响

厚度/mm	预冻速率/(℃/min)	升华时间/h	解析时间/h	复水率/%
2	1.2	4.5	1.5	80.3
4	0.9	7.5	2	87.5
6	0.7	10.5	2.5	75.3

7.1.2.5 香梨片冻结

香梨片冻结有速冻和缓冻两种方式。速冻方式是首先将搁板和空托盘经 0.5h 降温至 −35℃，再将香梨片快速铺入托盘内，1h 后搁板温度达 −37℃，梨片温度为 −35℃。缓冻方式是将香梨片及托盘在常温下放入冻干箱内，控制搁板降温速率在 1~2℃/min，待 1.5h 后搁板温度达 −36℃，梨片温度为 −28℃。两种冻结方法后，均进行正常的升华和解析干燥，并对冻干制品进行品质检测。

利用 Matic AE31 型号的倒置生物显微镜，对冻干后的制品进行切片显微观测，发现速冻香梨片的显微孔径大多在 5~8μm 左右，而缓冻香梨片的显微孔径大多在 9~12μm 左右，参见图 7-6。从而直接说明了速冻使梨片内产生的冰晶较小，孔道细小曲折，因此也使升华干燥速度慢、时间长，而且复水效果也差些。表 7-4 对比了两种冻结方式对冻干时间和制品质量的影响。

(a) 速冻   (b) 缓冻

图 7-6 冻干香梨片的显微镜观测图像

表 7-4 两种冻结方式对冻干时间和制品质量的影响

冻结方式	升华时间/h	复水比/%	外观	显微孔径/μm
速冻	8.5	80.2	黄色、不酥脆	5～8
缓冻	7.5	87.5	浅黄、酥脆	9～12

冻结最终温度常以物料的共晶点做依据，已测得香梨片的共晶点温度为−20℃，冻结的最终温度应比共晶点温度低 5～10℃，但搁板和物料的温度相差约 10～15℃，所以冻结的最终温度为−30～−35℃。将厚 4mm 的香梨片放入托盘内，分别在−30℃、−32℃和−35℃下预冻，当冷阱温度为−40℃时，抽真空至绝对压力为 10Pa，并在 20～60Pa 范围内进行干燥。研究发现−35℃下预冻时间最短，−30℃下干燥时间最长，而且−35℃下预冻冻结干燥后的香梨片复水率最大，见表 7-5。所以−35℃为相对较好的冻结最终温度。三种冻结温度的冻干曲线如图 7-7 所示。

表 7-5 冻结最终温度对冻结时间和复水率的影响

冻结温度/℃	−30	−32	−35
冻结时间/h	2.5	2	1.5
复水率/%	80.6	83.1	87.5

由图 7-7 可知，当其他条件相同，只是冷冻物料的冻结最终温度不同时，对干燥过程的影响很小，可以忽略。原因是物料刚开始干燥时，物料的表面即界面，此时的传质阻力小，传质速率大，物料中冰升华所需热量除一部分来自加热板外，自身的降温也提供一部分热量。不论初始温度的大小，均在很短的时间内使界面温度趋于相同。

所以香梨片冻结工艺确定为，先将装有香梨片的托盘放置到冻干箱内的搁板上，设定搁板温度为−35℃。装入物料后，制冷约 1.5h

图 7-7 不同冻结温度的香梨冻干曲线

后测得的香梨片的温度为$-30℃$，这时物料已经完全冻透，预冻阶段结束，预冻时间共为$1.5h$。

7.1.2.6 冻结香梨片升华干燥

香梨在冻干箱内已达到预冻温度后，制冷机停止对冻干箱制冷，开始对冷阱制冷，在$3\sim5min$内冷阱温度降至$-40℃$，这时启动真空泵抽真空，当冻干箱内真空度达到$40Pa$时，系统对搁板加热，升华干燥阶段开始。主要采用辐射和热传导两种方式对物料供热，通过调节辐射板和导热板的温度来调节加热量。

加热板温度的控制是关键因素，如控制不当，将会使产品出现熔化、冒泡、崩解等现象。原则上应使升华温度低于其冰晶体刚出现熔化的温度，也就是低于香梨的共熔点温度。因此，在$20℃$、$25℃$和$30℃$三个搁板温度对香梨片进行升华干燥实验，$30℃$时升华香梨片开始出现褐变并明显萎缩；$20℃$和$25℃$时升华香梨片都表现为正常的浅黄色，但$25℃$升华时制品的复水率太低（见表7-6），所以取升华温度为$20℃$。实验过程中发现，真空度一直很低，这说明加热的速度太快，冰大量升华，超过了冷阱的捕水能力。所以分三个阶段对搁板加热，先在$30min$内升至$0℃$，然后恒温$2h$；当物料温度接近搁板温度时，继续对搁板加热，在$30min$内升至$10℃$，然后恒温$1.5h$；当物料温度再次接近搁板温度时，再继续对搁板升温，在$30min$内升至$20℃$，再恒温$2.5h$。

表7-6 香梨片升华温度对冻干时间和复水率的影响

搁板温度/℃	20	25	30
升华干燥时间/h	7.5	8	8.5
复水率/%	87.5	79.1	56.8

为了缩短升华干燥的时间，可采用循环压力法，真空度控制在$20\sim60Pa$，除去物料97.5%的水分的升华干燥时间共为$7.5h$。

7.1.2.7 香梨片解析干燥

解析温度及时间的确定，直接影响物料的最终含水量，所受限制是物料的最高耐热温度而不是融化问题。在真空度保持$30Pa$不变的条件下，进行$50\sim70℃$的解析干燥试验。实验结果列于表7-7。在样品温度达到$55℃$时，香梨片表面就有少量硬结小块，局部颜色变深，造成品质下降。为保证产品质量，在解析干燥阶段搁板温度不要超过$55℃$，香梨片温度不要超过$50℃$，真空度保持$30Pa$不变。当物料温度接近加热搁板的温度时，冻干结束，解析时间为$2h$。

表7-7 香梨片解析温度对冻干时间的影响

温度/℃	50	55	60	70
解析干燥时间/h	2	2	1.5	1
复水率/%	87.5	82.3	56.5	53.1
外观(颜色、形状)	浅黄、酥脆	黄、有硬块	褐变、变形	褐变、变形

当加热板温度较低时，由于热通量较小，物料的底部温度及界面温度都很低，与物料的共熔点温度有一定差距。当界面温度很低时，传质推动力小，使干燥时间增长。此时，提高加热板温度增加热通量，物料的界面温度上升，传质推动力提高，加快了水蒸气的逸出速度，因此，干燥时间有所减少。但是，在升华阶段后期，界面温度已接近物料的共熔点。如

果再提高加热板温度强化热量的输入，实验中发现，物料底部"气垫区"略微融化，造成产品质量下降。同时实验中还发现，进一步提高加热板温度，会造成物料收缩变形，脱离加热板，造成物料与底部接触不好，传热不均匀，对缩短冻干时间没有实质性影响。香梨冻干曲线见图 7-8。

图 7-8 香梨片冻干曲线

7.1.2.8 循环压力法对冻干时间的影响

实验中将厚 4mm 的香梨片放入托盘中，分别在真空度为 20～60Pa、30～70Pa 和 4～80Pa 的范围内干燥，研究发现 20～60Pa 时干燥时间最短，干燥的效果最好，复水时间最短，所以实际生产中应采用干燥室循环压力为 20～60Pa。从实验中还可以看出，利用循环压力法进行冻干与利用恒压方法进行冻干相比，升华时间有明显的缩短，大约缩短了 1/3 左右（见表 7-8）。图 7-9 显示不同的恒定压力和循环压力下制品内部的温度变化，曲线显示温度随循环压力的波动而波动，由此可见样品内部的温度场以及升华界面处的水蒸气压力也是循环波动的，曲线还呈现在高压阶段温度下降，低压阶段温度上升的变化趋势。实验结果充分说明采用循环压力对于冻干香梨是提高冻干速率，缩短干燥时间，减少电耗，降低冻干生产成本的有效手段。

图 7-9 不同压力下香梨片的冻干曲线

表 7-8 循环压力法与恒压方法比较

冻干方法	预冻速率/(℃/min)	升华压力/Pa	升华时间/h	解析时间/h	复水率/%
循环压力	0.9	20～60	7.5	2	87.5
恒压方法	0.9	45	10	2.5	85.2

注：冻干物料为库尔勒香梨，厚 4mm。

7.1.2.9 冻干香梨片后处理

冻干后香梨片极易吸潮，一夜之间就回潮了，冻干后的香梨片放入磨口玻璃瓶和袋装干燥剂后存放，香梨片仍有不同程度的回潮，效果也不好。吸潮后的香梨片能攥成团，压成块，容易变质。因此，冻干香梨片的贮运价值与冻干后处理密切相关。当香梨片完全冻干时，真空封装后存放，效果很好，大约可以存放 30 天。

7.1.2.10 冻干香梨片性状

冻干水果的复水性是衡量其品质的重要指标之一。复水是将冻干香梨片浸泡在恒温的水中。表 7-9 数据表明：水温低，则复水时间长；水温高，香梨片表面褐变严重，发生糊化，在 50℃左右的温水中，香梨片的复水效果最好。冻干香梨片与热风干燥香梨片的复水性对比见表 7-10，冻干香梨片的复水时间短，仅需 10min，而热风干燥则需要 1h，冻干香梨片复水性强，能吸收冻干样品质量 6 倍多的水，而热风干燥只能吸收 2 倍多的水。

表 7-9 冻干香梨片的复水率

水温/℃	复水时间/min	复水率/%	持水能力/%
25	35	79.8	48.7
50	10	87.5	55.9
75	5	85.3	52.6

表 7-10 冻干与热风干燥香梨片的复水性对比

加工方式	香梨片质量(干基)$G_干$/g	复水时间/min	复水香梨片的质量$G_复$/g	复水比
冻干	5	10	4.98	99.6%
热风干燥	5	20	1.78	35.6%

冻干香梨片的感观评定见表 7-11。

表 7-11 冻干香梨片的感观评定

颜色	外形	组织	口感	风味
浅黄	饱满	疏松	酥脆	香梨原有风味

成分检测：

① 重金属元素含量：铜（Cu）、铁（Fe）、锰（Mn）检不出；砷（Sn）<0.1mg/kg；汞（Hg）<0.01mg/kg；铅（Pb）<0.1mg/kg。

② 矿物质含量：镁（Mg）>60mg/kg；钾（K）>510mg/kg；钠（Na）>80mg/kg；钙（Ca）>80mg/kg；磷（P）>140mg/kg；硫（S）>6mg/kg；硅（Si）>30mg/kg。

③ 微生物含量：细菌总数<100 个/mg；大肠菌数<6 个/mg；致病菌检不出。

④ 水分含量：冻干香梨片的水分含量不高于 4%，平均 2%。

7.1.3 典型谷类——绿豆的冻干

谷类是人类主要食材，富含碳水化合物、蛋白质、维生素。谷类冻干研究的对象有大米、小米、玉米、绿豆、红豆、薏米、茨实以及薯类等。

绿豆是谷类食材中豆菽类的典型代表，是常见的豆科植物绿豆的种子。绿豆中含有丰富的碳水化合物、蛋白质、多种维生素和矿物质，具有抗过敏、降血脂作用，常用于夏天祛暑，多与大米、小米、玉米等禾谷类食材混合食用。通常，绿豆需要更长的烹调时间，当与大米、小米等谷类食材混合食用时，需要先行烹煮，以免不能同时煮熟。

大连工业大学的巩傲等人[11]，以市售普通绿豆为实验材料，使用 SCIENTZ-10ND 冷冻干燥机，通过实验研究了速煮绿豆的冷冻干燥工艺。工艺路线为：浸泡-预冻-升华干燥-解析干燥-产品性质评价。

7.1.3.1 浸泡

选取外观完整的绿豆，分别在 20℃、30℃、40℃和 50℃下恒温水浴下浸泡 2h、4h、6h、8h、10h、12h、14h 和 16h，浸泡的目的是在冷冻干燥前使绿豆内部吸水，得到较好的冻干品质。浸泡后考察绿豆的吸水率和破裂率，结果如图 7-10 和图 7-11 所示。

图 7-10　浸泡温度、浸泡时间对绿豆吸水率的影响　图 7-11　浸泡温度、浸泡时间对绿豆破裂率的影响

由图 7-10 和图 7-11 可知，浸泡时间愈长，绿豆吸水率愈高，一定时间后，绿豆充分吸水，吸水率增长速率变慢。当绿豆细胞壁与内部细胞完全吸水后，在后续处理过程中可达到良好的效果。温度愈高，吸水率愈高，是因为加热可使植物组织软化膨胀，同时水的表面张力下降，使水进入内部的阻力减小，有利于水进入绿豆内部。因速煮绿豆产品应保持良好外观，且后续处理过程也对产品外观有所影响，除吸水率外，应同时考虑绿豆种皮破裂程度。实验表明，40℃浸泡 6h 时绿豆形态完整且吸水率良好，因此绿豆最佳浸泡工艺为：40℃恒温水浴中浸泡 6h。

7.1.3.2 预冻

预冻的目的是将绿豆内的水分固化，并使其冻干前后具有相同的形态，防止在升华、解析过程由于抽真空而发生起泡、浓缩、收缩和溶质移动等不良变化的发生。最佳条件下浸泡后，在预冻时间 4h、升华干燥时间 30h、解析干燥时间 10h 不变的条件下，分别在预冻温度 −35℃，−45℃，−55℃，−65℃，−75℃，−85℃ 和 −95℃，再经升华干燥和解析干燥，随后测定冻干绿豆的复水时间和复水比，测定结果如图 7-12 所示。

由图 7-12 可知，在 −35℃时，复水时间长是因为慢冻时，物料内形成的冰晶较大，当外部冰晶升华后，留下大面积连续的升华通道，有利于内部冰晶的升华，从而使制品升华速度加快，但慢冻产生的大冰晶造成细胞壁及各级宏观、微观固体支撑结构的严重机械性破坏，造成大多数细胞严重收缩而死亡，使得中心结构不能保持原有的状态，导

图 7-12　预冻温度对绿豆复水时间、
复水比的影响

致最终产品复水时间长、复水比降低。而速冻冻结速度快，在细胞内部和细胞间隙生成小冰晶，对细胞的机械损坏作用小，同时细胞内部的溶质迁移效应小，干燥后产品能保持原有的结构。在－75℃时绿豆复水时间显著减少且破裂率较低，复水品质也较为良好，同时能源消耗较少，综合上述因素，应选择－75℃作为绿豆预冻温度。

7.1.3.3　升华干燥

升华干燥是将冻结的自由水直接升华成水蒸气。实验中选择升华干燥温度－25℃，

图7-13　升华干燥温度对绿豆
复水时间、复水比的影响

－30℃，－35℃，－40℃，－45℃，－50℃和－55℃，考查升华温度对绿豆复水比和复水时间的影响，结果如图7-13所示。由图7-13可以看出，随着升华干燥温度降低，绿豆复水时间相应减少，绿豆复水比随着升华干燥温度的降低而增加。在冷冻干燥过程中，相同条件下升华干燥温度越低，升华干燥过程中豆类中心温度越低，其升华干燥所需时间越长，但其内部结构和外观变化较小。在－40℃后，虽复水时间略有下降，复水比略有增加，但因－40℃节省能源、节约时间又能达到较好的冻干效果，应选择－40℃作为绿豆的升华干燥温度。

7.1.3.4　解析干燥

冰升华完毕后，制品含水量降至10%左右，一般吸附在干燥物质的毛细管壁和极性基团上，属未冻结水，这些水分将为微生物的生长繁殖和某些化学反应提供条件。因此，解析过程就是要让吸附在干燥物质内部的水分子解析出来，达到进一步降低制品水分含量的目的，以确保制品长期贮存的稳定性。在解析干燥阶段，产品的温度应足够高，只要不造成产品热变性即可。实验中考查了解析干燥温度为30℃，40℃，50℃，60℃，70℃，80℃和

90℃条件下，解析干燥温度对冻干绿豆的复水比和复水时间的影响，如图7-14所示。由图7-14可知，将解析温度提高至80℃及以上时，绿豆破裂率高且感官评分低，70℃时绿豆复水性能良好，外观品质及复水后感官品质好，因此选择70℃作为绿豆冷冻干燥工艺的解析干燥温度。实验中，绿豆含水量质量分数在0.5%～1%之间，且保持了良好的感官品质和营养品质。

图7-14　解析干燥温度对绿豆复水
时间、复水比的影响

经上述实验研究，得到速煮绿豆的冻干优化工艺为：40℃浸泡6h，－75℃预冻4h，－40℃升华干燥30h，70℃解析干燥10h。经过该优化工艺处理过的绿豆，复水后色泽与未处理绿豆相比略浅但颜色自然、颗粒饱满，与未处理绿豆直接熟制破损程度相近。此优化工艺处理的绿豆能够实现与大米共煮同熟，外观尚好，口感适宜。

7.2 动物性食材的冻干

与植物性食材不同的是，动物性食材的主要成分是蛋白质。动物性食材来源于动物，包括畜禽类、蛋类、水产类和奶类及其制品，主要为人体提供蛋白质、脂肪、矿物质和维生素。不同类型的动物性食材营养价值相差较大，但在给人体提供蛋白质方面是相近的。由于动物性食材富含蛋白质，给细菌的繁殖提供了丰富的营养，所以动物性食材在敞开体系下，非常容易滋生细菌进而腐败变质。干燥是动物性食材主要保存方法之一，由于冻干能够在去除水分的同时，很好地保存动物性食材中蛋白质的活性、保存食材良好的外观、防止产品皱缩变形变色，产品保质期长、复水性佳，因此冻干动物性食材越来越多地吸引了人们的注意力。目前，动物性食材中的畜禽类、蛋类、水产类和奶类都有被用于冻干工艺的开发或研究。

7.2.1 典型肉类——牛肉的冻干

冻干的牛肉复水后能保持制品原有的风味和营养价值，可用于在宇航、登山、航海、探险、军队野战等特殊场合，也可以用于方便食品的制作。宁夏大学的孔令圆[12]研究了干切熟牛肉的低耗高速冻干工艺。

7.2.1.1 牛肉冻干实验设计

在之前的研究中已确定了干切牛肉冷冻的共晶点、共熔点和熔点分别为$-21℃$，$-18℃$和$-3℃$。在干切牛肉冷冻干燥单因素试验中发现，在整个冷冻干燥过程中，干燥室压强对干燥速率的影响在共晶点和熔点两个温度点会发生明显变化，这是干切牛肉特殊的物料特性决定的。所以实验中将冷冻干燥整个过程以共晶点和熔点为分界点分为三个阶段（即预冻终温到共晶点为阶段Ⅰ，共晶点到熔点为阶段Ⅱ，熔点到升华干燥结束为阶段Ⅲ）。以这三阶段压强及物料厚度对干燥能耗和生产效率的影响进行了四因素五水平二次回归正交组合试验（见表7-12），从而研究干燥室压强和物料厚度对干燥速率及能耗的影响。

表 7-12 四因素二次回归正交组合设计因素水平编码表

水平	因素			
	X_1 阶段Ⅰ 压强/Pa	X_2 阶段Ⅱ 压强/Pa	X_3 阶段Ⅲ 压强/Pa	X_4 物料厚度 /mm
上星号臂(+1.546)	120	120	120	30
上水平(+1)	102	102	102	26
零水平(0)	70	70	70	18
下水平(-1)	38	38	38	10
下星号臂(-1.546)	20	20	20	6

实验研究中选取半膜性肌、背部最长肌等部位制作的干切牛肉，剔除熟牛肉上附着的脂肪及结缔组织，切成长50mm，宽40mm，厚度6～30mm的块状，试验前测得含水率为53.4%～56.8%，近似取55%。切好的牛肉摆放在托盘中备用，填装系数为$\alpha=0.8$。采用中科院兰州近代物理研究所研制的JDG0.2改进型真空冻干试验机进行冻干实验。

根据冻干机实际可控压强并结合生产中生产效率的要求，确定了干燥室压强上限为

120Pa，下限为 20Pa；物料厚度上限为 30mm，下限为 6mm。

　　通过预冻过程中制冷温度、冻结速率对预冻耗能和干燥耗能影响的研究，确定了试验采用慢速冻结方式进行，预冻终温为 $-32℃$。在冷阱开启时即将摆放于托盘中的物料于中心和表面插上温度探针置于冷冻板上进行预冻，在物料中心输出温度为 $-32℃$ 后，再冻结 1h 结束预冻。

　　预冻结束后，物料由冷冻板移至加热板下方（即称重秤上），关闭干燥仓门，开启真空泵，实验开始并开启在线称重系统，当真空度降至设定值时开启加热板加热，设定上加热板温度恒定为 80℃。当温度探针输出值为 $-21℃$（共晶点）时升华阶段 Ⅰ 结束。第一次变压，干燥进入升华阶段 Ⅱ，当温度探针输出值为 $-3℃$（熔点）时，物料中大部分游离水已经脱除，认为升华干燥结束。第二次变压干燥转入阶段 Ⅲ（解析干燥），当物料中心温度和表面温度相同且物料重半个小时内无变化时认为干燥结束。实验过程中记录实验开始、两次变压的时间、三相电表读数，用于计算各阶段能耗和干燥时间。

7.2.1.2　牛肉冻干低耗工艺优化

　　根据四因素五水平二次回归正交实验设计，安排 27 次实验，其中中心点重复 3 次，实验结果见表 7-13。

表 7-13　二次回归正交组合实验结果

试验号	Z_1	Z_2	Z_3	Z_4	干燥速率 $R/(g \cdot h^{-1})$	单位水分能耗 $E_c/(kJ \cdot kg^{-1})$	综合加权 y
1	1	1	1	1	119.93	36764.87	0.4441
2	1	1	1	-1	102.61	42970.96	0.2903
3	1	1	-1	1	112.21	40281.12	0.3697
4	1	1	-1	-1	110.63	40727.14	0.3566
5	1	-1	1	1	124.86	35731.75	0.4821
6	1	-1	1	-1	102.93	43348.88	0.2893
7	1	-1	-1	1	116.30	39317.42	0.4021
8	1	-1	-1	-1	112.36	40607.53	0.3681
9	-1	1	1	1	126.18	35621.02	0.4910
10	-1	1	1	-1	105.85	42479.28	0.3139
11	-1	1	-1	1	117.93	39048.08	0.4141
12	-1	1	-1	-1	114.79	40096.31	0.3868
13	-1	-1	1	1	131.25	34690.07	0.5291
14	-1	-1	1	-1	106.75	42640.50	0.3181
15	-1	-1	-1	1	122.57	38051.62	0.4501
16	-1	-1	-1	-1	115.58	40352.83	0.3896
17	-1.546	0	0	0	119.63	37358.78	0.4376
18	1.546	0	0	0	110.77	39374.95	0.3680
19	0	-1.546	0	0	112.85	38156.74	0.3901
20	0	1.546	0	0	113.06	37421.55	0.3971
21	0	0	-1.546	0	110.37	40725.71	0.3550
22	0	0	1.546	0	120.99	35673.77	0.4590
23	0	0	0	-1.546	102.44	40028.77	0.3122
24	0	0	0	1.546	122.83	33382.22	0.4880
25	0	0	0	0	116.40	35226.22	0.4345
26	0	0	0	0	116.25	35271.53	0.4333
27	0	0	0	0	115.88	35384.79	0.4301

　　分析结果表明，在实验范围内，影响干燥速率的因素顺序为：物料厚度、阶段 Ⅰ 干燥室压强、阶段 Ⅱ 干燥室压强、阶段 Ⅲ 干燥室压强；这是因为阶段 Ⅰ 主要是水分的升华阶段，湿

物料中 65％左右的水分都是在这个阶段除去的，较低的干燥室压强可以大大提高水分的升华速率，是提高干燥速率的主要途径。影响单位水分能耗的因素顺序为：物料厚度、阶段Ⅲ干燥室压强、阶段Ⅰ干燥室压强、阶段Ⅱ干燥室压强。这是因为在冷冻干燥过程中阶段Ⅲ为解析阶段，主要干燥结合水，占总水分的 10％左右，但是干燥时间却比阶段Ⅰ更长，因此选取合适的阶段Ⅲ干燥室压强，缩短干燥时间，对降低能耗有关键作用。

采用 SAS 软件对上述实验数据进行回归分析，可以看出阶段Ⅲ干燥室压强和物料厚度的交互作用对干燥速率和能耗的影响都十分显著（见图 7-15）。由图 7-15 可以看出，薄物料干燥速率受阶段Ⅲ干燥室压强的影响较厚物料小得多，而阶段Ⅲ干燥室压强较小时，干燥速率随物料厚度的增大而降低，干燥速率在物料厚度最厚和阶段Ⅲ干燥室压强最大时达到最大，这是因为阶段Ⅲ是冷冻干燥的解析阶段，对于干切牛肉来说主要是传热来决定干燥速率的，而增大干燥室压强有利于传热的进行；而厚物料的表面积（包括上表面和侧表面）大于薄物料，表面积的增大有利于水蒸气的逸出而增大干燥速率。如图 7-16 所示，随着阶段Ⅲ干燥室压强的增大和物料厚度的增加，单位水分能耗有所降低，且在物料较厚的情况下，增大干燥室压强能够显著降低单位水分能耗，这是因为上面所说的干燥速率随着物料厚度和干燥室压强的增加而增大，因而缩短了干燥时间，从而降低了单位水分能耗。

图 7-15　阶段Ⅲ干燥室压强 Z_3 和物料厚度 Z_4 的交互作用对干燥速率影响的响应面和等高线

图 7-16　阶段Ⅲ干燥室压强 Z_3 和物料厚度 Z_4 的交互作用对能耗影响的响应面和等高线

实验研究的目的是为了找到能保证干燥速率又不显著增加能耗的最佳工艺操作条件，因干燥速率是主要考虑因素，单位水分能耗是次要考虑因素，故选取干燥速率权重 $\lambda_1 = 0.7$，

单位水能耗权重 $\lambda_2 = 0.3$。对综合加权值进行回归分析，并取最大值，得出低耗高速最佳过程操作条件为：三阶段干燥室压强 20Pa（-1.546），44.18Pa（-0.8070），120Pa（1.546），物料厚度 30mm（1.546），此时干燥速率为 142.69g/h，单位水分能耗为 34357.94kJ/kg。

每个优化结果分别进行 3 次平行实验，具体实验条件及测定结果见表 7-14，从实验结果看，优化的最大干燥速率条件比整个干燥过程采取同一压强要高约 20% 左右，而最低干燥条件每除去 1kg 水分能节约 25% 的能耗，可见优化后的操作条件无论是对提高干燥速率还是降低干燥能耗作用都是非常明显的，说明分阶段采取不同的干燥室压强对提高干燥速率和降低干燥能耗都有显著作用。尤其是低耗高速的优化结果（实验 3），在保证干燥速率的情况下（仅下降了 4.6%）又降低了单位水分能耗（21%），对冷冻干燥过程参数的调节更具有实际参考价值。

表 7-14　条件对比实验结果

试验号	试验条件				结果	
	X_1 阶段 I 压强/Pa	X_2 阶段 II 压强/Pa	X_3 阶段 III 压强/Pa	X_4 物料厚度 /mm	干燥速率 /(g/h)	单位水分能耗 /(kJ/kg)
1	20	20	120	30	148.16	36434.32
2	56.50	66.20	106	30	133.22	31798.24
3	20	44.18	120	30	141.25	33856.05
4	20	20	20	30	119.34	42327.50
5	120	120	120	30	120.93	39095.79

7.2.2　典型禽蛋——鸡蛋的冻干

禽蛋是传统的营养食品。一枚新鲜的禽蛋，在适宜的环境温度下，不需要外界供给任何营养就可以孵化出一只健全的雏禽，可见禽蛋中的营养成分之丰富和全面。禽蛋中的蛋白质不仅含量高，而且是比较理想的优质蛋白质，含有 18 种氨基酸，包括人类自身不能合成的 8 种必需氨基酸。禽蛋中的脂肪主要集中在蛋黄中，很容易消化。蛋黄中还含有磷脂，对人体的生长发育非常重要。禽蛋中磷和铁元素的含量较多，而磷和铁分别是人体骨骼和血红蛋白的重要成分。

禽蛋营养丰富，但禽蛋却不易长期保存和运输。由于禽蛋的蛋壳很薄很脆，容易破裂。即使蛋壳不破裂，微生物也可能入侵到禽蛋内部。微生物入侵进入蛋内后，在丰富的营养和适宜的温度条件下，迅速繁殖，可引起鲜蛋腐败变质。另外，在较高的温度下贮存较长时间也会导致新鲜禽蛋在生理、物理、化学等方面发生变化，最后变成腐败禽蛋。再有，禽蛋所处环境湿度大，会有利于微生物繁殖，增加禽蛋腐败的可能性。

随着禽蛋工业的发展，出现了类似奶粉加工的蛋粉生产。它的出现不仅解决了鲜蛋易变质、易破损的弊端，还能明显地减轻重量，有利于食用、贮藏和运输。我们还可以根据各种需要制成不同组分的蛋粉。目前国内加工蛋粉主要有热风喷雾干燥和冷冻真空干燥，以热风喷雾干燥为主，少部分使用真空干燥、浅盘干燥、滚筒干燥等。冷冻真空干燥虽然制造成本高，但由于它是在低温环境下脱水，在保持食品原有的风味、延长贮存期限（冻干食品采用真空或充氮包装和避光贮藏，可保持 5 年不变质）、提高溶解性等方面较热风干燥、微波干燥等诸多脱水方式优越。

赵雨霞[13] 用北京速原干燥设备公司生产的 GLZ-0.4 冷冻真空干燥机对鸡蛋粉的冻干

进行了实验研究，描述了鸡蛋冻干的过程。通过用电阻法测定了蛋清、蛋黄以及全蛋混合液的共晶点温度，用 OHAUS 公司生产的 MB45 卤素水分测定仪测定冻干前后样品的水分，分析探索了鸡蛋粉的冷冻真空干燥工艺。

7.2.2.1 鸡蛋冻干材料的准备

选用优质鲜蛋，用棕刷刷洗蛋表面的菌类和污物，然后用清水冲净，晾干后打蛋做实验。全蛋液和蛋清直接打入托盘（450mm×295mm），待积料至 5mm 厚后时将其搅拌均匀。蛋黄中含有较多的脂质，将其萃取出来冻干或加水稀释冻干效果更佳。整蛋黄放在托盘（295mm×65mm）中（厚 5mm），稀释蛋黄放在培养皿中（厚 10mm）进行冻干。

7.2.2.2 鸡蛋水分测量

分别取少量蛋清、蛋黄以及整蛋混合液放入水分测定仪中烘干。烘干温度为 100℃，烘至湿度在 60s 内不变时结束。测定结果见表 7-15。

表 7-15　蛋液烘干测定数据

物料	质量/g	时间/min	湿度/%	固体量/%	回潮率/%	残留量/g
蛋清	0.604	12.73	86.75	13.25	−655.00	0.080
蛋黄	0.501	6.00	39.92	60.08	−66.45	0.301
稀释的蛋黄	0.534	20.08	67.04	32.96	−203.41	0.176
全蛋	0.790	20.67	74.56	25.44	−293.03	0.201

7.2.2.3 鸡蛋液共晶点温度测定

用电阻测定法测定鸡蛋的共晶点，不锈钢电极直径为 2.5mm，长度为 20mm。两电极间的距离为 15mm，插入物料的深度为 10mm。测温热电偶的测量端位于两电极的中间部位。电极和热电偶装配后，将物料置于冷冻干燥机内的搁板上，降低搁板温度，冻结物料，测试物料的共晶点温度。在共晶点温度测试后，升高搁板温度至物料融化，测试物料的共熔点温度。全蛋液电阻随温度变化的曲线见图 7-17、图 7-18。

根据电阻与温度的关系，确定蛋白共晶点温度为 −14～−17℃，蛋黄的共晶点温度为 −20～−23℃，全蛋液的共晶点温度为 −20～−22℃，共熔点温度为 −15℃。

图 7-17　全蛋共晶点温度测量

图 7-18　全蛋共熔点温度测量

7.2.2.4 鸡蛋冻干工艺

将托盘放在冻干机的搁板上，温度探头放入样品中。根据测得的共晶点温度，将物料在 −30℃下冻结并保持 2h 左右后，进入升华干燥阶段，升华干燥阶段保持产品温度在共晶温度以下，待产品温度有明显升高后进入解析干燥阶段。解析干燥过程中产品的温度不高于对应物料的共熔点温度。冻干曲线如图 7-19～图 7-21 所示。

图 7-19 中曲线 3 是测温探头放在托盘边缘处测得的物料温度，曲线 4 是测温探头放在托盘中心测得的物料温度。

图 7-20 中曲线 3 是蛋黄的冻干温度，曲线 4 是稀释后的蛋黄冻干温度。

图 7-21 中曲线 3 是全蛋液预先冻结后直接放到搁板上测得的物料温度，曲线 4 是测温探头放在托盘边缘处测得的物料温度，曲线 5 是测温探头放在托盘中心测得的物料温度。

图 7-19　蛋白粉冻干曲线

1—冷阱温度；2—搁板温度；3—物料 1 温度；4—物料 2 温度；5—箱真空；6—阱真空

图 7-20　蛋黄粉冻干曲线

1—冷阱温度；2—搁板温度；3—物料 1 温度；4—物料 2 温度；5—箱真空；6—阱真空

冻干过程分三个阶段进行。第一阶段为物料冻结阶段，要求物料的最终冻结温度应降至该物料的共晶温度以下。为保证待干物料全部冻结，物料在共晶温度以下保持 2h 左右。在此降温冻结阶段，如果托盘与搁板接触良好，物料中心温度与物料边缘温度相差不大；如若不然（见图 7-21），物料中心降至 −30℃ 要比边缘慢 40min。第二阶段为升华干燥，在此阶

图7-21 全蛋粉冻干曲线

1—冷阱温度；2—搁板温度；3—物料1温度；4—物料2温度；5—物料3温度；6—箱真空；7—阱真空

段如果物料是预先固化并直接放在搁板上，搁板温度需要严格控制，以防止物料未干部分的温度高于共晶点而融化，如图7-21中曲线3，如果物料是放在托盘中，则影响不太大，如图7-19搁板温度从-30℃升到30℃，曲线4所示的物料未干部分温度都在-25℃左右。图7-19、图7-21中与托盘接触部分的物料温度上升较快，说明这部分干燥速率大，升华干燥时间蛋白粉为2h，全蛋粉为3h。而物料中心处升华干燥时间蛋白粉为4h，全蛋粉为5h。稀释后的10mm厚料层需干燥4~5h，未稀释的5mm厚蛋黄需干燥3.5~4.5h，说明密度、黏度对干燥速率的影响不可忽视。升华干燥阶段采用真空调节，即允许通过开启真空度调节阀向冻干箱放进微量干燥（无菌）空气对系统进行真空调节。目的在于增大箱阱间压差，加快干燥。第三阶段为解析干燥阶段，目的是去除部分存在于材料中的结合水。由于高温、低压有利于解析作用，所以解析干燥宜在最高允许温度下进行。当产品的含水率达到规定标准时，二次干燥结束，冻干完成。5mm厚的蛋溶液此阶段需1~2h。全程干燥时间与物料厚度有关，3mm厚蛋液的冻干时间比5mm厚的冻干时间短1.5~2h。通过多次实验与综合分析，发现在冻干的整个过程中，由于托盘使用一段时间后两边微微翘起而影响了传热，降低了干燥速率，从而增加了加工成本。在实际生产过程中可以预先将蛋液固化成一定形状（如圆柱体、正方体或者异形体）后直接放到搁板上，或者将托盘制成网格式。这样不仅可避免因接触不好而造成的浪费，还可以扩大传热面积，能缩短干燥时间1h以上。蛋粉的冻干工艺，如图7-22所示。图中的温度均为物料温度，蛋白粉和全蛋粉的干燥时间以物料尺寸450mm×295mm×5mm为例，蛋黄粉的干燥时间以物料尺寸295mm×65mm×5mm为例。

图7-22 蛋粉冻干工艺

干燥时间可根据物料厚度适当增减。稀释的蛋黄干燥速率大，所以建议将蛋黄稀释后再冻干，如图 7-20 中 10mm 厚的溶液在 −20℃ 升华干燥 4.5h，然后解析干燥 1.5h 左右，含水量即可达标（≤4%）。

7.2.2.5 冻干蛋粉的性质

冻干后的蛋粉为多孔状物质，且与托盘接触部分的孔径偏大。蛋白粉呈乳白色，有光泽，略带腥味，蛋黄粉呈淡黄色，细腻，稀释的蛋黄冻干后颜色略浅；全蛋粉颜色较蛋黄粉深些，略带腥味。将少量蛋清、蛋黄、全蛋粉分别放入烧杯中，冲入 60℃ 的温开水。蛋清复水效果很好，蛋黄和全蛋粉略差。全蛋粉复水后有与鲜蛋同样的功能。将冻干后的蛋清、蛋黄以及整蛋混合粉分别取少量放入水分测量仪中烘干。烘干温度为 100℃，烘至湿度在 60s 内不变时结束。测量结果见表 7-16。

表 7-16 蛋液烘干测定数据

物料	质量/g	时间/min	湿度/%	固体量/%	回潮率/%	残留量/g
蛋清	0.604	12.73	86.75	13.25	−655.00	0.080
蛋黄	0.501	6.00	39.92	60.08	−66.45	0.301
稀释的蛋黄	0.534	20.08	67.04	32.96	−203.41	0.176
全蛋	0.790	20.67	74.56	25.44	−293.03	0.201

7.2.3 典型水产——海参的冻干

这里水产品是指海洋、江河、湖泊中可供食用的鱼、虾、贝类等动物性产品，是人们日常非常喜爱的食材种类。海产品冻干的研究涉及面较广，目前关于海产品的冻干有多种鱼类、虾、海马、海参、扇贝柱、牡蛎等。

海参营养成分丰富，蛋白质含量高，富含人体所需的各种氨基酸及微量元素。然而海参遇到空气快速氧化，6h 后就会失去原貌，因此，海参的深加工变得异常重要。传统的干海参加工方法导致水溶性及热敏性等营养活性物质损失太大，水发时间长，食用不便。

西安工业大学的彭润玲[14]博士对新鲜海参冻干进行了详细研究。实验中使用的是辽宁大连的鲜活刺海参。将鲜活海参取出内脏清洗干净后，进行了 5 种前处理，分别为：

样品 1，鲜海参。

样品 2，海参清水煮，小火慢煮到水温达 60℃。

样品 3，海参清水煮开后，再煮 30min，然后水发。

样品 4，海参在 CDEB-23 多功能食品粉碎机中以 3×10^4 r/min 打浆，再往海参浆中加入等质量的水，形成海参浆液。

样品 5，煮海参汤液减压浓缩所得浓缩液。

首先用电阻测定法采用自制测量装置测定了海参的共晶点温度，鲜海参肉（含水量 86.27%）、海参浆液和海参浓缩液的共晶点依次为 −35℃、−25℃ 和 −30℃。

海参的冻干实验是在 GLZ-0.4 冷冻真空干燥机上完成的。

在冻结实验中进行了真空蒸发冻结（抽真空自冻结）实验。在不预冷的情况下，将常温的物料放入冻干箱内，直接抽真空。随着冻干箱内压力降低，物料内的自由水分蒸发加剧，由于外界不提供蒸发潜热，蒸发水分吸收物料本身的热量使之降温而实现冻结。图 7-23 为鲜海参肉（切成边长为 16mm 的小方块）、海参浆液和浓缩液（装于 ϕ60mm 培养皿，料厚 8mm）的抽真空自冻结过程，真空度为 15Pa。实验发现鲜海参肉，采用真空蒸发无法实现自冻结，而海参浆液可实现真空自冻结，最低温度达−34℃；海参浓缩液也可实现真空自冻结，最低温度为−32℃，均低于其共晶点温度。

　　海参打浆液厚度分别为 3mm、6mm、9mm、12mm、15mm 时，真空自冻结过程中温度随时间的变化如图 7-24 所示，海参浆液厚度不仅影响降温速率，还影响其最终冻结温度。厚度太小，可冻结的最终温度高，厚度太大，不仅降温速率慢，可达到的最终冻结温度也高。通过对试验结果的统计分析可知，厚度约为 8mm 时，降温速率最快。

图 7-23　真空自冻结过程　　　　　　　图 7-24　海参浆液厚度对真空自冻结的影响

　　样品 1 用冰箱冻结到−40℃后放入冷冻干燥机中进行冻干，工艺如图 7-25 所示，冻干过程中海参内部温度随时间的变化曲线为 3，表面温度随时间的变化曲线为 4，二次干燥阶段搁板控制温度提高到 60℃，干燥 900min 后，结束干燥，干燥后含水率为 5.69%，达到生物材料冻干要求，但干燥总时间很长，为 3200min，若实际生产则干燥效率太低，成本太高。

图 7-25　样品 1 冻干工艺

1—冷阱温度；2—搁板温度；3—海参内部温度；4—海参
表面温度；5—未吐肠海参表面温度；6—干燥箱压力

为采用辐射加热，样品 2 和样品 3 冰箱冻结到－40℃后，在 LGS-2 冷冻干燥机上进行冻干，冻干工艺如图 7-26 所示，二次干燥阶段搁板控制温度未超过 40℃。

图 7-26　样品 2 和 3 的冻干工艺
1—搁板温度；2—冷阱温度；3—样品 3 内部温度；4—样品 2 内部温度；5—干燥箱压力

样品 4 和 5 采用真空自冻结，冻结速率快，形成冰晶小，有利于得到较小的粉体粒径，且比搁板和冰箱冻结耗时少，装料厚度为 8mm，在 GLZ-0.4 冷冻干燥机采用真空自冻结的冻干工艺如图 7-27 所示，二次干燥阶段搁板控制温度未超过 40℃，以最大限度保存海参各种活性物质。

图 7-27　样品 4、5 的冻干工艺
1—冷阱温度；2—搁板温度；3—样品；4—内部温度；4—样品；5—内部温度；5—真空度

整个海参冻干后的感观、复水特性及口感是评价冻干质量的指标，因此对样品 1～3 整个海参冻干过程形态结构变化和冻干后复水性能进行了检测，结果如表 7-17 所示。

表 7-17 海参冻干过程形态结构变化

样品	鲜海参体长/mm	煮后		水发后		冻干后		收缩率/%
		体长/mm	皮厚/mm	体长/mm	皮厚/mm	体长/mm	皮厚/mm	
1	148	—	—	—	—	140	1.2	5.4
2	155	90	4.5	—	—	87	4.0	5.52
3	150	66	4.0	85	5.2	81	4.6	8.8%

将冻干海参浸泡在 22℃的纯净水中，观察复水过程中海参形态的变化，检测结果列于表 7-18。

表 7-18 冻干海参不同复水时间下的感观

复水时间/min	样品 1	样品 2	样品 3
60	有白茬,皮厚 1.2mm	有白茬,皮厚 4.1mm	白茬严重,皮厚 4.6mm
120	无白茬,皮厚 1.3mm	稍有白茬,皮厚 4.3mm	有白茬,皮厚 4.8mm
180	发棉,皮厚 1.3mm	无白茬,皮厚 4.5mm	无白茬,皮厚 5.0mm
220	发棉,皮厚 1.3mm	无白茬,皮厚 4.6mm	无白茬,皮厚 5.2mm

样品 3 与 2 不同之处是煮的温度高，且时间长，煮后体长缩小 56%，水发后，膨胀至活体海参的 56.6%，皮厚为 5.2mm，比样品 2 厚，刺明显，颜色较深，冻干后颜色为深灰色，冻干后收缩率为 8.8%，240min 复水后可恢复至冻干前状态，颜色为黑褐色，切口处无白茬，为奶黄色，口感好，无发绵、发渣感。

样品 4 和样品 5 海参冻干后为海参粉，其营养成分和粉体粒径是评价干燥质量的指标。因此对样品 4 和样品 5 海参检测了冻干后的营养成分和粉体粒径，检测结果见表 7-19。

表 7-19 冻干后海参粉营养成分和粉体粒径

成分或粒径	样品 4	样品 5
水分/%	5.84	7.73
蛋白质/%	54.75	33.68
脂肪/%	2.37	1.93
灰分/%	27.01	50.28
总糖/%	6.05	4.18
平均粒径/μm	8	6

将海参打浆后冻干不仅完整保留了海参的营养活性，营养成分均衡合理，且可干燥成粒径较小的超细粉末，有利于人体的吸收。海参浆液和浓缩液冻干后粉体的显微照片如图 7-28 所示。

(a) 样品4   (b) 样品5

图 7-28 海参粉扫描电镜照片

海参浓缩液的检测结果可知，海参在用热水煮的过程中，会流失很多水溶性营养成分。将海参浓缩液冻干不仅保存了这些流失的营养成分，且可以做成粒径很小的海参粉。

7.3   食用菌类食材的冻干

食用菌富含蛋白质、人体必需的氨基酸和较全面的维生素、矿物质以及核酸、多糖、二萜、黄酮、嘌呤、甾体等多种对人体有益的成分，享有"健康食品"的美誉。刚采收的新鲜食用菌为活体组织，其含水量高、组织脆嫩，具有一定的细胞酶活力，但在贮运过程中会造成损伤、腐烂，极易引起微生物污染、变色、变质等。传统干制的食用菌褐变严重，外观形态与鲜品相差甚远，加工过程中营养成分也有较大损失，如何在保持食用菌原有性状和营养成分不变的前提下延长贮藏期是食用菌保藏的目标。目前，国内外最好的食用菌保藏办法就是冷冻干燥。香菇、金针菇、羊肚菌、松茸、平菇、双孢菇、杏鲍菇、猴头菇、草菇、球盖菇、云南野生杂菌等，都有冷冻干燥保藏的研究。这里以双孢菇为例，介绍食用菌的冷冻干燥工艺。

双孢菇是主要的食用菌之一，占食用菌生产总量的 50%左右。双孢菇口感鲜美，富含丰富的蛋白质、多糖、维生素、核苷酸和不饱和脂肪酸。由于双孢菇贮存过程中会出现菌盖开伞、褐变软化、菇柄伸长和产生异味等问题，所以很难长期保鲜。若将其干燥则其附加值倍增。目前传统烘干方法加工的脱水双孢菇片易出现干缩及褐变现象，复水性差，而且破坏了产品中的功能成分。北京的柳青[15]进行了双孢菇冷冻干燥的实验研究。

实验研究的工艺流程为：新鲜双孢菇经清水洗净切片，立即通过柠檬酸溶液护色处理，沥水，置于超低温冰箱速冻，然后把将冻结完全的菇片单层摆放并均匀平铺于真空冷冻干燥机物料盘中，启动真空泵抽真空（设备固有冷阱温度为－60℃，绝对压强为 20Pa）进行真空干燥。

7.3.1   共晶点温度的测定

应用差示热量扫描仪对新鲜双孢菇在温度区间 20℃到－30℃进行扫描，扫描速率为 10℃/min，平行三次试验。

图 7-29   双孢菇的 DSC 测定曲线

双孢菇的 DSC 测定曲线（如图 7-29 所示）存在一个明显的峰值，最大放热峰值温度为－23.03℃，可以确定该温度点为共晶点。

7.3.2   切片厚度对双孢菇含水率的影响

将双孢菇切成厚度分别为 2mm、4mm、6mm、8mm、10mm 的薄片，在－40℃预冻 6h 后，放入冻干机进行干燥，真空室内的绝对压力为 20Pa，冷阱温度－60℃，干燥 12h，采用卤素水分快速测定仪测定物料的含水率，测定结果如图 7-30 所示。

由图 7-30 可见，切片越厚含水率越高。但切片过薄物料易变形且设备利用率较低。物料层的厚度越大，其传热传质阻力越大，物料内部的水分就越难向外传递，所以干燥速度也就越低。

图7-30 切片厚度对双孢菇含水率的影响

7.3.3 预冻温度对双孢菇含水率的影响

将双孢菇切成厚度 4mm 的薄片，在 −10℃，−20℃，−30℃，−40℃，−50℃ 预冻 6h 后，放入冻干机进行干燥，真空室内的绝对压力为 20Pa，冷阱温度 −60℃，干燥 12h，测定物料的含水率。预冻温度与双孢菇含水率的关系如图 7-31 所示。由图 7-31 可以看出，预冻温度越低，双孢菇含水率越低，在温度 −20℃ 到 −30℃ 之间，含水率下降迅速，这是由于达到了共晶点的原因。

7.3.4 预冻时间对双孢菇含水率的影响

将双孢菇切成厚度 4mm 的薄片，在 −40℃ 预冻 2h、4h、6h、8h、10h 后，放入冻干机进行干燥，真空室内的绝对压力为 20Pa，冷阱温度 −60℃，干燥 12h，测定物料的含水率。预冻时间与双孢菇含水率的关系如图 7-32 所示，由图可见，预冻时间在一定范围内含水率降低，到达 6h 后，含水率基本保持不变。

图 7-31 预冻温度与双孢菇含水率的关系

图 7-32 预冻时间与双孢菇含水率的关系

7.3.5 冻干时间对双孢菇含水率的影响

图 7-33 冻干时间与双孢菇含水率的关系

将双孢菇切成厚度 4mm 的薄片，在 −40℃ 预冻 6h 后，放入冻干机进行干燥，真空室内的绝对压力为 20Pa，冷阱温度 −60℃，干燥 6h、8h、10h、12h、14h、16h，测定物料的含水率。冻干时间与双孢菇含水率的关系如图 7-33 所示，由图中可以看出，冻干时间越长物料的含水率越低。达到 14h 后，含水率下降不显著。这是由于吸附在干燥物料的毛细管壁和极性基团上的结合水不易脱除。结合考虑能耗问题，选择适宜的冻干时间。

7.3.6 双孢菇冻干因素正交实验

脱水产品的复水比是衡量干制品质量的一个重要指标。因此选取切片厚度 A、预冻温度 B、预冻时间 C、冻干时间 D 为因素，以复水比为评价指标，进行四因素三水平正交实验，实验设计及结果见表 7-20。

表 7-20 双孢菇冻干产品正交实验及结果

试验号	因素				复水比
	A 切片厚度 /mm	B 预冻温度 /℃	C 预冻时间 /h	D 冻干时间 /h	
1	1(3)	1(−30)	1(4)	1(10)	8.5
2	1	2(−35)	2(5)	2(12)	9.1
3	1	3(−40)	3(6)	3(14)	11.7
4	2(4)	1	2	3	14.4
5	2	2	3	1	8.9
6	2	3	1	2	15.7
7	3(5)	1	3	2	8.6
8	3	2	1	3	10.3
9	3	3	2	1	7.9
k_1	9.7	10.5	11.5	8.4	
k_2	13	9.4	10.5	11.1	
k_3	8.9	11.8	9.7	12.1	
R	4.1	2.4	1.2	3.7	

由表 7-20 可以得出，对冻干双孢菇产品复水能力影响大小的因素依次为：切片厚度、冻干时间、预冻温度、预冻时间，最佳组合为切片厚度 4mm、预冻温度 −40℃、预冻时间 4h、冻干时间 14h。采用最佳参数组合，进行实验，得到的冻干产品干片呈白色，具有双孢菇的滋味与气味，片形厚度均匀，无焦片，无开伞，含水率为 6.8%。

7.3.7 双孢菇营养成分分析

对新鲜双孢菇和冻干产品进行了营养成分测定，测定结果如表 7-21 所示。

表 7-21 双孢菇冻干前后营养成分比较

样品	水分/%	蛋白质 /[g/(100g)]	灰分 /[g/(100g)]	维生素 C /[mg/(100g)]	PPO 活力 /(U/mg)
新鲜双孢菇	91.20	25.37	8.32	2.71	350
冻干双孢菇	6.81	22.62	8.20	2.39	343

由表 7-21 可以看出，冻干双孢菇在维生素 C、PPO 活性、蛋白质方面与新鲜双孢菇没有显著差异，尤其是冻干产品中生物活性物质 PPO 酶活力与新鲜样品相近，这是由于冻干是在低温缺氧的条件下进行的，维生素 C、酶等热敏性物质得到很好保存。此外，由于 PPO 活力具有很高的酶活性，易发生褐变，因此冻干产品须真空包装，以确保长期贮藏的稳定性。

参 考 文 献

[1] 徐成海，关奎之，张世伟. 食品真空冷冻干燥技术的现状及发展前景的探讨 [J]. 真空，1996 (4)：1-5.

[2] 高福成. 现代食品工业高新技术 [M]. 北京：中国轻工业出版社，2001：491.

[3] 郭雷. 真空冷冻干燥技术在我国农产品加工中的应用 [J]. 现代农业科技，2020，3：219-220.

[4] 徐成海，姜曾奎. 真空冷冻干燥菠菜的实验研究 [J]. 真空与低温，1992 (1)：27-29.

[5] 刘玉环，杨德江，秦良生. 菠菜段片的冷冻干燥加工工艺及曲线研究 [J]. 食品工业科技，2006 (4)：145-149.

[6] 马青，陈志华，陈朋引. 绿叶蔬菜冻干试验研究 [J]. 粮食与食品工业，2005 (5)：31-33.

[7] Mark Lefsrud, Dean Kopsell, Carl Sams. Dry Matter Content and Stability of Carotenoids in Kale and Spinach During Drying [J]. Hort Science, 2008 (6)：1731-1736.

[8] 王蕴. 民族地区旅游资源开发 [M]. 兰州：甘肃民族出版社，1992，9：119-120.

[9] 马岩松. 果蔬贮运保鲜金点子 [M]. 沈阳：辽宁科技出版社，2000，9：72.

[10] 张茜. GLZ-0.4 型实验室用冻干机的性能研究 [D]. 沈阳：东北大学，2006.

[11] 巩�│，高婧譞，张彧. 速煮绿豆冷冻干燥工艺 [J]. 食品工业. 2019，9：77-79

[12] 孔令圆，李亚蕾，罗瑞明. 干切牛肉低耗高速冷冻干燥操作参数优化 [J]. 食品工业. 2015，6：153-157.

[13] 赵雨霞，徐成海，鼓润玲. 真空冷冻干燥鸡蛋粉的实验研究 [J]. 干燥技术与设备，2006 (2)：87-90.

[14] 彭润玲. 几种生物材料冻干过程传热传质特性的研究 [D]. 沈阳：东北大学，2007，12：68-73.

[15] 柳青，汪长钢，迟全勃，等. 双孢菇真空冷冻干燥产品工艺技术研究 [J]. 食品工业. 2013，2：10-13.

溶液冻干技术制备无机纳米粉体材料

无机纳米粉体或由无机纳米粉体复合的材料，包括非金属材料纳米粉体、金属纳米粉体、金属化合物纳米粉体及其复合材料等，能表现出许多优秀的性能，成为当今炙手可热的先进功能材料。

冷冻真空干燥作为粉末制备技术，是由 F. J. Schnettler 等人在 1968 年首次引进到陶瓷粉末制备中的[1]。Schnettler 等人用冷冻真空干燥方法制备出了均匀分布的陶瓷粉体，他们发现用这种方法可以很好地控制粉体的尺寸和性质，用这些陶瓷粉体可以制出高密度、具有特殊光电磁等性质的陶瓷产品。

20 世纪 80 年代对金属氧化物类精细、功能陶瓷的研究成为材料科学的一个新的热点，各种具有特殊光、电、磁、微波、超导性质的功能陶瓷材料，甚至用做半导体器件基片及封装材料用的精细结构陶瓷的开发，都普遍要求提供颗粒小、表面活性强、粉体团聚弱、烧结温度低的高品质粉体材料。冷冻真空干燥方法，恰好能够满足这些要求，所以受到研究者的青睐而得以迅速发展。

8.1 溶液冻干法制备纳米粉体的一般过程和前体的确定

在溶液冷冻干燥法制备纳米粉体中，为获得成分准确、颗粒大小均匀的纳米粉体，进行冷冻干燥的对象应该是均匀的溶液或胶体。胶体或溶液中的溶质不一定是最终期望的粉体的成分，可以是一种中间态的物质，而这种中间态物质在冷冻干燥过程中或/和干燥物煅烧分解时能转化为期望的粉体成分，这种中间态物质在化学法制备纳米粉体中就被称为前体。

冻干技术制备纳米粉体其过程一般为[2,3]：将所期望制备粉体成分的或其前体成分的溶液或溶胶冻结成固溶体或制成凝胶，再使固溶体或凝胶冻干。由于固溶体或凝胶中的溶剂成分的蒸气压比溶质的高，抽真空可使冻结物中的溶剂升华，只留下难挥发的溶质成分，即干燥的粉体，必要时再通过热处理分解制得所期望成分的纳米粉体。所以，一般采用冷冻真空干燥法制备纳米粉要经过四个步骤，即：制取前体溶液或溶胶、前体溶液或溶胶的冻结、冻结物的冷冻真空干燥和干燥物的后处理。

冷冻真空干燥法制备纳米粉体的研究中，前体溶液的确定是至关重要的，往往令人大伤脑筋。从保证所制备粉体的品质、降低成本以及防止产生污染及腐蚀设备等角度出发，制备纳米粉体时选择前体应遵循如下原则[4]。

第一，前体的制取过程不应过于复杂。前体制取如果涉及的步骤较多，制备条件不容易实现，则可能难以保证所制备前体的纯度和产量，操作过于复杂，造成制备成本增加。以烧结实体材料（如结构陶瓷）为目的的制粉，所选择的前体最好是低分子量的物质，以保证陶瓷产量和防止过度的体积变化。

第二，前体在所选定的溶剂中应该能均匀地分散。为了获得化学成分准确和均匀的纳米粉体，前体必在所选定的溶剂中有很好溶解能力，能够在溶剂中以分子级分散。当溶液的温度降低时，前体溶质的溶解度最好不要有大幅度的减小。这样才能在之后的冻结过程中不至于造成溶质在冻结物中离析，而导致所制备粉体质量不能满足应用要求。

第三，前体溶液在冷冻过程中不容易在过冷的状态下形成玻璃态。

因为一旦溶液形成玻璃态，将会造成升华困难，延长干燥时间，增加能耗和制粉成本。

第四，前体在冷冻真空干燥和/或干燥后煅烧过程能够彻底分解成所期望的组分。前体的分解反应能够进行彻底，没有多种反应途径，没有固体、液体副产物，即伴生产物届时应该是气态的，以防止非目标成分残留在最终的粉体中而成为污染源。同时要求前体分解时产生的气体，对设备没有严重的腐蚀、对环境没污染或经处理后不污染环境、不腐蚀设备。

第五，前体的干燥粉体在热处理中不会发生熔化和不产生离析。前体的干燥粉体在热处理中应该不会发生熔化和不产生离析，而且不熔化、不离析的条件也不应该太苛刻。这样能保证粉体的化学成分的均匀性和粉体的颗粒粒度均匀细小。

第六，有合适的溶解前体的溶剂。溶解前体的溶剂对冷冻真空干燥工艺及所制备的纳米粉体的性能也有影响。从理论上讲，为了便于冷冻真空干燥过程实现，溶剂溶解前体后所构成的溶液其共晶温度不应过低。另外，溶剂本身在抽真空的过程中不应发生腐蚀、爆炸等破坏性作用，在所选定的工艺条件下有较高的蒸气压，即易升华。在加热过程中不应分解生成难挥发的物质。溶剂升华的相变潜热不应过大，以免干燥过程消耗大量的能量。综合各方面的因素，目前人们在实践中更多使用的溶剂是水或有机醇类以及它们的混合物。

第七，前体溶液的浓度要适中。前体溶液的浓度对制备纳米粉体的工艺和粉体品质有很大影响。浓度高有利于加快干燥和节省能源，但可能在冻结过程中造成离析，致使最终所获得的粉体成分或/和颗粒不均匀。当前体溶液的浓度高于共晶浓度时，在冻结过程中，随着温度的下降，则先有部分溶质析出（一般情况下，溶质在溶剂中的溶解度随温度降低而减小），这个过程就不属于冷冻干燥过程了。所以被用于进行冷冻干燥的前体溶液，其浓度必须在共晶浓度以下。另外，溶液的浓度大小对干燥后得到的粉体的颗粒尺寸也会造成影响，如果前体溶液比较稀，溶液中溶质少，在干燥后期由已经干燥的物质形成的框架结构中，颗粒之间的距离可能会比较远，颗粒之间就不容易因短距离扩散而结合成大颗粒，所以浓度稀会有利于制备出细小颗粒的纳米粉体。

第八，以硫酸盐、硝酸盐等强酸盐为前体不适合工业生产。在溶液冷冻干燥法制备无机金属化合物尤其是金属氧化物的研究中，人们曾经选择以硫酸盐或硝酸盐为前体。因为这两种强酸的盐最常见，易得且价廉。将此类盐的溶液冷冻干燥后，进行热处理使其分解，可获得对应的金属或金属氧化物粉体，即：

$$M_m(SO_4)_n \longrightarrow nSO_2 + mM_pO_q + O_2$$
$$M(NO_3)_n \longrightarrow nNO_2 + M_pO_q + O_2$$
或
$$M(NO_3)_n \longrightarrow nNO_2 + M + O_2$$

上述反应式中，M代表金属元素。

由以上盐分解化学过程可知，硫酸盐、硝酸盐分解均有气体生成，产生气体有利于粉体细化，对制备的粉体纳米化有贡献。但这两种盐分解产生的气体分别是硫和氮的氧化物，是大气污染和产生酸雨的罪魁，是大气污染检测中重点检测和限制排放的对象，并且这两类气体一旦与水结合后，都生成酸性较强的酸溶液，会对金属设备产生较强的腐蚀作用。

另外，对于有可变化合价的金属，其硝酸盐分解时，可能会生成两种或更多种类的氧化物，如硝酸镍分解就生成两种镍的氧化物，这样就得不到纯净的金属化合物。而一些金属的硫酸盐分解温度高，也不适合用来制备金属氧化物纳米粉体。所以，以硫酸盐或硝酸盐为前体，通过冷冻干燥法制备纳米粉体，难以实现工业化。

其他常见的盐类，或者难以分解生成金属或金属氧化物（如盐酸盐等），或者在水中的溶解性很差（如碳酸盐、磷酸盐等），多数都不适合作为溶液冷冻干燥法制备无机金属化合物纳米粉体的前体的选择对象。

8.2 溶液冻干法制备纳米粉体的特点

利用冷冻真空干燥技术制备纳米粉体时，根据造粒过程以及被冷冻对象形态的不同又可分为溶液法和溶胶法。

溶胶冻干法制备纳米粉体，其前体在溶剂中的分散是胶体颗粒级别的，所制备粉体的颗粒的粒径主要受控于前体的化学制备，如前体的化学成分特点、制备前体时的温度、搅拌速度、pH 值、化学试剂滴加的速度和滴加的顺序、分散过程中分散保护剂的使用等多种因素及各种因素的协调作用。溶胶法制粉采用冻干工艺的主要目的是防止颗粒干燥过程中发生硬团聚。溶液冻干法制备粉体，其前体在溶剂中是分子级分散的，前体溶液是均匀连续相的，造粒过程发生在前体溶液的冻结物的冷冻真空干燥过程。溶液冻干法制备纳米粉体与其他制备纳米粉体的方法以及其他物料的冻干有许多不同之处。

8.2.1 溶液冻干法制备纳米粉体在方法上的特点

纳米粉体的化学制备方法有气相法、液相法和固相法。化学液相法是常用的方法，包括沉淀法、溶胶-凝胶法、微乳液法、溶剂热法和冷冻真空干燥法等。溶液冷冻真空干燥法与其他粉体制备方法相比，具有如下特点。

8.2.1.1 溶液冻干法制备的粉体无硬团聚

采用液相法制备纳米粉体最后都要涉及粉体的干燥过程，普通的干燥方法，常常导致所制备的粉体颗粒在干燥的过程中发生团聚。许多采用冻干法制备纳米粉的实验事实都表明，采用冻干法制备的纳米粉体，通过透射电镜检测都是无硬团聚的粉体。对此，有许多理论解释，比较简单的解释为：水溶液在非冻结条件下干燥时，在干燥的末期，颗粒之间液态水的表面张力能够使粉体颗粒之间产生较大引力，从而导致粉体颗粒硬团聚[5]。而冻干是在冻结状态下进行的，没有液相，所以不会因液体张力而造成粉体团聚。

8.2.1.2 溶液冻干法制备的粉体粒径小且均匀

其他液相法（如微乳液法、沉淀法、溶胶法等）制备纳米粉体，其造粒过程发生在干燥过程之前的胶体颗粒的化学制备过程，干燥之前颗粒已经形成。而溶液冻干法制粉时，在冻结前，被冻结物是分子级分散的均匀分散系，造粒过程发生在干燥阶段。在冻结阶段，溶液中分子级的溶质（即造粒物质）会随着冰晶的析出而迁移，使溶液浓缩，直至共晶浓度后而完全冻结。冻结后分子级溶质成分被固定在冰晶的界面缝隙中，不再能够迁移，失去宏观运动自由度。在随后的升华干燥阶段，由于水分子的升华，处于升华前沿的分子级溶质脱离水分子的束缚作用，在化学键或范德华力的作用下而相互结合成颗粒。由于作用力的作用大小和作用半径有限，能够相互结合的微观粒子的数目是有限的，所以溶液冻干制备的粉体颗粒比较小。又由于整个干燥过程中，使微观粒子结合成粉体颗粒的作用力大小和作用半径是基本一致的，所以溶液冻干法制备的纳米粉体粒径又是均匀的。

8.2.1.3 溶液冻干法制备的纳米粉体能保证粉体的化学组成

溶液冻干法制粉可以按照设定的化学路径选取前体溶液，冻干中，水分子升华被除去，剩余干燥物质的化学组成可以实现计量化[2,3]。只要选取了合适的前体溶液，在溶液中不必添加分散剂、保护剂等非目标组分。而且，采用溶液冻干法制备的粉体本身颗粒即是纳米级别的，无需再进行研磨。其后处理过程简单，因而不会掺入杂质。所以，与其他方法相比，溶液冻干法更能保证所制备的粉体的化学组成。

8.2.1.4 溶液冻干法制备的粉体为非晶体颗粒，粉体活性强

经过实验研究表明，采用溶液冻干法直接制备的各类粉体都是非晶体形态的[6]。图 8-1 为溶液冻干法制备的金属银纳米粉体的 XRD 曲线[7]，曲线中没有明显的特征峰，显示粉体为非晶体粉末。冻干直接得到的粉体之所以是非晶体，其原因是：冻干的造粒过程是在干燥阶段，溶液中溶质微粒在脱离了溶剂分子的固定作用后，要彼此结合成颗粒，但此时微粒之间的结合是偶然的、非定向的。而且，由于冻干是在低温下进行的，微观粒子的自身能量低，迁移半径小，没有能力在一定方向上有规律地排列，只能随机地排列，所以表现为非晶体，多数为球形颗粒。正因为它们是非晶体形态的物质，颗粒表面原子剩余价键多，所以表现出不同于晶体颗粒的特殊性质，如催化活性、烧结活性、光敏性等。溶液冻干法直接获得的粉体在煅烧时，微粒获得足够能量，在微观上重新排列，能转化为纳米晶体颗粒。许多研究者的实验也证实了这一点[7~12]。图 8-2 为溶液冻干法制备镍纳米粉体的 XRD 曲线[12]，其中，a 为溶液冻干后获得的粉体的 XRD 曲线，曲线上没有特征峰，说明溶液冻干后得到的粉体是非晶体；b 和 c 分别是上述粉体经加热不同温度后再进行检测得到的曲线，表明非晶体粉体在加热后向晶体转化。

图 8-1 溶液冻干法制备的金属
银纳米粉体的 XRD 曲线

图 8-2 溶液冻干法制备镍纳米粉体的 XRD 曲线
a—溶液冻干后获得的粉体的 XRD 曲线
b,c—冻干粉体加热后产物的 XRD 曲线

8.2.1.5 冻结速率影响粉体粒度

对于足够稀的水溶液，在缓慢冻结过程中，随着温度的降低，首先从溶液中析出的是冰晶，而溶质微粒不断迁移集中。随着冰晶的不断析出，溶液的浓度逐渐增大，至达到共晶浓

度为止。此后，不再有冰晶析出，共晶浓度的溶液一起冻结。所以溶液在缓慢冻结时，冻结物的成分是不均匀的，这种现象就是偏析[13]。由于偏析现象的存在，在随后的干燥阶段，当共晶浓度的冻结物处于干燥前沿时，比较集中的溶质会在脱离束缚的瞬间相互作用而结合成相对较大的颗粒。

若是将溶液快速冷冻，冻结前沿的移动速率大于溶液中溶质微粒的迁移速率时，溶液整体形成集中的共晶浓度之前就被完全冻结。冻结后，冻结物中的溶质的浓度就较低，溶质微粒之间的距离就比较远，干燥阶段，形成的粉体颗粒自然就比较细小。所以溶液的冻结速率快，有利于制备颗粒细小的粉体。制备的几种粉体的实验研究结果，证实了这一点[7,11,14]。

8.2.2 溶液冻干法制备纳米粉体在物料方面的特点

冻干技术应用在食品、医药、生物制品和营养品等方面时，一般是为了保持被干燥物质的生物活性、保证良好的外观形态、防止被干燥物质受热变性、使干燥后的物体能够快速复水等。而溶液冻干技术应用于制备纳米粉体时，被冻干的物料是分子分散性的纯溶液，因而又有不同于其他物料冻干的特点。

8.2.2.1 前体多为无机盐溶液

目前采用溶液冻干法制备的纳米粉体多为无机纳米粉体，被冻干的对象一般为无机盐的稀溶液，溶液中的主要成分是水。一般选择可溶性的无机盐作为前体，所以溶液中不必添加分散剂、助溶剂。由于不担心前体在冻结和干燥过程中的变化，所以也不必像生物制品的冻干那样需要添加冻干保护剂、赋形剂等。

作为冻结物料的无机盐水溶液，因为其中不含有蛋白质、糖类等高分子有机物，所以溶液的表面张力相对较小，直接抽真空不会出现起泡、外溢的现象。所以，在采用冷冻真空干燥法制备纳米粉时，可以在冰箱中或冻干机中预冻结，可以用液氮或干冰冻结，也可利用直接抽真空的方法制冷冻结，即真空蒸发冻结[15]。

8.2.2.2 干燥过程中需要蒸发去除的溶剂量大

食品、药品和生物制品在冷冻真空干燥加工时，多数情况下，原料中的主要成分是非升华的物质，加工结束后将被保留在产品中。所要除掉的水是相对少量的，而且其中有一部分是结合水，需要在解析干燥阶段除去。有时，为了保证产品的形状和干燥速率，要调整干燥工艺或者添加赋形剂，以防止产品崩塌。

而溶液冻干制备纳米粉体时，其前体溶液中含水比例大，冻结物中的大量成分是需要除掉的水，剩余的物质量少，干燥产品崩塌是难免的。例如溶液冷冻真空干燥法制备氧化铜、氢氧化镍钠纳米粉体时，除掉的水分的质量分数依次为95％和96.5％以上[4]。因此，溶液冻干法制备纳米粉体时，溶液的冻结过程需要冷量大，而冻结物的冷冻真空干燥过程，需要的热能也多。而且，溶液冻干制备粉体时，冻结物中的水大部分是非结合水，在冻干过程的升华干燥阶段被除去，所以升华干燥时间长。

8.2.2.3 已经干燥的物质对干燥传质的阻力小

一般食品、生物制品或药品的冻干，影响干燥速率的主要因素之一是升华前沿的水分子在向物料表面迁移时受到的传质阻力，即已干层的阻力。

溶液冷冻真空干燥制备纳米粉体的实验中发现，由于冻结物中大量的水升华掉，剩余的干燥物质很少，通常只是在容器中薄薄地铺一层粉体，而且这一层粉体是疏松的，有许多孔隙（见图8-3）[4]。因此，干燥过程中，已经干燥的物质对后续溶剂分子的蒸发传质阻力很小。所以，冻结物的干燥速率主要是由供热控制的。

8.2.2.4　干燥产品的热敏性小能够耐热

有些生物制品、药品等物料的加工，之所以选择冻干技术就是因为这些物品本身具有热敏性，受热可能变质。因此它们冻干中，要控制干燥温度。一方面要防止冻结物融化，另一方面要防止已经干燥的产品受热变质。

与生物制品、药品等物质的干燥相比，溶液冻干制备的纳米粉体产品能够耐受相对较高的温度，有的产品还可以再进行高温煅烧。因此，溶液冻干法制备纳米粉体时，其干燥温度不必控制得很低，其供热速率只要保证冻结物质不熔化就可以。为了

图 8-3　冷冻干燥法制备的纳米粉体
在金属盘中干燥后的实物照片

加快干燥速度，缩短干燥时间，解析干燥阶段的最终温度可尽量提高。

8.2.2.5　干燥产品可随气流流动

一般食品、生物制品等冻干产品多是块体物质，而制备纳米粉体时的干燥产品是极其细小的颗粒物质。这些纳米级别的颗粒由于表面作用，相互之间有斥力。所以干燥的纳米粉体聚集松散而且质量很轻，极易被流动气体带动、飘浮。实验中发现，在冻干进行中，处于表面的已经干燥的粉体能够在表面漂移。干燥结束时，若对干燥室放气略快，干燥粉体将随气流在干燥室内飞舞，最后吸附在室壁和各种设备表面上，难以收集。所以，冻干法制备纳米粉体结束时，放气宜缓慢进行，进气口不可直接对着粉体产品。

为了加快干燥速率，经常采用的工艺是循环压力法。在纳米粉体制备时，若采用循环压力法，则需考虑气流对已经干燥的粉体的影响，压力变化范围不能太大。否则会气流会将干燥的粉体吹起，或将被真空泵抽走。

8.2.2.6　冻结速率对干燥速率的影响

一般认为，物料在冻结阶段的冻结速率慢，将能缩短升华周期。对于其他种类物料的冻干确实如此。这是由于缓慢冻结过程导致结晶出大冰晶，而大冰晶升华后便在干燥物料中留下大的孔隙，可成为升华干燥阶段气体蒸发逸出的通道。但是，溶液冷冻真空干燥法制备纳米粉体工艺中，干燥的粉体本身就是多孔隙的物质，其孔隙远大于冰晶升华后留下的孔隙。所以，纳米粉体制备时，冻结速率对干燥速率的影响在这一点上与其他物料的冻干有所不同。正因为如此，冻干法制备纳米粉体时，不用考虑玻璃化转变的问题。

此外，冻干后的制品无需真空或低温保存，使用时也不需要复水。

8.3　冻干法制备氧化铝纳米粉体

8.3.1　氧化铝纳米粉体的性能与应用

在纳米氧化铝材料中，由于极细的晶粒及大量的处于晶界和晶粒内缺陷中心的原子，因而纳米氧化铝在物理化学性能上表现出与常规氧化铝的巨大差异，具有奇特的性能。例如：常规氧化铝的烧结温度一般为 $2073\sim2173K$[16]，而纳米氧化铝在一定条件下烧结温度可降至 $1423\sim1773K$，致密度可达 99.7%。将纳米氧化铝粉体通过高压成型及致密化烧结可获

得纳米氧化铝块体，在陶瓷基体中引入纳米氧化铝分散相并进行复合，不仅可大幅度提高其断裂强度和断裂韧性，明显改善其耐高温性能，而且能提高材料的硬度、弹性模量和抗热震、抗高温蠕变等性能。纳米氧化铝由于具有高强度、高硬度、耐高温、抗磨损、耐腐蚀、抗氧化、绝缘性好、表面积大等优异的特性，在电子、化工、医药、精细陶瓷及航天航空等领域应用前景十分广阔[17]，且需求量呈现出日益增长的势头。

自 20 世纪 80 年代中期德国的 Gleiter 等[18] 采用气相法制得纳米氧化铝粉末以来，已经有许多研究者分别用各种方法制备出了纳米氧化铝粉体，包括蒸发法、激光法、沉淀法、水解法、球磨法等。这里介绍以次醋酸铝溶液为前体冻干制备氧化铝纳米粉体的研究。

8.3.2 真空冷冻干燥法制备氧化铝纳米粉体的过程[19]

这里制备纳米氧化铝的原料选用是无机盐硫酸铝、碳酸钙和乙酸，制备次醋酸铝溶液的机理是：

$$Al_2(SO_4)_3 + 2CH_3COOH + 3CaCO_3 + H_2O \longrightarrow 3CaSO_4\downarrow + 2CH_3COO(OH)_2Al + 3CO_2\uparrow$$

具体操作是在一个较大的玻璃容器中，依次加入适量冰醋酸、十八水合硫酸铝和碳酸钙同时充分搅拌到无气泡生成，加去离子水，静置 2h 后，吸滤除去硫酸钙沉淀，得到次醋酸铝的透明的滤液。向此溶液中滴加醋酸至溶液的 pH 值约为 7，然后将此溶液稀释备用。

将上述前体不同浓度溶液分别盛放容器中，并置于冷冻干燥机内的搁板上，进行直接冻结和冷冻干燥。

冻结过程采用了不同的降温速率。令溶液从室温下开始缓慢降温（控制制冷机组同时对冻干机搁板和捕水器制冷，则搁板降温速率较慢，约为 0.5℃/min）和快速降温（控制制冷机单独对搁板制冷，则搁板降温速率较快，约为 2℃/min）；或者是先将搁板预冷至低温，然后再将常温下的培养皿放置其上，令溶液过冷降温。降温至 −40℃ 以下时溶液完全冻结。为确保溶液冻实，冻结过程常持续至搁板温度达 −50℃。

在样品的冻结过程中，溶液温度逐渐降低，当物料的指示温度下降到 −0.2℃ 左右时，溶液底部开始出现透明性的冰晶，并逐渐向上增长。之后溶液表面也开始出现冰晶，并逐渐向下生长。在这个过程中，溶液的温度仍然继续降低。当容器外部周围上下两头的冰晶生长到相互接头后，开始向内部延伸。透明性冰晶生长完整后，过一段时间，从容器的底部开始出现白色、不透明的固体，并且逐渐向上生长，生长过程非常迅速，在 1～2min 内就上下贯通了。这样整个冻结物便成为雪白色的、不透明的冻结物体了。

干燥过程从冻干室抽真空开始，3min 之内冻干室压强降至 120Pa，继续抽真空 15min，压强可降至极限压力 30Pa 左右。由于抽真空的同时停止对搁板制冷，搁板温度自然回升，同时由于水分升华，1h 后室内压强回升至 40Pa 左右，此后便维持不变。10h 左右后，搁板温度能够自然回升至 −5℃，如果溶液装载量多而要求减缓升温速度，可对搁板间断制冷；在此期间前体冻结物上层已经干燥成粉；由于自然升温速率降低，可改用辐射加热使之升温，但控制未完全干燥的中下层冻结物不融化，直至全部干燥；最后快速升温至 50℃ 以上，对粉体进行升华干燥，持续 4h 后，结束干燥，解除真空取出样品。干燥所需时间主要取决于升华干燥时间的长短，这与冻干时溶液的装载量有直接关系。实验中所用总的时间为 12～36h 不等，图 8-4 给出的是浓度为 1.5mol/L、装载量为溶液深度 20mm 的样品 A 的冻干曲线。

冷冻干燥后得到次醋酸铝白色粉体，图 8-5 是冷冻真空干燥后从冷冻干燥机中取出的次醋酸铝样品。

图 8-4 样品 A 的冻干曲线

图 8-5 干燥后次醋酸铝样品的照片

将冻干得到的次醋酸铝白色纳米粉末放入一个类似马弗炉的真空装置中，在约 300℃、200Pa 的条件下煅烧，使其分解为氧化铝白色粉末。次醋酸铝煅烧分解的机理为：

$$2CH_3COO(OH)_2Al \xrightarrow{\triangle} 2CH_4\uparrow + 2CO_2\uparrow + H_2O + Al_2O_3$$

8.3.3 氧化铝样品的检测及分析

将煅烧后的氧化铝粉体样品直接喷金处理，利用扫描电子显微镜（SEM）对其进行微米量级上的观测，从而确定粉体颗粒的团聚情况。图 8-6 是两种不同样品的 SEM 图像，其中

(a)　　　　　　　　　　　　　(b)

图 8-6 氧化铝样品的 SEM 图像

图（a）对应的是浓度为 1.0mol/L、装载量深度为 20mm 的样品；图（b）对应的是浓度为 1.5mol/L、装载量深度为 40mm 的样品。从中可以看出，团聚形成的颗粒团尺寸在 10~200μm 范围内。

利用透射电子显微镜（TEM）对所制得的氧化铝粉体样品进行纳米尺度的观察，图 8-7~图 8-9 依次对应是溶液浓度为 1.0mol/L、装载量深度为 20mm 的样品（设为样品 A）、溶液浓度为 1.5mol/L、装载量深度为 40mm 的样品（设为样品 B）和浓度为 0.2mol/L、装载量深度为 20mm 的样品（设为样品 C）的 TEM 图像。从中可以看出，样品 A 分散后的粉体微粒粒径均匀，形状规则，粒径尺寸在 10~20nm 范围内。

图 8-7 样品 A 的 TEM 照片

图 8-8   样品 B 的 TEM 照片

图 8-9   样品 C 的 TEM 照片

样品 B 分散后颗粒粒径尺寸在 5～50nm 范围内。样品 C 分散后的粉体微粒非常粒径均匀，形状很规则，粒径尺寸在 10nm 左右。

下面是结合上述检测结果，对影响所制粉体品质的主要因素的分析。

在最初制备次醋酸铝溶液时，为了尽量地使硫酸根离子和钙离子沉淀除去，根据溶度积规则，应该使此两种离子在溶液中的浓度尽量大，所以在反应阶段应少加入水；但考虑到 $Al_2(SO_4)_3 \cdot 18H_2O$ 在水中的溶解度（约 30g/100g 水），还应加入足量的水，综合以上两个因素，确定加入水至 200mL，制成约 2mol/L 的次醋酸铝溶液。

另一方面，从理论分析可知，冷冻真空干燥时的溶液浓度对干燥后粉体颗粒的粒径有明显的影响。根据溶液的冷冻相变规律，当溶液的初始浓度高于其共晶浓度时，首先析出的是溶质次醋酸铝，则会形成大粒径的颗粒；如果溶液的浓度低于其共晶浓度，则首先凝固的是溶剂成分水，溶液的浓度增大直至达到共晶浓度后，溶剂与溶质一起冻结，即形成低共晶混合物。所以冻干时，为防止溶质首先析出，初始溶液的浓度应不大于共晶浓度，而且浓度低，所得到的粉体颗粒的粒径较小。因此在冻干实验之前将溶液稀释。当然，溶液稀释后增加了冻干阶段的负担。

图 8-7 与图 8-8 是装载溶液深度相同但浓度不同的溶液所制备出的粉体，二者对比可知，浓度稀的溶液所制备的粉体的颗粒粒度更细小，粒度更均匀一些。

冻结速率对所制粉体的粒径及颗粒间的团聚有直接的影响。对于稀溶液，如果降温的传热速率远远小于溶质在溶液中的传质速率，则首先析出的是纯净的冰；如果传热速率接近于溶质的传质速率，则析出物的空间生长速率与溶质的空间迁移速率相当，析出的固相物以冰晶的形式由低温面向高温区生长，溶液中来不及扩散迁移走的溶质次醋酸铝以共晶浓度溶液的形式就留在冰晶间隙中，冻结过程最后形成的是纯净冰晶与共晶体微观上的分区混合物。在这种情况下，降温速率越慢，冰晶生长得越粗大，共晶体也越粗大，冰晶与共晶体的界面越明显，干燥后制得的粉体团聚颗粒也就越大；反之，降温速率越快，冰晶成分来不及迁移较远的距离，只能就地就近凝结析出，所形成的冰晶就越细小，剩余溶液所形成的共晶体也越细小，密集地分布在冰晶间隙间，干燥后制得的粉体颗粒也就越小。综上所述，冻结速度对冻结后固相物的组成和均匀程度有很大的影响，冻结速度越快，所得到的固相物浓度分布越均匀，微观晶粒越细小，干燥后所得到的粉体颗粒越小。

对比图 8-6 (a)、(b) 可以看出，图 8-6 (b) 的样品浓度大、装载量多、冻结降温速率相对较小，所形成的团聚颗粒明显偏大，最大颗粒尺度达 $200\mu m$；反之，图 8-6 (a) 的样品浓度低、装载量少、冻结降温速率相对较大，所形成的团聚颗粒小，颗粒尺度均在 $10\mu m$ 以下。

实验表明，真空条件下低温煅烧，以及煅烧时有大量气体放出，均能有效保证粉体颗粒在煅烧分解时不发生再结晶和硬团聚，可以很好地保持粉体的分散性和表面活性。这是由于，在高温煅烧时，粉体颗粒获得足够的能量，高能量的微观粒子有能力重新排列，实现晶型改变。当部分微观粒子的能量高过相应化学键的活化能时，粒子之间也有可能形成化学键，从而使粉体发生硬团聚。而真空条件下煅烧一般可降低煅烧的温度，即低温煅烧，所以可以避免再结晶和硬团聚的发生。当煅烧时有气体生产时，一方面气体挥发要带走一些热量，可降低粉体的能量，另一方面，一些原子形成气体分子挥发掉，造成粉体颗粒中微观上的空位，颗粒间距离相对增大，难以键合。所以，煅烧时有气体生产也有利于避免再结晶和硬团聚的发生。实验中还发现，无论团聚的颗粒大小如何，在进行 TEM 观察前的制样过程中，均可发现团聚颗粒很容易被分散，说明所形成的不是硬团聚，这对于所制粉体的进一步利用，如烧结成型为块体氧化铝陶瓷材料，是十分有利的；同时也意味着冷冻真空干燥工艺条件可相对放宽。

由样品的 TEM 图像可以看出，粉体微粒粒径均匀，形状规则，粒径尺寸在 $10\sim20nm$ 范围内，分散性好，无硬团聚。在实验中发现，前体溶液的浓度、前体溶液的冻结速率和冻结物在干燥过程中的升温情况，以及前体溶液在载物容器中的装载量，都对最终所制备的粉体的性质有影响。在上述实验条件下，前体溶液浓度小、前体冷冻中溶液装载量浅、冷冻速率快的工艺，更有利于制备颗粒细小、粒度均匀并团聚程度小的纳米粉体。

8.4　冻干法制备氢氧化镍和金属镍纳米粉体

8.4.1　氢氧化镍和镍纳米粉体的性能与应用

氢氧化镍 $[Ni(OH)_2]$ 是多种一次和二次电池的正极活性材料，应用十分广泛。近年来，随着移动通信、笔记本电脑和电动交通工具的快速发展，人们对电池的性能也提出了更高的要求，如更大的放电容量、更长的使用寿命、更小的体积及具备大电流放电性能等。

纳米氢氧化镍材料具有优异的电催化活性、高的放电平台与高的电化学容量，引起了学术界的广泛关注[20]。氢氧化镍作为电池的正极材料，对其性能的提高起着关键性的作用。有研究表明，纳米氢氧化镍比微米球形氢氧化镍具有更加优越的性能，更高的质子迁移速率、更小的晶粒电阻、更快的活化速度、更高的放电平台与电化学容量。例如，锌空气电池正极氧还原催化材料中[21]，含有 10%MnO_2 和 10%纳米 Ni(OH)_2 的复合氧还原催化电极，显示出比单一 MnO_2 更优良的氧还原催化活性。

Ovshinsky[22] 提出，无序化材料可以明显提高电极的电化学性能，而非晶材料具有非常多的表面活性点，是理想的无序化材料，因此，非晶材料是理想的高性能电极材料。

目前已经报道的制备纳米氢氧化镍粉体的方法有循环吸收-氧化法、固相沉淀转化法、超声配位-沉淀法、反胶团微乳液法、均相沉淀法、无水乙醇溶剂法和高能球磨法等。

纳米氢氧化镍至今仍然没有实际应用于电池生产中，纳米氢氧化镍制备中存在的主要问题是纳米氢氧化镍纳米晶粒的大小、形态及内部结构没有优化；洗涤困难，干燥时容易产生硬团聚以及纳米氢氧化镍晶粒间的电阻较大。而采用溶液冻干法，能够制备出颗粒细小、均匀，无硬团聚的无序纳米氢氧化镍粉体。

另外，超细金属镍粉具有极大的体积效应和表面效应，在磁性、内压、热阻、光吸收、化学活性等方面显示出许多特殊的性能，被广泛应用于催化剂、烧结活化剂、导电浆料、电池、硬质合金等方面。目前制备超细镍粉的方法很多，主要有羰基镍热分解法、蒸发-冷凝法、加压还原法、电解法、喷雾热解法等，这些方法都有各自的特点，但同时都具有一定的局限性。这里介绍采用冷冻真空干燥制备非晶体氢氧化镍纳米粉体和金属镍纳米粉体的工艺。

8.4.2 真空冷冻干燥法制备氢氧化镍的原理

以可溶性含镍无机盐为原料，在溶液中与强碱发生反应：

$$Ni^{2+} + 2OH^- ==== Ni(OH)_2 \downarrow$$

生成的氢氧化镍用氨水溶解，发生反应为：

$$Ni(OH)_2 + 6NH_3 ==== [Ni(NH_3)_6](OH)_2$$

将得到的 $[Ni(NH_3)_6](OH)_2$ 纯溶液冻结，并真空干燥。干燥过程中随着氨气分子的蒸发，存在下列平衡：

$$[Ni(NH_3)_6]^{2+} + 2OH^- \Longleftrightarrow Ni(OH)_2 \downarrow + 6NH_3 \uparrow$$

此平衡的平衡常数

$$K = \frac{\left[\dfrac{p(NH_3)}{p^{\ominus}}\right]^6}{c\dfrac{[Ni(NH_3)_6]^{2+}}{c^{\ominus}} \cdot \left[\dfrac{c(OH^-)}{c^{\ominus}}\right]^2} \tag{8-1}$$

这个平衡可以看成是由

$$[Ni(NH_3)_6]^{2+} \Longleftrightarrow Ni^{2+} + 6NH_3 \uparrow$$

与

$$Ni^{2+} + 2OH^- \Longleftrightarrow Ni(OH)_2 \downarrow$$

两个平衡加和来的。这两个平衡的平衡常数依次为：

$$K_1 = \frac{\left[\dfrac{p(NH_3)}{p^{\ominus}}\right]^6 \cdot \left[\dfrac{c(Ni^{2+})}{c^{\ominus}}\right]}{c\dfrac{[Ni(NH_3)_6]^{2+}}{c^{\ominus}}} = \frac{1}{K_f} \tag{8-2}$$

$$K_2 = \frac{1}{\dfrac{c(Ni^{2+})}{c^{\ominus}} \cdot \left[\dfrac{c(OH^-)}{c^{\ominus}}\right]^2} = \frac{1}{K_{sp}} \tag{8-3}$$

由于氨络合物 $[Ni(NH_3)_6]^{2+}$ 前体的冷冻干燥是在真空条件下进行的，这里假设从络合物中游离出来的氨气都直接进入冻结物上方空间，而不残留在固体冻结物中。所以，在这两个平衡常数表达式中没有出现氨气的浓度。将式（8-1）与式（8-2）、式（8-3）联立，则有：

$$K = K_1 \cdot K_2 = \frac{1}{K_f \cdot K_{sp}} = \frac{\left[\dfrac{p(NH_3)}{p^{\ominus}}\right]^6}{\dfrac{c[Ni(NH_3)_6]^{2+}}{c^{\ominus}} \cdot \left[\dfrac{c(OH^-)}{c^{\ominus}}\right]^2} \quad (8-4)$$

即：
$$p(NH_3) = \sqrt[6]{\frac{1}{K_f \cdot K_{sp}} \cdot \frac{c[Ni(NH_3)_6]^{2+}}{c^{\ominus}} \cdot \left[\frac{c(OH^-)}{c^{\ominus}}\right]^2} \cdot p^{\ominus} \quad (8-5)$$

其中 K 为总的平衡常数，K_f 和 K_{sp} 分别为络合物 $[Ni(NH_3)_6]^{2+}$ 的稳定常数和金属氢氧化物 $Ni(OH)_2$ 的溶度积常数，在一定温度下都是常数，其数据都可以由化学手册中查到。而 $p^{\ominus}$ 和 $c^{\ominus}$ 分别为标准压强和标准物质的量浓度，而且
$$p^{\ominus} = 101325Pa, c^{\ominus} = 1mol/L$$
$c[Ni(NH_3)_6]^{2+}$ 和 $c(OH^-)$ 为对应离子平衡时物质的量浓度，$p(NH_3)$ 为平衡时氨气在冷冻干燥室内的分压强。由于溶液是被稀释后进行冷冻干燥的，溶液初始时的 pH 值约为 $9 \sim 11$，因此溶液中 OH^- 浓度似取为 $1 \times 10^{-4} mol/L$。溶液中 $[Ni(NH_3)_6]^{2+}$ 的初始浓度可由溶液配制过程来计算，下述实验中初始浓度为 $0.04 mol/L$。对于 $[Ni(NH_3)_6]^{2+}$，$K_f = 5.5 \times 10^8$，对于 $Ni(OH)_2$，其常温时溶度积常数 $K_{sp} = 2.0 \times 10^{-15}$。通过式 (8-5) 可以计算出络合物离子开始脱氨时所要求的氨气的分压强：$p_K = 7.3 \times 10^4 Pa$（p_K 中的 K 表示开始）。

计算结果表明，当冻干室的氨气分压强低于 $7.3 \times 10^4 Pa$，金属络合物 $[Ni(NH_3)_6]^{2+}$ 就开始脱氨分解了。我们在进行冷冻干燥实际工艺中，冷冻干燥室内的总压强最后都能达到 30Pa，而其中多数为水蒸气，氨气的分压强就非常低了。所以从理论上讲，金属络合物 $[Ni(NH_3)_6]^{2+}$ 在实际操作中均能脱氨，而转化为对应的金属氢氧化物 $Ni(OH)_2$。

8.4.3 真空冷冻干燥法制备氢氧化镍的过程

首先，称取适量 NaOH 固体溶于水中制成 100mL 溶液（浓度为 1.0mol/L）；称取适量 $NiCl_2 \cdot 6H_2O$ 粉末溶于水中制成 100mL 溶液（浓度为 0.4mol/L）。取上述方法配制的 100mL $NiCl_2$ 溶液注入 500mL 平底烧瓶中，用磁力搅拌器搅拌的同时，加入已经配制好的 1.0mol/L 的 NaOH 溶液 80mL，并继续搅拌 20min 得到绿色的 $Ni(OH)_2$ 沉淀[4]。

将所制备的 $Ni(OH)_2$ 沉淀用去离子水和酒精分别洗涤多次，并用 0.5mol/L 的硝酸银溶液检测沉淀表面是否还残留有吸附的 Cl^-。沉淀洗涤干净后，向沉淀中加入 25%浓氨水，同时进行磁力搅拌至多数沉淀溶解。用滤纸过滤掉极少量不溶解的物质，得到蓝色镍氨配合物前体溶液，将所制备的配合物溶液用去离子水和 1：5 的稀氨水稀释成 1000mL 透明溶液（镍氨配合物浓度低于 0.04mol/L）待用。

对前体溶液的冻结采用了两种方式。一是将稀释后的配合物溶液盛放在直径约 150mm 玻璃培养皿中，使溶液深度约为 20mm，送入已经预冷的冷冻干燥机中的搁板上冷冻，即直接冷冻。二是用气体压缩机带动喷雾器将稀释后的溶液喷雾，雾滴在空气中飞行约 10 ~ 20cm 的距离落入到液氮中。液氮被盛放在 35cm×50cm 的珐琅盘中，并不断机械搅拌。喷到液氮中的雾滴被急速冷冻成粒径约在 0.5mm 左右的固体球型小冰珠，将冻结后的固体小冰珠用不锈钢盘盛放置于冷冻干燥机内的搁板上，这就是溶液的喷雾冷冻。喷雾冷冻过程中，由于是在敞开的体系中进行操作，液氮不断挥发，须及时补充。为保证雾滴大小均匀，须控制好气泵出气压力，使气流比较稳定。

在压强约为 30Pa 的条件下对上述冻结物进行冷冻真空干燥，冷冻真空干燥过程工艺曲线如图 8-10 所示。在干燥过程中，发现直接冷冻的样品在干燥进行一段时间后，整体一侧翘起，在冻结物与容器底部之间有较大孔隙。这种情况会导致搁板向物料传导热量受阻，降低冷冻真空干燥速度。为此，在重复实验过程中，在容器底部垫上了导热能力较差的纸板，而提高搁板温度，形成上层搁板向下层物料辐射加热，干燥速度明显加快了。

图 8-10　氢氧化镍冷冻干燥工艺曲线

干燥过程中由真空泵抽出的尾气用稀硫酸溶液吸收。干燥结束后，得到两种粉体：直接冷冻真空干燥制备的粉体 D 和喷雾冷冻真空干燥的 E。图 8-11 是样品 D 刚刚冷冻真空干燥结束时的照片。

8.4.4　氢氧化镍粉体检测及分析

对上述工艺制备的纳米粉体从化学成分、颗粒粒径及粒径分布、颗粒形貌、颗粒晶体类型以及粉体的物理、化学性能等方面进行检测。

上述制备的粉体样品 E 的 X 射线衍射分析（XRD）谱图如图 8-12 所示，图中没有明显的特征峰。可以断定，所制备的氢氧化镍为非晶体。对于非晶态物质，不能通过 X 射线衍射分析确定其化学成分。

图 8-11　干燥后样品 D 的照片

图 8-12　样品 E 的 XRD 谱图

在 SEM 或 TEM 里，可以用特征 X 射线能谱来分析材料微区的化学成分。每一种元素都有它自己的特征 X 射线，根据特征 X 射线的波长和强度，能得出定性的分析结果，这就是 X 射线能谱分析（EDS）。在进行 SEM 检测的同时，为样品做了 X 射线能谱分析，谱图如图 8-13 所示。图中显示，样品中含有 Ni 和 O 元素（用此 X 射线能谱仪不能分析出原子序数在 Be 以下的元素，包括 H 元素），不含有 Cl 和 Na 等杂质元素。这意味着前体溶液制取过程中，沉淀洗涤彻底，通过洗涤能够除去吸附在沉淀表面的杂质离子，说明上述所采用的制备方法能够保证所制备的氢氧化镍粉体的纯度。

图 8-13 样品 E 的 EDS 分析谱图

EDS 分析只能确定样品中所含有的元素组成，并不能确定这些元素构成物质成分。对于用 X 射线衍射不易检测的非晶体物质，这种情况下，差热分析是简便而准确的物质成分检测手段。

样品 B 的差热分析（DTA）和热重分析（TG）曲线如图 8-14 所示。DTA 曲线表明，被检测样品在温度为 280℃附近有一个主要的吸热峰，这与氢氧化镍的分解温度相吻合。对应的 TG 曲线表明被检测样品在 280℃附近有失重，经计算失重率为 20.1%，与氢氧化镍热分解的理论失重率（19.4%）接近。以上数据的吻合，可以定性地确定样品的化学成分为氢氧化镍。

图 8-14 样品 B 的差热分析与热重分析曲线

透射电镜测试是表征纳米粉体颗粒大小和形状的最直观的方法。由样品 D 的透射电镜照片（如图 8-15 所示）可以看出，镍氨配合物溶液直接冷冻真空干燥得到的粉体的颗粒直径在 10～80nm 之间，其中大多数颗粒直径在 20～50nm 之间，颗粒是球形的，颗粒之间几乎没有团聚。仔细观察照片中许多颗粒图像不实，可能颗粒上有孔穴。由样品 E 的透射电镜照片（如图 8-16 所示）可以看出，镍氨配合物溶液喷雾冷冻真空干燥得到的粉体的颗粒直径在 5～50nm 之间，多数颗粒的直径在 5～30nm 之间。颗粒为球形，颗粒分散程度很好，颗粒之间没有团聚现象。

 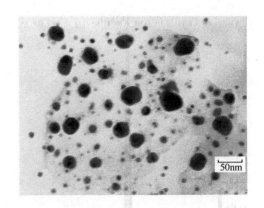

图 8-15 样品 D 的 TEM 照片   图 8-16 样品 E 的 TEM 照片

两种冷冻方式制备的氢氧化镍粉体的虽然都是球形的颗粒，但相比之下，由喷雾冷冻真空干燥制备的粉体颗粒更细小一些，颗粒之间团聚程度更小一些。原因可能是喷雾冷冻中前体溶液小雾滴被液氮急速冷冻成独立的小冰珠。由于是在保持冻结的状态使氨气和水分子升华，来实现使 $[Ni(NH_3)_4]^{2+}$ 脱氨、脱水的目的，每个固体小冰珠中的溶质被固定在冰珠的框架结构内，难以迁移到其他冰珠中与其他冰珠中的溶质相互作用而联结，所以获得的是无团聚的、粒径均匀的球型纳米颗粒。个别粒子直径较大的原因，可能是在喷雾时有少数小液滴汇聚成大液滴所造成的，应通过改进喷雾工艺加以避免。对于直接冷冻，前体溶液在冷冻过程中冻结速度较慢，溶质有足够的时间迁移联结成较大的颗粒，或迁移后颗粒之间距离很近，在干燥过程中，距离较近的颗粒能够因表面能大而相互结合成大颗粒。

图 8-17 是氢氧化镍粉体样品的扫描电镜（SEM）照片，照片显示，干燥后得到的粉体是纳米颗粒的松散堆积物。

由此可见，选择镍氨配合物为前体，用镍氨配合物的稀溶液，分别采用直接冷冻和喷雾冷冻方式进行冻结并冷冻真空干燥后，都得到了纯净的非晶体氢氧化镍纳米粉体。其中直接冷冻真空干燥得到的是粒径较小无硬团聚的球形粉体颗粒，而喷雾冷冻真空干燥得到的是粒径更加细小，而且无团聚的球形粉体颗粒。

8.4.5 镍纳米粉体的制备

北京工业大学的席晓丽等[12]，同样以镍氨配合物溶液为前体，采用向液氮中喷雾冷冻然后冻干的方法，先制备出了浅绿色的非晶体氢氧化镍粉体，然后在此基础上，用氢气在 160℃还原此氢氧化镍粉体 6h，得到颗粒大小在 100nm 以内的均匀的球形镍纳米粉体。粉体经日本电子株式会社（J EOL）生产的场发射扫描电镜下观察，得到的图像如图 8-18 所示。

图 8-17　样品 D 的 SEM 照片

图 8-18　镍粉的 SEM 图像

虽然经冻干直接得到的氢氧化镍为非晶体纳米粉体，但在较高温度下用氢气还原后得到的镍粉体为晶体，其 X 射线衍射图如图 8-2 所示。X 射线衍射图中只有镍的吸收峰，表明所制备的镍粉体的纯度很高。这是由于用氢气还原氢氧化镍，其化学反应的产物除了镍以外都是可挥发的物质。

8.5　冻干法制备氢氧化铜和氧化铜纳米粉体

8.5.1　氢氧化铜和氧化铜纳米粉体的性能及应用

纳米氢氧化铜 $[Cu(OH)_2]$ 如同其他尺寸进入纳米量级的粒子一样，具有许多特殊的性能，如体积效应、表面效应等，与普通氢氧化铜相比具有更高的表面活性、触杀性，其制备和应用有着广阔的前景[23,24]。

氢氧化铜本身是波尔多液中的一种主要成分，可以用来给植物杀菌。如果以纳米氢氧化铜粉体配制波尔多液，由于纳米颗粒细小，相同质量的粉体，纳米级的颗粒就比微米级的颗粒在植物表面触杀的面积大，同时由于纳米级颗粒本身的表面活性强，具有更大的触杀能力，所以可以大大减少药品的使用量。这在人们十分重视食品安全，尽力减少农药在农产品中残留的今天，是非常有意义的。

氧化铜 (CuO) 粉体作为重要的工业材料，在气敏元件、磁性存储介质、太阳能转换、半导体和催化剂等领域有着广泛的应用[25,26]。随着粉体颗粒尺寸的减小，纳米氧化铜表现出不同于大颗粒氧化铜的独特的性能，如高比表面积，高而均匀的表面活性，非同寻常的光、电和催化性能等。因此，在实际应用中，人们希望通过控制氧化铜颗粒的尺寸优化其物理化学性质。

纳米氧化铜有很强的抗菌性能，可抗细菌和真菌。纳米氧化铜粉末可很容易地混入到塑料、合成纤维、黏合剂和涂料等中，即使是在苛刻的环境中也可长期保持高活性。可用于木制品防护漆、船舶防污漆，并且还可作为不同涂料的添加剂，这种氧化铜的其他应用包括光学镜的抛光剂、制陶添加剂和不同原料的着色剂及颜料。

由于氧化铜在液体中是非常稳定的金属氧化物，所以成为纳米流体中添加物的最佳选择之一。实验表明，以大约 4% 的体积份额在乙二醇中添加氧化铜纳米粒子，形成的纳米流体热导率比单纯的乙二醇提高 20％以上[27]。

过渡金属氧化物是重要的半导体材料，在磁性存储介质、太阳能转换和催化剂领域有广泛应用。在这些氧化物中，氧化铜由于它是基本的高临界温度超导体备受关注。在光电转换和光热转换领域有广泛的应用[28]。

关于纳米氢氧化铜粉体制备的研究报道很少，而关于制备纳米氧化铜粉体则陆续有一些报道，如凝胶法、混合溶剂前体法、微波辐射法以及溶剂热法等。但许多制备纳米氧化铜的方法中，是先制备了纳米氢氧化铜，再由氢氧化铜分解制备纳米氧化铜。

下面介绍以铜氨配合物为前体，采用冷冻真空干燥法，制备纳米氢氧化铜粉体和氧化铜粉体。

8.5.2　真空冷冻干燥法制备氢氧化铜及氧化铜纳米粉体的原理

以可溶性含铜无机盐为原料，在溶液中与强碱发生反应：

$$Cu^{2+} + 2OH^- \Longrightarrow Cu(OH)_2 \downarrow$$

生成的氢氧化铜用氨水溶解，发生反应为：

$$Cu(OH)_2 + 4NH_3 \Longrightarrow [Cu(NH_3)_4](OH)_2$$

将得到的 $[Cu(NH_3)_4](OH)_2$ 纯溶液冻结，并真空干燥。干燥过程中随着氨气分子的蒸发，存在下列平衡。

$$[Cu(NH_3)_4]^{2+} + 2OH^- \Longrightarrow Cu(OH)_2 \downarrow + 4NH_3 \uparrow$$

这个平衡可以看成是由

$$[Cu(NH_3)_4]^{2+} \Longrightarrow Cu^{2+} + 4NH_3 \uparrow$$

与

$$Cu^{2+} + 2OH^- \Longrightarrow Cu(OH)_2 \downarrow$$

两个平衡的加和。经类似于式（12-5）的推导，得到

$$p(NH_3) = \sqrt[4]{\frac{1}{K_f \cdot K_{sp}} \cdot \frac{c[Cu(NH_3)_4]^{2+}}{c^\ominus} \cdot \left[\frac{c(OH^-)}{c^\ominus}\right]^2} \cdot p^\ominus \tag{8-6}$$

其中 $c[Cu(NH_3)_4]^{2+}$ 和 $c(OH^-)$ 为对应离子平衡时物质的量浓度，$p(NH_3)$ 为平衡时氨气在冷冻干燥室内的分压强。K_f 和 K_{sp} 依次为络合物离子 $[Cu(NH_3)_4]^{2+}$ 的稳定常数和金属氢氧化物 $Cu(OH)_2$ 的溶度积常数。对于 $[Cu(NH_3)_4]^{2+}$，其稳定常数 $K_f = 2.09 \times 10^{13}$；对于 $Cu(OH)_2$，其常温时溶度积常数 $K_{sp} = 2.2 \times 10^{-22}$。溶液中 OH^- 浓度近似取为 1×10^{-4} mol/L。实验时，溶液中 $[Cu(NH_3)_4]^{2+}$ 离子的初始浓度为 0.05mol/L。代入式（8-6）计算得出络合物离子开始脱氨时所要求的氨气的分压强 $p_K = 5.8 \times 10^4$ Pa。

计算结果表明，当冻干室的氨气分压强低于 5.8×10^4 Pa，金属络合物 $[Cu(NH_3)_4]^{2+}$ 就开始脱氨分解了。实际工艺中冷冻干燥室内的总压强最后能达到 30Pa，远小于 p_K。所以从理论上讲，金属络合物 $[Cu(NH_3)_4]^{2+}$ 能脱氨，而彻底转化为对应的金属氢氧化物 $Cu(OH)_2$。

将得到的金属氢氧化物 $Cu(OH)_2$ 煅烧分解生成氧化铜，化学反应为：

$$Cu(OH)_2 \Longrightarrow CuO + H_2O$$

8.5.3　真空冷冻干燥法制备氢氧化铜和氧化铜纳米粉体的过程

称取适量 $CuSO_4 \cdot 5H_2O$ 固体溶于水中制成浓度为 0.5mol/L 的溶液 200mL，将配制的

$CuSO_4$ 溶液注入 1000mL 平底烧瓶中，用磁力搅拌器搅拌的同时，加入 1.0mol/L 的 NaOH 溶液 220mL，并继续搅拌 20min 得到蓝色的 $Cu(OH)_2$ 沉淀。沉淀系统静置 1h，使沉淀陈化[11,14]。

将所制备的 $Cu(OH)_2$ 沉淀用去离子水和 1∶5 的稀氨水分别离心洗涤多次，并用 0.5mol/L 的氯化钡溶液检测洗涤用水，直到没有硫酸根离子。沉淀洗涤干净后，向沉淀中加入 25% 的浓氨水，同时进行磁力搅拌至沉淀几乎全部溶解。停止搅拌，将得到的液体系统静置 2h，待不溶物完全沉降后，用吸管汲取上面的溶液——深蓝色的铜氨配合物溶液（不采用滤纸过滤，因为铜氨配合物溶液能够溶解纤维素滤纸）。将所制备的配合物溶液用去离子水和 1∶2 的稀氨水稀释成 1000mL 透明溶液待用（浓度低于 0.05mol/L）。

对前体的冻结采用三种方式。一是将稀释后的配合物溶液盛放在直径约 150mm 玻璃培养皿中，使溶液深度约为 20mm，送入冷冻干燥机中搁板上进行直接冷冻。二是用喷雾器将稀释后的配合物溶液喷雾到液氮中，冻结成粒径约在 0.5mm 左右的固体球型小冰珠，即喷雾冷冻。然后，将冻结后的固体小冰珠用不锈钢盘盛放置于冷冻干燥机内。三是将稀释后配合物溶液盛放在直径约 150mm 玻璃培养皿中，使溶液深度为 15mm，放在预冷到 −20℃ 的冷冻干燥机中，直接抽真空使溶液因真空蒸发而冻结，即真空蒸发冷冻。进行真空蒸发冻结的溶液，在抽真空 3min 左右时开始沸腾，之后约 1min 开始结冰，并停止沸腾而开始凝固，在几十秒内就完全冻实，同时冷阱中捕水器表面结霜量明显增多了。此时冷冻干燥机制冷流体的温度为 −20.5℃，搁板控制温度为 −20.2℃，而物料温度降低到 −23℃ 以下。物料的温度比冷冻干燥机制冷流体的温度还低，这说明物料冻结是由于真空蒸发造成的，而不是被制冷流体冷冻所致。冻结物表面不像直接冷冻的冻结物那样平整，而是成为凸凹不平的不规则的表面，并且物料中有大量贯通孔隙。图 8-19 中的（a）、（b）、（c）依次是冻结前装在培养皿中的前体溶液和前体溶液真空蒸发冷冻冻结后的上、下表面照片。

| (a) 溶液冻结前 | (b) 冻结后的上表面 | (c) 冻结后的下表面 |

图 8-19　铜氨配合物前体溶液冻结前后的照片

在压强约为 30Pa 的条件下对上述冻结物进行冷冻真空干燥，干燥过程中由真空泵抽出的尾气用稀硫酸溶液吸收。冷冻真空干燥过程中，为了加快干燥速度，采用了循环压力法。开启压力调节控制程序，令冷冻干燥室内的压力在 20～50Pa 之间循环调节。直接冷冻真空干燥的过程工艺如图 8-20 所示。干燥结束后，喷雾冷冻真空干燥得到的蓝色粉体在马弗炉中温度为 400℃ 条件下煅烧，得黑色粉体。

上述工艺所制备得到的氢氧化铜和氧化铜粉体样品编号见表 8-1。图 8-21 是真空蒸发冷冻并冷冻真空干燥后得到的氢氧化铜粉体样品的照片。

表 8-1   制备的 Cu(OH)$_2$ 和 CuO 粉体编号表

样品来源	直接冷冻真空干燥	喷雾冷冻真空干燥	真空蒸发冷冻真空干燥	喷雾冷冻真空干燥并煅烧
成分性质	蓝色 Cu(OH)$_2$ 粉	蓝色 Cu(OH)$_2$ 粉	蓝色 Cu(OH)$_2$ 粉	黑色 CuO 粉
编号	F	G	H	I

图 8-20   直接冷冻干燥过程工艺曲线   图 8-21   干燥后样品 H 的照片

8.5.4   氢氧化铜和氧化铜粉体检测和分析

对喷雾冷冻真空干燥得到的蓝色粉体样品 G，进行差热分析和热重分析，以确定中间产物的化学成分。对喷雾冷冻真空干燥得到的样品 G 及煅烧后得到的黑色粉体样品 I，进行了 X 射线衍射分析以确定最终产物的成分和晶体类型。将四种样品分别通过透射电子显微镜 (TEM) 观察粉体的粒度和颗粒形状。

冷冻真空干燥直接制备的氢氧化铜样品 G 和煅烧后的氧化铜样品 I 的 X 射线衍射图谱如图 8-22 和图 8-23 所示。由谱图可知，由冷冻真空干燥法制备的直接获得的 Cu(OH)$_2$ 粉体样品，在测试实验中 X 射线扫描的角度内没有明显的衍射峰，说明由冷冻真空干燥直接获得的 Cu(OH)$_2$ 粉体也是非晶体；由煅烧获得的氧化铜粉体样品 I，在 2θ 等于 35.5°、38.7°、48.8°、61.5°以及 68.1°处有明显的衍射峰，与立方晶型氧化铜的标准特征峰吻合，

图 8-22   样品 G 的 XRD 谱图   图 8-23   样品 I 的 XRD 谱图

这证明所制备的样品 I 为晶体，其化学成分确实是所预期的氧化铜，根据特征峰的半高宽及 Scherrer 公式[29]：

$$D_C = \frac{K \cdot \lambda}{\beta \cdot \cos\theta}$$

计算出氧化铜纳米粉的平均粒径约为 40nm。其中，D_C 为平均晶粒度；K 为 Scherrer 常数 0.89；λ 为 X 光波长，对于 Cu 靶 λ 为 0.1542nm；β 为由晶粒大小引起的衍射线条变宽时的半峰宽；θ 为衍射角。

因由冷冻真空干燥法直接制备的粉体样品 F、G、H 经 X 射线衍射检测，均为非晶体，不能由 X 射线衍射确定其化学成分，所以在进行粉体 TEM 检测的同时，为样品 F、G、H 做了 X 射线能谱（EDS）分析，由谱图（见图 8-24）可知，样品中含有 Cu 和 O 元素（用该 X 射线能谱仪不能分析出原子序数在 Be 以下的元素，包括 H 元素），其中所含 Cu 元素物质的量比例较大，是因为承载样品用的支持体是铜制品。由谱图也可知，样品中不含有 S 和 Na 等杂质元素，说明上述所采用的制备氢氧化铜粉体方法能够保证所制备的粉体的纯度。

制备的氢氧化铜粉体，经 XRD 检测已经证明是非晶态的结构，所以采用差热分析和热重分析来进行检测，热分析谱图如图 8-25 所示。标准的氢氧化铜 DTA 曲线中，其吸热峰出现在 157℃[30]，与本文获得的氢氧化铜 DTA 曲线的主吸热峰相吻合。对应地 TG 曲线表明被检测样品在 160℃附近有失重，经计算失重率为 18.9%，与氢氧化铜热分解的理论失重率（18.4%）接近。以上数据的吻合，可以定性地确定样品的化学成分为氢氧化铜。这说明在冷冻真空干燥过程中，确实是如所预期的那样，由于冷冻真空干燥始终是在真空条件下进行，氨气不断被真空泵抽走，致使 $[Cu(NH_3)_4]^{2+}$ 的稳定平衡被破坏，达到干燥终点时，$[Cu(NH_3)_4]^{2+}$ 转变为氢氧化铜粉体。

图 8-24 氢氧化铜纳米粉 EDS 分析谱图

图 8-25 样品 F 的 DTA 和 TG 曲线

通过铜氨配合物溶液冷冻真空干燥得到的粉体，须经过煅烧分解才能得到氧化铜纳米粉体。分解条件主要是温度，热分解温度过高，可能会使产品氧化铜部分颗粒团聚长大，导致颗粒增大和颗粒不均匀；而温度过低，可能导致氢氧化铜分解不彻底，得不到成分纯净的氧化铜纳米粉。根据图 8-25 中的 DTA 曲线，在 350～500℃没有吸热峰，所以选取分解温度为 400℃。

透射电镜测试是表征纳米粉体颗粒大小和形状的最直观的方法。图 8-26～图 8-29 分别是所制备氢氧化铜样品 F、G、H 及氧化铜样品 D 的 TEM 照片。从图 8-26 中可以看出，通过前体溶液直接冷冻方式而获得的氢氧化铜粉体是 200nm 以上的、带有均匀的 10nm 左右孔隙的多孔结构的颗粒，整体颗粒形状不规则。形成这种结构可能是由于溶液在冷冻过程中冻结速度较慢，溶质有足够的时间迁移联结成较大颗粒的骨架结构，在干燥过程中，由于是在冷冻的前提下使氨气和水分子蒸发，整个骨架结构不变，在原来这两种分子所占据的位置就形成了孔隙。

从图 8-27 中可以看出，通过前体溶液喷雾冷冻方式而获得的氢氧化铜粉体是绝大部分粒子的直径在 20～40nm 之间，颗粒为球形，颗粒间没有明显的团聚现象。但有个别粒子的直径较大，达到 80nm 左右。前体溶液急速冷冻过程中，溶液小雾滴被液氮急速冷冻成独立的小冰珠。由于是在保持冻结的状态使氨气和水分子升华，来实现使 $\lfloor Cu(NH_3)_4 \rfloor^{2+}$ 脱氨、脱水的目的，每个固体小冰珠中的溶质被固定在冰珠的框架结构内，难以迁移到其他冰珠中与其他冰珠中的溶质相互作用而联结，所以获得的是无团聚的、粒径均匀的球型纳米颗粒。个别粒子直径较大的原因，可能是在喷雾时有少数大液滴产生所造成的，通过改进喷雾工艺应可以避免。

图 8-26　样品 F 的 TEM 照片

图 8-27　样品 G 的 TEM 照片

图 8-28　样品 H 的 TEM 照片

图 8-29　样品 I 的 TEM 照片

从图 8-28 中可以看出，通过前体溶液真空蒸发冷冻方式而获得的氢氧化铜粉体粒子直径在 5～50nm 之间，颗粒大小比较均匀，形状多为规则的球形。

从图 8-29 中可以看出，由前体溶液喷雾冷冻真空干燥后的产物经煅烧得到的粉体样品 I，是无硬团聚的、均匀的、粒径约为 20～50nm 的球形颗粒，观察到的粒径与 X 射线衍射分析的结果相吻合。

通过以上检测分析可知，以浓度小于 0.05mol/L 的铜氨配合物溶液为前体，采用冷冻真空干燥法，通过三种冷冻方式，制备出了 F、G、H、I 四种典型粉体样品。通过 TEM、SEM、XRD、EDS、DTA 及 TG 检测，各样品的化学成分与预期的化学反应结果相同，是化学成分较纯净的氢氧化铜和氧化铜粉体，颗粒形貌是带有均匀的纳米级孔隙的多孔颗粒材料或均匀、球型纳米颗粒等。具体颗粒性质列于表 8-2 中。

表 8-2　铜氨配合物溶液冷冻真空干燥制备的纳米粉体颗粒的性质

样品冻结方式	直接冷冻 蓝色 $Cu(OH)_2$ 粉	喷雾冷冻 蓝色 $Cu(OH)_2$ 粉	真空蒸发冷冻 蓝色 $Cu(OH)_2$ 粉	喷雾冷冻并煅烧 黑色 CuO 粉
编号	F	G	H	I
粒径	200nm 以上	多数为 20～40nm	10～80nm	20～50nm
形状	多孔，非晶体	球形，非晶体	球形，非晶体	立方晶体
团聚	无硬团聚	无硬团聚	无硬团聚	无硬团聚

8.6　冻干法制备银纳米粉体

8.6.1　银纳米粉体的性能及应用

现在，人们已经尽力回避使用有机抗菌剂，因为一些不安全的带有芳香官能团的有机氯化合物会导致严重的问题[31]。与有机抗菌材料和天然抗菌材料相比，无机抗菌材料在抗菌范围、抗菌持久性、耐热性、安全性、表观特征以及无污染等方面有优秀的表现。许多金属离子具有抗菌效果，包括常见的金属离子，如锌、铜、钙、银等，其中银（Ag）的抗菌效果最好而且对人体的危害最小。而且，当细菌被银离子杀灭后，银离子又从细菌尸体中游离出来，再与其他菌落接触，周而复始地进行杀菌，因而银作为杀菌剂具有持久性的特征，所以银作为一种最常用的无机抗菌剂被广泛应用于抗菌和防霉制品中。纳米银材料作为抗菌剂时，由于其粒径小，其表面原子的比例增多，而且表面原子的活性增强，表面积大，容易跟病原微生物发生密切接触，从而能发挥其更大的生物效应，因而一般比同类常规无机抗菌材料有更强的抗菌活性。在以前的研究中，还证明纳米银材料对禽流感病毒还有较好的杀灭作用[32]。

由平均晶粒尺寸小于100nm的金属银、铜超微粒子凝聚而成的三维纳米金属块体材料，表现出不同于常规多晶粗晶金属材料的独特的力学性能，例如低弹性模量、高硬度和高强度等[33,34]，研究还表明纳米银可以将烧结温度由850℃减少到250℃。这对金属材料力学性能的基础研究和发展高强高硬新型金属材料，都具有十分重要的意义。

纳米级银粉由于具有很高的表面活性及催化性能而被用于催化剂。石川[35] 采用浸渍方法制备银担载量为 3％～15％的 Ag/H-ZSM-5 催化剂，考察其在 CH_4 选择还原 NO 反应中的活性和选择性。结果表明分子筛在银担载量高于 7％的催化剂样品上，NO 转化率显著提高。分子筛外表面纳米银颗粒的形成，提高了银催化剂在 CH_4 选择还原 NO 反应中的活性。

最近，日本开发出一种利用纳米银粉喷墨打印的方法制造微细精密电路。它有许多优点：制作时间短，材料利用率高，适于多品种小批量生产。含银颗粒的墨水具有良好的分散稳定性，放置很长时间也不沉淀。将墨水涂于衬底上即可形成具有金属光泽的膜，具有良好导电性能。在300℃空气中加热30min，其电导率与纯银膜相当。墨水性能可以适应各种喷墨设备。由于固化的墨水可以重溶，因而固态墨水残迹可用规定的溶剂去除。

因为银天然具有高导电性和导热性且抗氧化能力强，所以银粉是电子工业的主要材料，银粉和银片用于微电子工业已40年。用做厚膜电子浆料的银粉，如平均颗粒尺寸小于100nm，印刷直径100mm的单晶硅太阳能电池，每公斤银粉可印刷1.5万片。如果改用平均颗粒尺寸100～500nm的银粉，每公斤只能印刷不到1.1万片。目前国内电子工业用银粉平均尺寸通常在100～500nm，研究颗粒尺寸小于100nm的银粉已势在必行。

目前，研究银纳米材料制备的报道比研究氧化铝、氢氧化镍以及氧化铜制备的多。其中大多数是研究制备分散在液相中的银纳米粒子（silver nanoparticle），而研究银纳米粉体（silver nanopowder）制备的并不多。下面介绍银氨溶液冷冻干燥法制备银纳米粉体的方法。

8.6.2　真空冷冻干燥法制备银纳米粉体的原理

以可溶性含银无机盐为原料，在溶液中与强碱发生反应：

$$2AgNO_3 + 2NaOH =\!\!=\!\!= Ag_2O + 2NaNO_3 + H_2O$$

生成的氧化银用氨水溶解，发生反应为：

$$Ag_2O + 4NH_3 + H_2O =\!\!=\!\!= 2[Ag(NH_3)_2]^+ + 2OH^-$$

将得到的 $[Ag(NH_3)_2]^+$ 络合物溶液冻结，并真空干燥。干燥过程中随着氨气分子的蒸发，存在下列平衡。

$$2[Ag(NH_3)_2]^+ + 2OH^- =\!\!=\!\!= Ag_2O(棕色) + 4NH_3\uparrow + H_2O$$

经类似于式（12-5）的推导，得到

$$p(NH_3) = \sqrt[4]{\frac{1}{K_f^2 \cdot K_{sp}} \cdot \left\{\frac{c[Ag(NH_3)_2]^+}{c^\ominus}\right\}^2 \cdot \left[\frac{c(OH^-)}{c^\ominus}\right]^2 \cdot p^\ominus} \tag{8-7}$$

其中 $c[Ag(NH_3)_2]^+$ 和 $c(OH^-)$ 为对应离子平衡时物质的量浓度，$p(NH_3)$ 为平衡时氨气在冷冻干燥室内的分压强。K_f 和 K_{sp} 依次为络离子 $[Ag(NH_3)_2]^+$ 的稳定常数和金属氧化物 Ag_2O 的溶度积常数。溶液中 OH^- 浓度近似取为 1×10^{-4}mol/L。实验时，溶液中 $[Ag(NH_3)_2]^+$ 的初始浓度为 0.1mol/L。对于 $[Ag(NH_3)_2]^+$，其稳定常数 $K_f = 1.1 \times 10^7$；对于 Ag_2O，其常温时溶度积常数 $K_{sp} = 2.0 \times 10^{-8}$。代入式（8-7）计算得出络合物离子开始脱氨时所要求的氨气的分压强 $p_K = 81.2$Pa。

计算结果表明，当冻干室的氨气分压强低于 81.2Pa，金属络合物 $[Ag(NH_3)_2]^+$ 就开始脱氨分解了。实际工艺中冷冻干燥室内的总压强最后能到30Pa，远小于 p_K。所以从理论上讲，金属络合物 $[Ag(NH_3)_2]^+$ 能脱氨分解，而转化为对应的金属氧化物 Ag_2O，氧化银再脱氧分解成银：

$$2Ag_2O =\!\!=\!\!= 2Ag(黑色) + O_2\uparrow$$

8.6.3　真空冷冻干燥法制备银纳米粉体的过程

称取适量 $AgNO_3$ 溶解于水中制成100mL浓度为1mol/L溶液，将配制的 $AgNO_3$ 溶注入 500mL 平底烧瓶中，并加入 1mol/L 的 NaOH 溶液 110mL，并搅拌，产生大量深棕色沉淀。沉淀沉降后，用去离子水洗涤多次。取少量洗涤用水，用硫酸酸化后，加入二苯胺的浓硫酸溶液，检测洗涤用水中的硝酸根离子的浓度变化。将沉淀彻底洗涤后，放置备用。在进行前体溶液冻结前，向沉淀中加入浓氨水，同时搅拌，直到沉淀全部溶解，得到无色透明溶液。将得到的无色溶液用稀氨水稀释至 1000mL（Ag 的浓度约为 0.1mol/L）。

银氨配合物前体的配制要在即将开始冷冻真空干燥实验前进行，因为银氨配合物不宜长久保存，否则会因分解而发生爆炸。银氨配合物前体溶液一旦配制后，要保持温度不能过高，而且不能过分振动。

对前体的冻结采用了两种方式，一是将稀释后的银氨配合物溶液盛放在直径约 150mm 玻璃培养皿中，使溶液深度约为 15mm，送入冷冻干燥机中搁板上直接冷冻；二是用喷雾器将稀释后的溶液喷雾到液氮中，冻结成直径约 0.5mm 左右的小冰珠，将冻结后的小冰珠用钢盘盛放，置于冷冻干燥机内的搁板上，进行急速冷冻[7]。

在压强约为 30Pa 的条件下对上述冻结物进行冻干。干燥过程中由真空泵抽出的尾气用稀硫酸溶液吸收。直接冷冻方式的冷冻真空干燥过程工艺如图 8-30 所示。这个过程中，银氨配合物溶液中的游离态的氨气和水分子首先升华而被真空泵抽走，随着冻结物中氨气浓度的减少，冻结物表面开始出现棕色斑点，并且斑点逐渐扩大，这是银氨配合物逐渐脱氨而转变成棕色的氧化银表现。到了干燥阶段的后期，无色透明的冻结物完全转化成深色的粉末状物质，此时对干燥机的搁板进行加热至 50℃，粉体的颜色由棕转黑，逐渐加深。图 8-31 是喷雾真空冷冻干燥制备的银纳米粉体的照片。

图 8-30　直接真空冷冻干燥过程工艺曲线

将由喷雾冷冻所制备的黑色粉体少量，在不超过 100℃ 的温度下，分别加热 10min 和 20min。加热 10min 得到热处理后的银灰色粉体，加热超过 10min 后粉体明显聚集并逐渐熔化，加热 20min 后得到大块银白色晶体颗粒。所制备的不同银纳米粉体样品编号见表 8-3。

表 8-3　由各种工艺条件制备的银纳米粉体的颜色及编号

粉体来源	直接冷冻真空干燥	喷雾冷冻真空干燥	喷雾冷冻真空干燥热处理 10min	喷雾冷冻真空干燥热处理 20min
粉体颜色	黑色	黑色	银灰色	银白色
样品编号	J	K	L	M

8.6.4　银纳米粉体的检测及分析

　　为了确定所制备的粉体的化学成分，首先对冷冻真空干燥后的黑色粉体样品 K 和热处理 10min 后的银灰色粉体样品 L 分别进行了 X 射线扫描，得到粉体的 XRD 谱图如图 8-1 和图 8-32 所示。由 XRD 谱图可看出，冷冻真空干燥后直接得到的黑色的粉体没有明显的特征衍射峰，说明由冷冻真空干燥直接得到的粉体不是晶体，而是非晶体。但由黑色粉体热处理 10min 得到的样品 L，有特征衍射峰，而且由其特征衍射峰可知粉体的成分为纯净的银，并且其颗粒是立方晶体。根据样品 L 的特征峰的半高宽及 Scherrer 公式[99]，计算出银纳米粉的平均粒径约为 40nm。

图 8-31　喷雾冷冻真空干燥制备的银纳米粉

图 8-32　样品 L 的 XRD 曲线

　　为了确定样品 K 的化学组成，在进行透射电子显微镜检测时，对样品 K 进行了 X 射线能谱（EDS）分析。因为承载样品用的支持体（铜网）是铜制品，所以由谱图（见图 8-33）中除了可看到银的特征峰外，还有铜的特征峰。由谱图也可知，样品中不含有 Na 等杂质元素。

图 8-33　样品 K 的 EDS 谱图

以上化学成分分析的结果表明：

① 冷冻真空干燥过程中，银配合物能够在上述工艺条件下脱除氨气，生成固体粉末；

② 最后所制备的粉体是金属银的粉体；

③ 所采用的制备方法能够保证所制备的银粉体的纯度。

制备粉体的颗粒粒径一般可以通过透射电子显微镜直接观察，对于晶体微粒也可以通过X射线扫描得到的谱图进行测算。

由于冷冻真空干燥直接所得到的粉体是非晶体颗粒，所以只能通过透射电子显微镜直接观察。样品 J 和 K 的透射电子显微镜的照片如图 8-34 与图 8-35 所示。由照片可以看出，直接冷冻方式所制备的银纳米粉体的颗粒尺寸约为 5～40nm，颗粒粒径比较均匀，颗粒间没有硬团聚；而由喷雾冷冻方式所制备的银纳米粉体的颗粒尺寸约为 5nm 左右，颗粒粒径非常小、高度均匀，并且颗粒之间没有团聚现象。两种冷冻方式所制备粉体产生这种差异的主要原因与前文中讨论的相同，这里不再赘述。

图 8-34　样品 J 的 TEM 照片

图 8-35　样品 K 的 TEM 照片

需要说明的是，在对喷雾冷冻真空干燥所制备的非常细小的银钠米粉体进行透射电镜观察时发现，当用比较强的电子束照射样品 K 时（为了更清楚地观察颗粒形态），部分颗粒开始聚集并且边缘移动、扩大，许多小颗粒被"侵吞"掉了，如图 8-36 所示。产生这种现象是由于喷雾冷冻真空干燥所制备的银钠米粉体颗粒非常小，粉体的物理性能发生了改变，熔点降低，当较强的电子束照射到细小的颗粒时，小颗粒熔化合并成大颗粒的结果。

喷雾冷冻真空干燥所得银纳米粉热处理后的样品 L 的透射电镜照片如图 8-37 所示，由照片可知，热处理后颗粒形状不再是球形，而是倾向于立方体，颗粒也长大为 10～50nm，与通过 X 射线衍射检测中衍射峰半高宽计算的结果相符。

扫描电子显微镜（SEM）是观察粉体形貌的最常用的有效手段。样品 K 和 L 的 SEM 照片如图 8-38 和图 8-39 所示。照片显示粉体均为松散的、非团聚粉体。

用新制备的样品 K 配制成浓度分别为 1mol/L、0.1mol/L、0.01mol/L 的溶液，并用配制的溶液进行了细菌敏感性抑菌实验，其结果列于表 8-4。

图 8-36 样品 K 受强电子束照射时产
生的熔化现象的 TEM 照片

图 8-37 样品 L 的 TEM 照片

图 8-38 样品 K 的 SEM 照片

图 8-39 样品 L 的 SEM 照片

表 8-4 样品 K 的溶液抑菌实验结果

检测项目	细菌敏感性试验抑菌圈/mm	
浓度/(mol/L)	金黄色葡萄球菌(G$^+$)	致病性大肠杆菌(G$^-$)
1	13	12
0.1	10	10
0.01	8	7

注：(G$^+$) 革兰阳性，(G$^-$) 革兰阴性。

由表中实验结果可得，由喷雾真空冷冻干燥所制备银纳米粉体有抑菌、杀菌效应。当银纳米粉体的浓度为 0.01mol/L 时，就有明显的抑菌作用。因为采用喷雾真空冷冻干燥法制备的银纳米粉体颗粒非常细小，颗粒表面积大、表面能高，处于颗粒表面的银原子有异常活性，所以杀菌能力很强。

总之，选择银的氨配合物为前体，用银氨配合物的稀溶液，分别采用直接冷冻和喷雾冷冻方式进行冻结并冷冻真空干燥后，都得到了纯净的非晶体银纳米粉体。喷雾真空冷冻干燥得到的是粒径非常细小、无团聚的粉体，直接冷冻得到的是粒径在 5~40nm 的、无硬团聚的粉体。由喷雾冷冻真空干燥得到的细小粉体，在 100℃ 以下的温度下进行热处理 10min 后，得到的粉体粒径转变为 10～50nm 的立方晶体，热处理时间超过 10min 后，粉体熔化成大块颗粒。

由喷雾冷冻真空干燥所制非常细小的粉体配制成的溶液，有明确的抑菌效应，当溶液的浓度稀释至 0.01mol/L 时，抑菌作用仍然很明显。

参 考 文 献

[1] Schnettler F J, Monforte F R, Rhodes W W. A Cryochemical Method for Preparing Ceramic Materials [J]. Sci. Ceram., 1968 (4): 79.

[2] 陈祖耀，万岩坚，喷雾冷冻干燥制备复合氧化物超细粉的研究 [J]. 无机材料学报，1989 (2): 157-163.

[3] 陈祖耀，钱逸泰，万岩坚. 低温冷冻干燥超微粉制备陶瓷超导材料 [J]. 低温物理学报，1988 (1): 8-11.

[4] 刘军. 真空冷冻干燥法制备无机功能纳米粉体的研究 [D]. 沈阳：东北大学，2006.

[5] 李革胜. 静态冷冻干燥技术制备 TiO_2 微粒子 [D]. 沈阳：中国科学院金属研究所，1994.

[6] 聂祚仁，翟立力，席晓丽，等. 冷冻干燥法制备的前驱体研究 [J]. 纳米科技，2006 (1): 29-31.

[7] 刘军，徐成海，真空冷冻干燥法制备银纳米粉体的实验研究 [J]，真空科学与技术学报，2007 (1): 37-41.

[8] Traina K, Steil M C, Pirard J P. Synthesis of $La_{0.9}Sr_{0.1}Ga_{0.8}Mg_{0.2}O_{2.85}$ by successive freeze-drying and self-ignition of a hydroxypropylmethyl cellulose solution [J]. Journal of the European Ceramic Society, 2007, 27: 3469-3474

[9] 张鑫，赵惠忠，马清，等. 真空冷冻干燥法制备纳米尖晶石 [J]. 稀有金属材料与工程，2005 (1): 78-81.

[10] Carolina Tallon, Rodrigo Moreno, M Isabel Nieto. Synthesis of γ-Al_2O_3 nanopowders by freeze-drying [J]. Materials Research Bulletin, 2006, 41: 1520-1529.

[11] 刘军，张世伟，徐成海. 铜氨络合物冷冻干燥法制备氧化铜纳米粉体的实验研究 [J]. 真空，2008 (5): 6-9.

[12] 翟立力，席晓丽，聂祚仁，等. 冷冻干燥法制备超细镍粉的研究 [J]. 粉末冶金工业，2006 (3): 10-13.

[13] McGrath P J, Laine R M. Theoretical Process Development for Freeze-Drying Spray-Frozen Aerosols [J], Journal of American Ceram Society, 1992 (8): 1223-1228.

[14] 刘军，徐成海，窦新生. 冷冻干燥法制备氢氧化铜纳米粉 [J]. 材料与冶金学报，2006 (1): 50-52.

[15] 张世伟、徐成海，刘军. 溶液真空蒸发冻结过程的热动力学理论与实验研究 [C] //第九届全国冷冻干燥学术交流会论文集，2008.

[16] 曾方允. 真空冷冻干燥法制备纳米氧化铝粉体的研究 [D]. 沈阳：东北大学，2004.

[17] 江东亮，精细陶瓷材料 [M]. 北京：中国物资出版社，2000.

[18] [德] H. Gleiter，纳米材料 [M]. 崔平，译. 北京：原子能出版社. 1994.

[19] 刘军，徐成海，窦新生. 真空冷冻干燥法制备纳米氧化铝陶瓷粉的实验研究 [J]. 真空，2004 (4): 80-83.

[20] Reinser D E, Salkind A J, Strutt P R, et al. Nickel hydroxide and other nanophase cathode materials for rechargeable batteries [J]. Journal of Power Sources, 1997, 65: 231-234.

[21] 何平，计亚军，唐敏，等. 氢氧化镍结构及其复合电极电催化性能研究 [J]. 南京航空航天大学学报，2005 (5): 664-668.

[22] Ovshinsky S R, Fetcenko M A, Fierro C. Enhanced Nickel hydroxide positive electrode material for alkaline rechargeable electrochemical cell: US: 5523182 [P]. 1996-6.

[23] 方国，刘祖黎，胡一帆，等. CuO-SnO_2 纳米晶粉料的 Sol-Gel 制备及表征 [J]. 无机材料学报，1996, 11 (3): 537-541.

[24] 李光，冯伟骏，李喜孟. 功率超声作用下纳米氧化铜粉体的制备 [J]. 材料导报，2003 (17): 44-47.

[25] Toshiro Maruyama. Chemically and electrochemically deposited thin films for solar energy materials [J]. Solar Energy Materials and Solar Cells, 1998, 56: 85-92.

[26] Fierro G, Morpurgo S, Jacono M L. Thermo chemistry of manganese oxides in reactive gas atmospheres [J]. Applied Catalysis A: General, 1998, 166: 407-417.

[27] Osman Sezgen, Jonathan G Koomey. Interactions between Lighting and space conditioning energy use in US commercial buildings [J]. Energy, 2000, 25: 793-805.

[28] Hui Wang, Jin-Zhong Xu, Jun-jie Zhu. Preparation of CuO nanmoparticles by microwave irradiation [J]. Journal of Crystal Growth, 2002, 244: 88-94.

[29] Scherrer P. Gottinger Nachrichten, 1918, 2 (98).

[30] [日] 神户博太郎. 热分析 [M]. 刘振海, 译. 北京: 化学工业出版社, 1979: 137.

[31] Sang Young yeo, Hoon Joo lee, Sung Hoon jeong. Preparation of nanocomposite fibers for permanent antibacterial effect [J]. Journal fo Materials Science, 2003, 38: 2143-2147.

[32] ZHANG Ruo-yu, XIA Xue-shan, HU Liang, et al. The Study on the Character of Diatomite Carrying Algent and Its Inactivation of AIV [C] //The 18th Iupac International Conference on Chemical Thermodynamics and the 12th National Conference on Chemical Thermodynamics and Thermal Analysis, 2004: 17-21.

[33] Chokshi A H, Rosen A, Karch J, et al. On the validity of the hall-petch relationship in nanocrystalline material [J]. Scripta Metall, 1989, 23: 1679-1684.

[34] Nieman G W, Weertman J R, Siegel R W. Microhardness of nanocrystalline palladium and copper produced by inert-gas condensation [J]. Scripta Metal, 1989, 23: 2013-2018.

[35] 石川, 程漠杰, 曲振平, 等. 纳米银催化的甲烷选择还原NO反应研究 [J]. 复旦大学学报, 2002 (3): 269-273.